TRAITÉ THÉORIQUE ET PRATIQUE DE LA VÉGÉTATION,

CONTENANT plusieurs Expériences nouvelles & démonstratives sur l'Economie végétale & sur la culture

DES ARBRES:

PAR M. MUSTEL, ancien Capitaine de Dragons, Chevalier de l'Ordre Royal & Militaire de S. Louis, des Académies des Sciences, Belles-Lettres & Arts de Rouen, Dijon, Châlons, de la Société des Arts de Londres, & de plusieurs Sociétés d'Agriculture.

Experientia rerum magistra.

TOME TROISIEME.

A PARIS,

Chez LES LIBRAIRES.

Et A ROUEN,

Chez LE BOUCHER le jeune, Libraire, rue Ganterie.

M. DCC. LXXXIV.

Avec Approbation & Privilege du Roi.

TABLE DES LIVRES ET DES CHAPITRES

CONTENUS *dans la troisieme Partie.*

INtroduction, Page 1
Lettres adressées à l'Auteur, 25*

LIVRE CINQUIEME.

DES SEMIS.

CHAPITRE I. *Du Terrain,* Page 29
CHAP. II. *Des Labours,* 39
CHAP. III. *Des Amendements,* 55
CHAP. IV. *De la Marne,* 67
CHAP. V. *Des Fumiers,* 76
CHAP. VI. *Des Terres reposées ou en jachere,* 87
CHAP. VII. *Des Moyens de se procurer des engrais,* 98
CHAP. VIII. *Moyen sûr de se préserver des Vers blancs de Hanneton, nommés Mans,* 118
CHAP. IX. *Des Graines,* 133
CHAP. X. *De la Maturité des Graines,* 138
CHAP. XI. *de la Récolte des Graines,* 143
CHAP. XII. *De la préparation des Graines,* 148
CHAP. XIII. *De la conservation des Graines,* 153
CHAP. XIV. *Des Semences,* 161
CHAP. XV. *De la Germination des Semences,* 178
CHAP. XVI. *Observation & pratique importante pour le succès des Semis en général,* 190
CHAP. XVII. *Des Semis sur couche,* 194
CHAP. XVIII. *De la disposition & de l'inclinaison des Chassis & des Vitrages,* 203
CHAP. XIX. *Des Semis en terrine,* 215
CHAP. XX. *Des Semis dans les jardins,* 222
CHAP. XXI. *Des Semis en grand,* 241
CHAP. XXII. *Des Semis dans les landes ou bruyeres,*

en plaine ou sur des côteaux, 249
CHAP. XXIII. *Des Semis de pins & autres arbres verds*, 257
CHAP. XXIV. *Description & usage d'un outil très-utile pour les Semis & les plantations*, 268
CHAP. XXV. *De la culture du Bled*, 272
CHAP. XXVI. *Description d'un Rouleau très-utile pour les Semis*, 314

LIVRE SIXIEME.

DES PLANTATIONS ET DE LA CROISSANCE DES ARBRES.

CHAPITRE I. *Examen de la croissance des Arbres en grosseur*, 325
CHAP. II. *De la croissance des Arbres en hauteur*, 337
CHAP. III. *De la croissance des branches*, 345
CHAP. IV. *Des Pepinieres*, 348
CHAP. V. *De l'utilité des Pepinieres*, 351
CHAP. VI. *Des Pepinieres pour élever de petits Arbres*, 356
CHAP. VII. *Des Pepinieres pour élever de grands arbres*, 371
CHAP. VIII. *Des Plantations en général*, 377
CHAP. IX. *De la nature du terrain pour les plantations*, 384
CHAP. X. *Du choix des Arbres*, 391
CHAP. XI. *De la saison de faire les Plantations*, 401
CHAP. XII. *De la maniere de planter*, 410
CHAP. XIII. *De la maniere de préparer & de transporter les Arbres*, 434
CHAP. XIV. *Du traitement des Arbres qui ont été long-temps en route*, 441
CHAP. XV. *Des Plantations convenables aux différents terrains*, 445
CHAP. XVI. *Des Arbres qui peuvent servir à la décoration des Jardins & des Parcs.* 461
CHAP. XVII. *Des Peupliers*, 477
CHAP. XVIII. *De la Plantation des allées dans les Jardins*, 489

Fin de la Table du Tome troisieme.

INTRODUCTION.

INTRODUCTION.

L'ACCUEIL favorable que le Public a fait à la partie théorique de ce Traité, les suffrages des Gens instruits & des Hommes les plus célebres dont je me fais gloire de publier les Lettres, & enfin la faveur & la distinction dont le Roi a bien voulu honorer mon Ouvrage, sont des motifs bien encourageants pour moi, & qui m'ont engagé à redoubler d'efforts & de zele pour rendre cette partie-pratique plus digne d'attention, plus intéressante & plus utile.

Je ne me dissimule pas que si cet Ouvrage est goûté & paroît intéressant, l'honneur en est dû bien plus au sujet que je traite, qu'à la maniere dont il est traité. Il suffit de parler de la Végétation & de l'économie rurale, pour exciter l'attention de tous les gens qui ſavent penſer, de toutes les ames ſenſibles & de tous les amis de l'humanité.

Je n'oſe me flatter d'avoir rempli parfaitement la tâche que j'ai entrepriſe, d'expoſer les actes de la Végétation dans toute leur étendue; mais j'ai lieu de croire que l'on verra que je n'ai rien négligé de ce qu'il importe eſſentiellement de ſavoir pour faire croître, multiplier & bien proſpérer les végétaux.

Il y a dans preſque toutes les ſciences une maſſe d'idées reçues, que le Public répete ſans les avoir vérifiées; & qu'il eſt nombreux ce Public! Pluſieurs ne ſont cependant que des erreurs que la vétuſté a érigées en vérités reçues, & que l'habitude met opiniâtrément en uſage. L'Art de l'Agriculture, exercé ordinairement par la claſſe des hommes les plus groſſiers & les moins inſtruits, eſt plus que tout autre ſurchargé de préventions abſurdes & de routines inconſidérées; je me ſuis attaché à les faire connoître & à en détromper ceux qui les ont adoptées aveuglément.

J'ai ſuivi les arbres depuis leur ſemence & leur germination juſqu'à leur parfaite croiſſance & leur caducité ; j'ai tâché de ne rien omettre de tout ce qui eſt eſſentiel à leur culture , à leur éducation & aux moyens d'en retirer le plus d'agrément & d'utilité. On verra par la Table des Chapitres , dont chaque Livre eſt compoſé , combien je me ſuis attaché à y mettre cet eſprit d'ordre & de ſuite ſi néceſſaire dans un Traité méthodique , non-ſeulement pour le faire lire avec intérêt , mais pour préſenter d'une maniere plus claire & plus ſûre cette ſuite de connoiſſances & de principes qui , ſe déduiſant les uns des autres , doivent conſerver entr'eux une liaiſon & des rapports marqués.

La marche de cet Ouvrage eſt auſſi ſimple que neuve ; j'en peux dire autant de pluſieurs explications , de pluſieurs principes , de pluſieurs méthodes dont je ne parle que d'après l'expérience qui eſt toujours mon guide. On y verra préſentées & expliquées de la maniere la plus intelligible plusieurs opérations de jardinage que la Quintinie & autres bons Praticiens avoient regardées comme inexplicables, parce qu'ils n'avoient pas découvert, comme j'ose dire l'avoir fait, les mouvements de la seve : telles sont les opérations de la greffe & autres que l'on trouvera ici expliquées telles que l'observation me les a démontrées.

La Nature se plaît, dit-on, à opérer clandestinement; elle semble vouloir nous dérober sa marche : mais si elle ne répond pas toujours à nos questions, est-ce parce qu'elle est vraiment impénétrable, ou parce que nous ne savons pas bien l'interroger ?

Cette question ne restera pas indécise pour ceux qui voudront bien remarquer la quantité de secrets qu'elle s'est laissée dérober par les Physiciens qui l'ont observée d'assez près, & qui l'ont suivie avec passion & avec constance. Ne pourroit-on pas la comparer à ces beautés ultramontaines qui sont toujours voilées pour des amants froids

& indifférents, mais qui cessent de l'être pour celui qui leur donne des soins assidus ? Il est vrai que la Nature ne se dévoile pas si-tôt ni si aisément ; mais ceux qui la suivent long-temps & assidument en obtiennent toujours quelques faveurs : je peux dire que je l'ai éprouvé quelquefois, & je ne me dissimule pas que je le dois moins à mes talents qu'à ma persévérance.

J'ai cru ne devoir pas négliger tous les détails nécessaires pour ceux qui ne sont pas ou qui sont mal instruits ; mais comme il y en a qui seroient inutiles à ceux qui les savent déja, je les ai abrégés, en évitant d'être diffus, défaut dégoûtant pour les Lecteurs les plus patients, & rebutant pour ceux qui veulent s'instruire, & qui souvent fait tomber le Livre des mains.

Pour éviter les répétitions, je renvoie pour les détails aux Livres où j'en ai parlé.

Je me suis étudié à suivre la marche de la Nature dans tous les phénomenes intéressants & successifs de la végétation, en commençant par le premier développement du germe, & suivant successivement les différents états de la croissance d'un arbre, son éducation & son entretien.

Le Ve. Livre de cette IIIe. Partie, divisé en 26 Chapitres, traite des Graines, des Semis, des Pepinieres, &c.

Quoiqu'il ne soit point de mon sujet de parler des plantes herbacées, l'importance de l'objet m'a engagé à donner des explications & des détails sur la culture du bled; ils sont fondés sur l'expérience, & par là bien capables de faire revenir des erreurs inspirées par les préjugés & par la routine, les Laboureurs qui voudront en profiter. C'est le fruit de mes observations dans les différents Pays où j'ai été, & le résultat des conversations que j'ai eues avec les Cultivateurs les mieux instruits & les plus expérimentés.

Le VIe. Livre, divisé en 30 Chapitres, traite de la croissance des arbres & des plantations de différents genres, & dans les différents terrains.

De l'intelligence, de la croissance

du tronc & des branches ſe déduiſent naturellement les moyens les plus propres à employer pour ſe procurer l'agrément de jouir d'arbres bien faits & d'un beau port, & l'utilité de ſe procurer de beau & bon bois de ſervice, ſans nœuds & ſans vices.

Me réſervant à parler des arbriſſeaux à fleurs pour la décoration des jardins & des boſquets, dans le VIIe. Livre, je ne parle dans celui-ci que des Arbres à haute tige, dont on peut faire uſage pour border les allées des jardins & des parcs. Ce VIIe. Livre traitera des différentes manieres de multiplier les arbres par la greffe, par les marcottes & les boutures. On y trouvera des explications & des obſervations nouvelles ſur la théorie & la pratique de l'art de greffer.

Il eſt terminé par une diſſertation & des détails ſur les jardins François dans l'ordre ſymmétrique, & ſur les jardins dits Anglois, dans l'ordre naturel.

Le VIIIe. Livre a pour objet la fructification ; c'eſt là où j'ai cru devoir particuliérement m'étendre ſur la culture des arbres fruitiers, leur plantation, la maniere de les tailler, de les bien conduire, de les faire proſpérer & durer plus long-temps, & enfin de leur faire rapporter de beaux & bons fruits.

J'indique les moyens de remédier aux accidents qui leur arrivent, & même de les prévenir.

Parmi les Inſectes qui viſitent les arbres, il y en a de deſtructeurs & d'autres qui ſont, pour ainſi dire, leurs défenſeurs; j'ai ſoin de les faire connoître & de prouver l'erreur où l'on eſt, en cherchant à les éloigner & à les détruire.

Les obſervations, les indications auſſi utiles que nouvelles que je donne ſur la culture des Melons, m'ont encore engagé à ſortir de mon ſujet, en parlant de ces plantes herbacées; mais je ſuis aſſuré que ceux qui feront uſage des méthodes que j'indique pour le ſuccès de ces plantes, ne m'en ſauront pas mauvais gré.

Je m'abſtiendrai de faire ſentir l'importance de l'objet de ces deux derniers volumes : on ſait qu'outre l'agrément que procurent les plantations, il en réſulte une utilité bien réelle.

Les arbres fruitiers nous donnent une jouiſſance des plus intéreſſantes. Les différents arbres & arbriſſeaux d'agrément font une décoration bien agréable dans les jardins & dans les boſquets, ſur-tout quand on ſait les y placer avec intelligence & avec goût, comme nous le dirons.

Quant aux arbres forêtiers, nous ne craignons pas de dire que c'eſt une des productions de la Nature qui réunit au plus haut point, & ſur le plus de rapports poſſibles, l'utile & l'agréable. Les belles avenues, les belles promenades qu'ils forment, & qui protegent encore plus qu'elles n'embelliſſent les lieux qu'elles entourent, après avoir procuré pendant une longue ſuite d'années des jouiſſances agréables aux propriétaires, finiſſent par les enrichir.

On ne peut donc trop multiplier les plantations d'arbres forêtiers.

L'utilité, la néceſſité des bois devient de jour en jour plus pressante: l'emploi que l'on en fait journellement, soit pour les usages domestiques, soit pour les différentes constructions, est immense. L'article seul des Manufactures, peut-être trop multipliées aujourd'hui, est énorme & mérite toute l'attention du Gouvernement, qui devroit prendre des mesures pour éviter les dangereux effets de cette consommation excessive, soit en obligeant au moins le plus grand nombre de ces Manufactures à se servir d'autres matieres combustibles, soit en plaçant autant qu'il est possible ces Manufactures dans les endroits où le bois est commun & difficile à transporter.

On sait qu'en Angleterre toutes les Manufactures ne consomment uniquement que du charbon de terre, & tout ce qu'on y apprête avec ce minéral n'en est pas moins bon. Pourquoi ne feroit-on pas de même en France? L'usage contraire ne tient qu'à la routine, il n'est question que de la rompre & de la supprimer.

Nous indiquons ici différents moyens dont quelques-uns sont simples & très-économiques, pour former des bois d'une grande étendue, pour entretenir ceux qui ſont en bon état, & pour rétablir ceux qui ſont dégradés.

La partie théorique de cet Ouvrage a mis les Lecteurs en état de connoître les différentes parties des arbres, de comprendre & de ſuivre les opérations de la Nature dans la végétation; cette théorie à laquelle je renvoie ſouvent, jette un grand jour ſur les pratiques dont nous allons parler.

Le deſir de rendre ce Traité utile à tous les Cultivateurs & les Propriétaires, dont la ſituation & la fortune ſont fort différentes, m'a engagé à indiquer pluſieurs procédés, afin que chacun, en conſultant ſes moyens, la nature & la ſituation de ſon terrain, puiſſe choiſir ceux qui lui conviendront le mieux; car ces procédés doivent varier ſelon les circonſtances locales, les terrains, les facultés & les vues particulieres de chaque Propriétaire. Enfin, j'ai expoſé des moyens très-ſimples & très-expéditifs pour ceux qui ne peuvent ou ne veulent pas faire beaucoup de frais pour leurs ſemis & leurs plantations.

J'ai cru devoir entrer dans des détails quelquefois étendus en faveur des Propriétaires, qui, fort inſtruits d'ailleurs, le ſont très-peu ſur cette partie à laquelle on ne donne malheureuſement pas l'étude & les attentions qu'elle mérite cependant bien; ces Propriétaires qui ont négligé de prendre les connoiſſances néceſſaires pour ſavoir diriger leurs opérations, s'en rapportent aveuglément à des Jardiniers ou à des Journaliers qui toujours ſe diſent très au fait.

Ces ſortes de gens, guidés uniquement par une groſſiere & mauvaiſe routine qui leur tient lieu de ſcience, n'ont jamais contracté l'habitude de réfléchir ſur les principes d'un Art, dont ils n'ont pour la plupart que de foibles & obſcures idées; ils ne ſavent que ce qu'ils ont vu faire dans leur pays, & bonne ou mauvaiſe, ils ſont bornés à cette pratique locale; ils maſſacrent un arbre, comme ils l'ont vu maſſacrer; ils le plantent auſſi mal qu'ils l'ont vu planter, parce qu'ils n'ont aucuns principes, & qu'ils ignorent qu'il y ait d'autres méthodes à suivre plus conformes à la marche de la Nature, & plus appropriées au terrain & aux circonstances.

Est-il étonnant d'après cela que les semis manquent, qu'une partie des plantations périsse, & que celle qui a subsisté languisse si long-temps?

Cependant ces Hommes à mauvaise routine ne disent jamais, & peut-être même ne voient pas, que tout cela n'arrive que par leur faute; ils l'attribuent toujours à quelqu'autre cause, ou bien ils affirment hardiment, & ils trouvent souvent des gens assez peu instruits pour les croire, que le terrain n'en veut pas, car c'est là le mot; & le Propriétaire crédule & dégoûté par l'inutilité des frais qu'il a faits en pure perte, croit qu'il n'a rien de mieux à faire que d'abandonner les semis & les plantations, qui réussiroient cepentrès-bien en prenant les moyens & les soins convenables, & cela à moindres frais qu'il en a coûté pour mal faire.

Parmi nos prétendus Auteurs d'Agriculture, il y en a plusieurs qui n'ont jamais cultivé ; ils ne peuvent donc uniquement être que des Compilateurs, des Commentateurs laborieusement occupés à expliquer ce qu'ils n'entendent pas ; souvent ils recommandent ce qui est mauvais, & blâment ce qui est bon : ignorant les faits, ils les omettent ou les négligent pour courir après de vains raisonnements.

La plupart des Auteurs qui ont parlé des arbres, sont des Botanistes de Cabinet ou des Amateurs qui ne les ont point ou peu cultivés ; ils ont fait voir qu'ils possédoient plus l'Art d'écrire que le fonds de la science ; quelques-uns se sont abandonnés à des systêmes dont ils ont fait la base de leurs raisonnements plus spécieux que solides, parce qu'ils ne sont point étayés de l'expérience ; enfin ils ont adopté & publié des erreurs sur la foi d'autrui, dont un peu de pratique les eût bientôt détrompés.

Le plus ſavant Botaniſte, s'il ne cultive, s'il ne poſſede pas les plantes, ou du moins s'il ne s'eſt pas fait une habitude de les voir ſouvent, ne peut les reconnoître que par des caracteres diſtinctifs qui ne ſont apparents que dans certaines ſaiſons, & dont quelques-uns ne ſe rencontrent jamais enſemble : d'ailleurs, ſi ce Botaniſte n'eſt point Cultivateur, peut-il enſeigner la culture ?

Montrez à un ſimple Botaniſte pluſieurs arbres étrangers qu'il n'a pas encore vus, il ne vous les nommera pas ; s'il ſuit le ſyſtême de Linnée, il vous dira qu'il faut attendre qu'il les ait vus en fleur : celui qui ſuit le ſyſtême de Tournefort, après les avoir vus en fleur, vous dira qu'il ne peut encore les nommer, à moins qu'il n'ait vu leurs fruits.

Mais celui qui poſſede, qui cultive & qui voit habituellement les arbres étrangers, ſait les connoître & les nommer en tout temps ; parce qu'outre les caracteres très-marqués ſur leſquels eſt fondée la ſcience des

Botanistes, qu'il possede comme eux ; l'habitude qu'il a contractée en les voyant souvent, lui a appris à saisir plusieurs autres marques distinctives ; comme l'aspect de l'écorce, la forme des boutons, la position des branches, & enfin, pour ainsi dire, une certaine physionomie qui lui est si familiere qu'il ne s'y trompe point en toute saison. C'est ainsi qu'en hiver comme en été, je reconnois aisément tous les genres d'arbres étrangers, connus en France, parce que je les possede, les cultive & les vois depuis long-temps & souvent.

Il ne suffit pas d'ailleurs de savoir nommer les arbres, il faut savoir les cultiver & les conduire ; ce qui ne peut appartenir qu'à un Cultivateur éclairé & expérimenté : pour devenir tel, il faut être Physicien ; & pour être bon Physicien, relativement à l'Agriculture, il faut être Agriculteur.

Je ne prétends pas dire que tous ceux qui voudront s'adonner à l'Agriculture soient obligés de prendre eux-mêmes la pioche & la bêche, &

& de conduire la charrue : nos mœurs ſont trop éloignées de celles de ces anciens Citoyens Romains qui ſe livroient ſans peine à des travaux auſſi pénibles. Ces exercices ne ſont pas faits pour des gens de notre ſiecle.

Laiſſons aux hommes qui en font profeſſion l'exécution des travaux laborieux & manuels ; mais il y a une quantité d'opérations de jardinage qui ſont amuſantes, ſans être pénibles, & qui peuvent former pour les honnêtes gens une récréation qui en vaut bien d'autres pour ceux qui ſavent la prendre & la goûter ; indépendamment de la ſatisfaction que l'on y trouve, un exercice modéré, & que l'on prend, pour ainſi dire, ſans s'en appercevoir, ne peut être que très-bon pour la ſanté, & diſpoſe l'eſtomac à jouir ſans inconvénient du plaiſir de la table dont les ſuites ſont ſouvent dangereuſes à ceux qui reſtent dans l'inaction preſque toujours accompagnée de l'ennui.

Ces amuſements du jardinage apprendront à ceux qui voudront s'y livrer, d'après les connoiſſances répandues dans ce Traité, à éclairer & à guider les opérations de ceux auxquels ils commettent le soin de leurs jardins & de leurs plantations, à faire avec discernement des tentatives, des expériences dont le succès d'une seule dédommage quelquefois amplement de plusieurs qui n'ont point réussi.

C'est ainsi qu'on emploie utilement des Ouvriers en faisant pour eux & même avec eux des réflexions profitables, & en mettant leur travail d'accord avec la marche de la Nature; elle ne trompe jamais, & on ne la trompe point: en vain voudroit-on l'assujettir à nos raisonnements, à nos systêmes, à nos routines; on ne peut heureusement rien changer à l'ordre de ses grands ressorts, de ses mouvements admirablement réglés & constants, & ce n'est qu'en s'y conformant par le moyen d'une saine théorie qu'on peut espérer des succès.

Parmi les occupations dignes des hommes qui aspirent à se rendre utiles, il en est qui, par l'élévation, la justesse & l'étendue d'esprit qu'elles demandent, méritent ſans doute de juſtes éloges; mais celles qui, s'annonçant ſous des dehors plus modeſtes, ont pour objet des travaux d'une néceſſité premiere, une induſtrie bienfaiſante & des réſultats d'une utilité ſans ceſſe renaiſſante; ne ſont pas moins dignes de l'eſtime & de la conſidération la plus étendue; tel eſt le caractere de la ſimple & ſage économie rurale, qui, par le moyen de l'Agriculture, nous procure une abondance de vrais biens : ce qu'elle acquiert ſans bruit, elle le préſente ſans faſte; & la douceur de ſes dons répand ſur elle un air de modeſtie & de tranquillité qui paroît être uniquement ſon partage.

Mais lorſqu'un eſprit attentif s'adonne à un examen plus étendu, & qu'il entre dans le détail de ſes opérations; il eſt ſurpris de la multitude des connoiſſances qui lui ſont néceſſaires & de l'étendue des ſoins qu'elle exige pour en aſſurer le ſuccès. Il voit toutes les vertus actives concourir avec elle pour obtenir les vrais tréſors que la terre ne donne qu'à ceux qui ſavent les mériter : il reconnoît que les ſciences ſont avec elle dans un commerce continuel ; les unes pour en tirer le ſujet de leurs méditations ; les autres afin de l'aider de leurs lumieres ; que toutes enfin s'empreſſent à relever ſes avantages ; & que ſi les Sciences font la gloire d'un Etat , il eſt réſervé à l'Agriculture d'en faire la force & la félicité.

C'eſt donc avec raiſon que nous nous flattons d'être utiles au bien public , & de nous rendre agréables à la ſociété en fourniſſant de nouveaux ſecours à ceux qui s'adonnent à la culture des arbres , qui eſt une partie bien eſſentielle , nous pouvons même dire principale de l'économie rurale , & de les mettre en état d'accroître le bien général en travaillant à leur fortune particuliere & à l'agrément de leur vie.

L'Agriculture , ſi eſtimée , ſi chérie des Anciens , eſt de toutes les occupations de l'homme celle qui eſt la plus intéreſſante & la plus utile ; non-ſeulement elle lui procure toutes les choſes néceſſaires à la vie , non-ſeulement elle l'entretient dans une ſanté dont on ne voit point jouir les gens oiſifs, mais encore par l'eſprit réglé & attentif qu'elle lui inſpire, elle l'éloigne d'un grand nombre de vices, lui rend familiere la pratique de beaucoup de vertus, & l'éleve à une ſorte d'indépendance qui lui donne un caractere vrai & décidé.

En effet, dégagé des pénibles devoirs dont on eſt ſurchargé dans les Cours & dans les Villes, libre & affranchi de toutes les manœuvres où il entre ſouvent autant de baſſeſſe que de fauſſeté, l'Agriculteur ayant des jouiſſances & des plaiſirs qui ne dépendent point de la volonté & du caprice d'autrui, ne doit les biens qu'il recueille & les agréments dont il jouit qu'à la fertilité de la terre, aux douces influences de l'air, & à l'intelligence & la conſtance de ſes travaux.

Cette conſtance n'eſt ni pénible ni ennuyeuſe pour l'homme même le plus inconſtant, parce que les travaux qui ſe ſuivent ſans interruption ſont extrêmement variés, de même que les jouiſſances qu'ils procurent, qui ne ſont point de la nature de celles qui ſont bientôt ſuivies de la ſatiété. Eh, comment pourroit-on s'en laſſer, puiſqu'outre la multiplicité des différents objets qu'embraſſe l'Agriculture, chaque ſaiſon, chaque mois, même chaque jour offre un nouveau ſpectacle, & exige de nouvelles attentions ! Les terres, les vignes, les jardins, les vergers, les prés, les bois, les taillis font naître une grande variété de différents détails.

La récolte des graines, les ſemis, les éleves, les plantations, l'éducation & l'entretien des arbres tant fruitiers que de ſervice ou de ſimple agrément, la récolte & la conſervation des fruits, tous ces objets entraînent une grande variété d'occupations.

C'eſt de tous ces points eſſentiels dont je vais parler, d'après la théorie déja établie, d'après l'expérience & des obſervations faites dans différentes Provinces du Royaume & dans les Pays étrangers.

Les Cultivateurs ne doivent point craindre d'être trompés ici par ces prétendus ſecrets, par ces vaines méthodes indiquées par des Ecrivains qui n'ont jamais pratiqué l'art dont ils ne parlent qu'en Compilateurs, en répétant & accréditant d'anciennes erreurs ; ou s'ils se saisissent de quelques bonnes maximes, ils en font souvent une fausse application.

Tels sont cependant la plupart des Traités d'Agriculture que l'on voit paroître sous des titres pompeux & qui nuisent beaucoup plus qu'ils ne servent au progrès de l'Art : on ne trouvera ici que des méthodes justifiées par le succès.

Un des grands obstacles que rencontre l'Agriculture, est la difficulté de vaincre l'obstination des Peuples servilement attachés aux usages ou plutôt à la routine du pays qu'ils habitent, qu'ils regardent comme uniquement & exclusivement bonne.

S'il est vrai que la différence du climat, du terrain & quelques autres circonstances locales, exigent une culture particuliere, il n'est pas moins certain que des méthodes étrangeres ont été pratiquées avec succès, & que de nouvelles épreuves ont parfaitement réussi à ceux qui les ont faites avec intelligence.

Nous avons lieu de croire que les Cultivateurs qui entendent leurs vrais intérêts, loin de rejeter les observations & les procédés que nous leur présentons, les liront & les examineront avec attention, & qu'observant ce qu'ils ont de conforme aux loix générales de la Nature & aux circonstances locales, ils les mettront en pratique. Nous osons nous flatter qu'ils en retireront l'avantage que nous desirons leur procurer.

Les richesses de la Nature sont inépuisables; l'industrie les sollicite & les met à profit; c'est elle qui les multiplie, qui les varie & en augmente la valeur : on ne peut donc trop l'exciter, on ne peut trop l'éclairer.

La terre seule suffit pour occuper l'homme tout entier; tandis que son corps travaille à la culture, son esprit s'exerce à diriger les opérations : ce double travail remplissoit la vie de nos premiers parents & en faisoit le bonheur, & le malheur de leur postérité est peut-être de l'avoir abandonné.

Nos mœurs, je le répete, ſont trop éloignées de celles de nos Peres ; moins faſtueuſes, mais plus paiſibles & plus heureuſes que celles d'aujourd'hui ; d'ailleurs il ne s'agit point pour le propriétaire ni même pour ſon économe de labourer ſon champ, de bêcher ſon jardin, de couper dans ſon bois, &c. Lorſqu'il eſt à la tête d'une culture étendue, il ne doit point s'aſſujettir à un travail manuel ; c'eſt bien aſſez pour lui de ſuivre & de diriger les opérations de ceux qu'il ſurveille ; il travaille ſuffiſamment en faiſant travailler les autres.

Le travail eſt cependant toujours mieux dirige par celui qui a mis la main à l'œuvre : c'eſt le moyen d'apprendre à bien connoître par ſoi-même le bon ouvrage & le bon ouvrier ; à ſavoir la meilleure maniere de s'y prendre pour accélérer & bien faire la beſogne, & l'indiquer aux Ouvriers qui ſouvent exécutent lentement & mal.

C'eſt d'après les épreuves qu'on a faites ſoi-même qu'on peut connoître le fort & le foible du travail, que l'on a senti qu'il y en a de fort rude & auquel un homme ne peut résister long-temps, sans avoir besoin de se reposer de temps en temps ; ce qui apprend à ouvrir son cœur à la commisération pour les malheureux coopérateurs des revenus du Propriétaire, qui ont toute la peine pour un modique salaire. Tels sont les gens de journée & les domestiques que l'on prend à la campagne ; le bon choix qu'on en fait, & l'art de les gouverner, est un des principaux ressorts de la prospérité & du succès de la culture. On ne peut douter que des Gens bien dirigés n'exécutent beaucoup mieux que ceux qui, abandonnés à eux-mêmes, ne savent ce qu'ils doivent faire, ou pis encore, auxquels on a donné des ordres mal expliqués ou mal conçus : de là tant de travaux à pure perte, parce qu'il faut défaire & recommencer ce qui a été mal fait ; ce qui non-seulement fait perdre du temps, mais dégoûte les Ouvriers.

Rien ne rallentit tant le zele & l'activité des bons Travailleurs que de voir qu'ils ne ſont pas mieux traités que les fainéants, ou que ceux qui travaillent mal ; ce qui dans le fait n'eſt pas juſte. Rien n'eſt d'un meilleur effet que de diſtribuer de temps en temps, à propos & avec équité, quelques gratifications, quelques petites récompenſes à ceux qui travaillent le mieux, ce qui excite l'émulation & fait avancer le travail ; & ces marques de généroſité, loin d'être diſpendieuſes pour le Maître qui ſait en uſer, deviennent en effet très-profitables & économiques.

Celui qui ne voudroit lire ce Traité que comme on lit un Dictionnaire que l'on n'ouvre que pour y chercher l'article dont on a beſoin, n'en ſeroit ni plus ſatisfait ni guere plus inſtruit.

Quoique diviſé en VIII Livres qui ſe ſubdiviſent en pluſieurs Chapitres différents, cet Ouvrage a une marche ſi ſuivie & une telle liaiſon de principes, qu'il faut le lire en entier & de ſuite pour bien entendre & ſaiſir les explications de détail.

Ceux qui ſentiront combien les objets qui y ſont traités intéreſſent leurs jouiſſances, combien ils peuvent procurer d'utilité & d'agrément; ceux-là, dis-je, ne dédaigneront point d'en faire une étude particuliere, & d'y donner un temps ſouvent moins bien employé.

Puiſſé-je être aſſez heureux pour voir avant la fin des jours qui me reſtent, que mon travail, en applaniſſant les difficultés, ait inſpiré le goût & la volonté d'acquérir des connoiſſances ſi négligées & cependant ſi importantes pour le bonheur de l'humanité!

LETTRES ADRESSÉES A L'AUTEUR.

LETTRE DE M. LE DUC DE HARCOURT.

De Caen, le 19 Octobre 1781.

VOTRE Ouvrage, Monsieur, me fait desirer les deux Volumes qui doivent suivre, sur-tout s'ils nous donnent des principes sur la Culture comme sur la Végétation. Je vois comment les arbres croissent, & desire savoir comment on leur aide. Le suffrage de M...... est toujours bon, mais il n'est pas le plus compétent, & vous avez encore mieux mérité celui des Physiciens & des Botanistes. Quant à moi je devois vous être suspect de partialité, par les anciens sentiments avec lesquels je suis, &c.

LETTRE de M. le Comte DE BUFFON.

Paris, au Jardin du Roi, le 14 Février 1782.

VOTRE Ouvrage, Monsieur, ne m'est parvenu qu'à mon retour de Bourgogne à Paris, & c'est ce qui a différé ma réponse & les remercîments que je vous dois : j'ai été bien aise aussi de lire ces deux Volumes en entier, & je ne puis, Monsieur, qu'applaudir à vos recherches, & de vous louer sur les nombreuses Observations dont la plupart me paroissent faites avec beaucoup de justesse, & suivies avec grande sagacité ; & dans les points mêmes où je ne serois pas d'accord avec vous, Monsieur, je ne laisse pas d'applaudir encore à vos efforts. C'est souvent du choc des opinions que sortent les étincelles de la lumiere & de la vérité. Je ne puis donc, Monsieur, que vous encourager encore, s'il est possible, dans le noble emploi que vous faites de votre loisir, en le consacrant à l'étude de la Nature. J'ai l'honneur d'être, avec une respectueuse considération, &c.

LETTRE de M. DALEMBERT.

Paris, le 24 Septembre 1781.

MONSIEUR,

Je n'ai reçu que depuis peu de jours l'Ouvrage que vous m'avez fait l'honneur de m'envoyer, & l'obligeante Lettre que vous avez eu la bonté d'y joindre. Recevez mes remerciments de l'un & de l'autre: quoique l'objet de votre Livre ne soit pas du nombre de ceux dont je m'occupe, cependant je l'ai lu avec plaisir, intérêt, instruction & profit. Il me semble qu'il renferme des Observations curieuses, bien faites & intéressantes; & on ne peut qu'applaudir, Monsieur, à l'usage si estimable & si utile que vous faites de vos talents & de votre loisir. Mon suffrage, sur-tout en cette matiere, est assurément bien peu de chose; mais il me paroît que votre travail mérite au moins l'attention des Physiciens éclairés, ainsi que leur estime pour l'Ouvrage & pour l'Auteur.

J'ai l'honneur d'être, avec une respectueuse considération, Monsieur, &c.

LETTRE de M. SIGAUD DE LA FOND, Professeur de Physique expérimentale à Paris, & Auteur du Dictionnaire de Physique.

Paris, le 29 Octobre 1783.

J'ARRIVE à Paris, Monsieur, & je n'ai rien de plus pressé que de vous témoigner ma reconnoissance, & de vos sentiments pour moi, & du cadeau que vous avez bien voulu me faire. Je n'ai fait que parcourir votre Ouvrage, Monsieur, parce que je n'ai pas voulu que vous apprissiez mon existence à Paris par les Papiers publics qui ne tarderont point à annoncer mes Cours. Tout ce que j'en ai lu m'a sincérement fait un véritable plaisir: j'ai lu avec attention le Chapitre des Trachées, & je ne doute nullement, Monsieur, que vous n'ayez beaucoup mieux vu la Nature que vos Prédécesseurs.

Je vois avec plus de plaisir que de chagrin, que nous ne sommes point d'accord ensemble, Monsieur, en bien des endroits; cela doit être, parce que je n'ai étudié cette partie, un peu étrangere à mon objet principal, que dans les Livres de nos Naturalistes, & que j'ai adopté conséquemment leurs erreurs, n'ayant pas le temps ni la commodité de faire des expériences particulieres pour m'assurer de l'exactitude des faits. Le seul regret qui m'en reste, c'est que votre Ouvrage n'ait pas paru deux ou trois ans plutôt; j'en eusse sans doute profité, car je m'en serois rapporté davantage à celui qui ne juge que d'après l'expérience, qu'à celui qui, pour favoriser un systême qu'il a adopté, se porte à toutes les analogies qui se présentent. C'est ma méthode chérie pour tout ce qui concerne la Physique proprement dite; & plus je la suis, plus je la trouve sûre & lumineuse.

Si mes occupations pendant mon séjour à Paris, me privent du plaisir de lire & d'étudier votre Ouvrage, Monsieur, il fera mon étude la plus sérieuse l'Eté prochain, que je passerai, selon mon usage, à la Campagne; c'est là que le Livre à la main, je répéterai, autant qu'il me sera possible, les belles expériences que vous avez faites, & que je profiterai des nouvelles lumieres que j'espere y puiser. Recevez donc encore une fois mes remerciments affectueux, & les assurances de l'estime singuliere & de la considération distinguée avec laquelle j'ai l'honneur d'être, Monsieur, &c.

TRAITÉ

TRAITÉ THÉORIQUE ET PRATIQUE DE LA *VÉGÉTATION*.

LIVRE V.

DES SEMIS.

CHAPITRE PREMIER.

Du Terrain.

LA bonté naturelle du terrain fait la satisfaction & la richesse de celui qui en jouit ; tout au contraire un sol aride & ingrat ne peut guere faire que la ruine & le désespoir du malheureux Cultivateur condamné à y voir ses frais & ses travaux infructueux.

S'il y a quelques plantes que l'on voit ſubſiſter dans des terrains arides, toutes proſperent beaucoup mieux dans un bon terrain. Nous ne répéterons point ce que nous avons dit de la terre dans la ſeconde Partie : nous avons prouvé par l'obſervation & l'expérience qu'elle n'entre point dans les plantes, que la meilleure terre eſt infertile par elle-même ſans le ſecours de l'eau, & que l'eau ſeule peut faire des productions ; mais s'il y a quelques genres de plantes qui y trouvent une nourriture ſuffiſante, les arbres en général font connoître par la maniere chétive dont ils y végetent, qu'ils ont beſoin d'une nourriture plus ſucculente ; c'eſt dans la terre qu'ils la trouvent par la décompoſition des ſubſtances ſulfureuſes, bitumineuſes, &c., que l'eau met en diſſolution, & qu'elle charie dans les plantes, comme nous l'avons expliqué au Chapitre de la Nutrition.

Il eſt évident que plus ces ſubſtances ſont abondantes dans la terre, plus l'eau en eſt imprégnée, & plus la ſeve eſt nutritive ; mais lorſque le terrain en eſt peu pourvu, ou lorſqu'elle commence à s'en épuiſer, on y ſupplée par les amendements & les engrais dont nous allons parler dans un Chapitre particulier.

Le principe de toute eſpece de terre eſt un ſable plus ou moins fin, plus ou moins incorporé à une ſubſtance argilleuſe ; le degré de cette incorporation, de ce mêlange, décide & conſtitue la qualité de la terre. Quand on dit que la terre eſt indiſſoluble dans l'eau, on n'entend parler que de la partie ſableuſe ; car la maniere dont on voit l'eau épaiſſie & trouble, prouve qu'elle a mis les autres parties en diſſolution.

Les bancs de ſable que l'on trouve dans le ſein de la terre, les couches ſablonneuſes que l'on voit ſur les bords de la mer & des grandes rivieres, ſont les réſidus des terres qui ont été délayées & ont eſſuyé de grands frottements : ces ſables, dans cet état, devenus abſolument infertiles, peuvent donner un très-bon terrain, en leur rendant les ſubſtances auxquelles ils étoient précédemment unis, & dont ils ont été dépouillés par la diſſolution & l'agitation des eaux.

Ainſi, en mêlant ces ſables avec de l'argille, ou même de la glaiſe, on compoſe une très-bonne terre, qui devient ce qu'on appelle terre franche : de ſorte qu'une mixtion de deux ſubſtances qui, ſéparément, ſeroient infertiles, donne un fort bon terrain, où les plantes en général végetent & réuſſiſſent bien.

On peut donc par ce moyen corriger & rendre bon le plus mauvais terrain, ce qui n'eſt pas auſſi diſpendieux qu'on le croiroit d'abord, lorſqu'on a le bonheur de trouver le remede proche du mal, comme ſouvent la nature nous le préſente. Je l'ai éprouvé avec ſuccès, & j'en vais rapporter un exemple.

Un de mes amis vouloit acheter dans mon voiſinage une jolie habitation qui lui convenoit à tous égards ; mais il en étoit dégoûté à cauſe de l'infertilité décidée du terrain le long d'un mur de 50 toiſes expoſé au Midi, où tous les arbres qu'on avoit précédemment plantés avoient généralement péri : je l'aſſurai d'y remédier, & il m'en crut. Je ſavois qu'il y avoit très-près de là une carriere d'argille, j'en fis apporter la quantité néceſſaire.

Ayant fait défoncer le terrain à cinq pieds de profondeur & de largeur, je trouvai que ſous environ ſix pouces d'une aſſez mauvaiſe terre ſableuſe, ſe trouvoit un banc de ſable pur, tel que celui dont on ſe ſert pour faire le mortier.

Ayant fait mêler par peltées & par parties égales le ſable avec l'argille, j'en fis remplir la tranchée, qui forma une nouvelle plate-bande, où l'on planta des arbres fruitiers de toute eſpece, qui y ont pouſſé avec vigueur, & qui, dans l'eſpace de quatre années, y ont formé un des plus beaux eſpaliers du pays.

Ce ſuccès connu a fait tomber l'incrédulité où l'on étoit d'abord de voir réuſſir des arbres plantés dans de l'argille, & les incrédules ſont devenus des imitateurs.

Cette opération, comme je l'ai déja dit, n'eſt pas fort diſpendieuſe, ſur-tout quand on trouve l'argille ou le ſable à portée du terrain que l'on veut corriger : de plus, cette dépenſe eſt d'un effet durable, parce qu'elle change la nature du ſol, ce que ne font pas les autres amendements, qui ne ſont pour la plupart que des palliatifs qu'il faut renouveller

renouveller souvent. Je ne peux trop la conseiller à ceux qui veulent s'assurer une bonne & longue jouissance.

Pour qu'un terrain soit bon, il ne faut pas que le sable ou l'argille y domine trop; l'excès de l'un le rend sec & aride, & celui de l'autre trop compacte & humide; l'un est trop perméable à l'air & à l'eau, l'autre a le défaut opposé.

Il est difficile de corriger ces vices dans des terrains d'une grande étendue, mais on le peut dans un jardin; & c'est par où il faut commencer, en défonçant le terrain de trois à quatre pieds de profondeur, & plus encore aux endroits où l'on se propose de planter des arbres. Cette opération est absolument nécessaire pour accélérer & fortifier la végétation. Nous en parlerons encore au Chapitre des Plantations.

Il n'arrive pas toujours que l'emplacement d'un jardin déterminé par le voisinage de la maison, par les points de vue, & autres raisons de convenance, donne un terrain tel qu'il doit être, c'est-à-dire, de nature & de profondeur convenables; pour lors, malheur à celui qui ne commencera pas par le mettre en état de faire de belles productions: il passera sa vie à se plaindre chaque année des désagréments qu'il éprouvera, que l'ignorance fait souvent attribuer à d'autres causes, & la dépense qu'il fera d'ailleurs sera toujours en pure perte, s'il n'a pas commencé par faire celle dont nous parlons, dont il sera bien dédommagé par la suite.

Il y a des terres de différentes couleurs, de rouges, de blanches, de jaunes, de grises, de noirâtres ; ces deux dernieres sont ordinairement bonnes, quoiqu'on en voie quelquefois de jaunâtres & de blanchâtres, qui sont aussi très-bonnes, & de noires, qui ne le sont pas moins : ainsi la couleur de la terre n'est pas toujours une marque sûrement distinctive de sa bonté ; c'est par les productions & le bon état du terrain en toute saison, qu'il est plus aisé de juger de sa qualité.

Les terres, trop fortes, trop compactes, qui se coupent par tranches à la bêche, comme des terres glaises, sont sujettes à se sceller, comme on dit, c'est-à-dire, à se serrer & s'endurcir, ensorte qu'elles deviennent presqu'impénétrables à l'eau des pluies & des arrosements ; leur superficie se fend aisément, & quelquefois profondément dans les temps de hâle & de sécheresse, & leur dureté devient telle qu'elles ne peuvent souffrir aucuns labours ; c'est pourquoi elles sont cause d'une terrible disette dans la plupart des saisons : outre que telles fentes nuisent extrêmement aux arbres & aux plantes, parce qu'elles en découvrent les racines, elles rompent les nouvelles & les empêchent de continuer leurs fonctions ; ce qui est un inconvénient très-pernicieux.

Ces terres, dans les temps pluvieux, sont de leur naturel sujettes à être pourrissantes, froides & tardives, conservant dans leur fonds une humidité perpétuelle & nuisible, défauts les plus pernicieux que les terres puissent avoir.

Voilà les principaux vices des terres argilleuses & trop lourdes, trop grasses & trop fortes.

D'un autre côté, les terres sablonneuses, trop légeres, & par conséquent arides, ont aussi de grands inconvénients : la sécheresse de ces sortes de terres provient de ce que d'ordinaire c'est un sable pur qui se trouve au-dessous de telles terres arides, si sur-tout elles n'ont pas assez de profondeur, & qu'il n'y ait pas un lit assez solide & assez serré pour pouvoir arrêter & retenir les eaux qui proviennent du dehors, soit par les pluies, soit par les arrosements ; ces eaux pénétrant aisément le lit de ces terres, viennent jusqu'à ce sable, qui étant, pour ainsi dire, un espece de crible, les laisse passer & descendre plus bas, où elles sont entraînées par leur pesanteur, & ainsi il ne se conserve aucune humidité ni fraîcheur dans le fond de cette terre pour en communiquer aux parties supérieures ; si bien que dans les temps de chaleur & de sécheresse, malgré les fréquents arrosements, cette terre retombe bientôt dans son aridité naturelle, & les plantes ne font qu'y languir, & y périssent, si on n'a soin d'arroser soir & matin.

Le possesseur d'un pareil terrain n'a pas de meilleur parti à prendre que de le faire défoncer & d'y faire apporter de l'argille, comme je l'ai dit, ou de la marne grasse, dont je parlerai : tout autre remede n'est qu'un palliatif, mais qu'il est toujours bon de pratiquer quand on ne peut mieux faire.

Outre les amendements & les engrais, & ſur-tout le fumier de vache, qui convient le mieux à ces ſortes de terres, parce qu'il eſt frais & humide, il eſt bon de tenir les allées plus élevées que toutes les autres parties du terrain, afin que les pluies qui tombent dans ces allées puiſſent couler dans le terrain cultivé.

Il eſt bon auſſi de faire ramaſſer toute la neige dont les allées ſont couvertes & d'autres endroits voiſins, pour la faire jetter ſur les plates-bandes : il ſe fait, par la fonte de cette neige, une certaine proviſion d'humidité dans le fond de cette terre, pour lui aider à faire ſes fonctions pendant les chaleurs de l'Eté. Ceux qui ſe ſerviront de ces expédients, en reconnoîtront les bons effets.

Voilà comme la neige eſt bonne pour la végétation, & non pas, comme quelques-uns le croient, à cauſe d'un ſel nîtreux, dont elle n'eſt certainement pas plus pourvue que ne l'eſt l'eau de la pluie.

Il arrive quelquefois que dans ces terrains de ſable il y a de l'eau à une médiocre profondeur, ce qui ſe trouve ordinairement dans les vallées où l'on a ce que l'on appelle un bon ſable noir : en tel cas, il ſe fait dans la profondeur de cette terre une filtration naturelle, qui éleve une partie de cette eau juſqu'à la ſuperficie, & c'eſt cela qui, entretenant la terre dans un bon tempérament pour la production, la rend extrêmement bonne. J'en connois de cette eſpece où toutes les plantes réuſſiſſent à merveilles.

Lorſque l'on jouit d'un tel terrain, quoique

ſablonneux, il faut bien ſe garder de le dénaturer en y faiſant apporter de l'argille ; ce qui eſt bien ailleurs, deviendroit ici un mal, parce qu'alors l'humidité conſtante dans laquelle ſe trouveroit une terre forte, la rendroit froide & pourriſſante par l'effet d'une exceſſive humidité.

Les productions des terres légeres ſont plus précoces que celles des terres fortes: les fruits & les légumes récoltés dans celles-ci ſont plus gros ; mais dans les terres légeres, ils ſont pour l'ordinaire d'un goût plus relevé, plus ſucré & meilleur ; effet de la ſeve aérienne, dont nous avons parlé, & dont nous parlerons encore plus amplement au Livre de la Fructification.

Dans les terres légeres, les arbres pouſſent, fructifient & durent beaucoup moins que dans les terres fortes, & la maniere de les conduire doit être fort différente, comme nous le dirons au Chapitre de la Taille.

Il y a quelquefois des terres d'une nature ſi bonne, que toute eſpece de plantes, toute ſorte de légumes & de fruits y réuſſiſſent parfaitement ; & même ces ſortes de terres étant ſimplement cultivées par des labours ordinaires pour les arbres fruitiers, ſe conſervent bonnes pendant pluſieurs années, ſans avoir beſoin d'aucuns ſecours d'amendement.

Heureux le poſſeſſeur d'un tel fonds, qui réunit les conditions importantes, ſavoir, une terre fertile, une terre ſans goût, une terre ſuffiſamment profonde, une terre meuble & peu pierreuſe, une terre qui ne ſoit ni trop forte, ni trop humide, ni trop légere & trop seche ! Le possesseur d'un tel terrain privilégié est assuré d'un succès infaillible, en ce qui dépend purement du fonds ; à plus forte raison, que ne doit-il pas espérer s'il prend soin quelquefois de faire fouiller & remuer entiérement sa terre à une certaine profondeur, tant pour l'entretenir toujours bien divisée, que pour donner lieu à chaque partie de faire alternativement son devoir, & si en outre il ne manque pas de lui faire donner la culture ordinaire ?

Mais comme la bonté, la fertilité d'un terrain ne consiste que dans un mêlange convenable & proportionné de sable & de terre grasse, si la nature ne le présente pas toujours tel, un propriétaire intelligent peut se le procurer en pratiquant les moyens que nous venons d'indiquer, & autres, dont nous parlerons dans des Chapitres particuliers : s'ils exigent quelque dépense, on en sera bien indemnisé par la satisfaction & les avantages qu'on en retirera.

CHAPITRE II.

Des Labours.

L'OPÉRATION des labours consiste à remuer & à renverser les parties d'un terrain, de sorte que celles de dessus & celles de dessous prennent réciproquement la place les unes des autres, jusqu'à une certaine profondeur.

La culture des terres consiste principalement à labourer à propos & profondément, c'est-à-dire, à rendre végétable une grande épaisseur de terre, à lui rendre des engrais à proportion de ce qu'elle nous donne de fruit, à varier les différentes especes de grains dont on peut la charger perpétuellement, au moyen de la restitution dont je viens de parler.

On fait les labours avec des charrues en pleine campagne; ils se font de plusieurs façons dans les jardins & autres parties de terrain.

On fait les labours à la bêche dans les terres aisées; dans celles qui sont dures & difficiles, ont les fait à la houe, & à la fourche dans les terrains pierreux & durs. Les labours servent à rendre meubles les terres qui ne le sont pas, & à entretenir en état celles qui le sont naturellement.

On entend par terre meuble celle dont les parties sont divisées, & par conséquent perméables à l'air & à l'eau, & où il se trouve des interstices, de petites cavités favorables aux effets de la raréfaction & de la condensation, objet principal & le plus efficace des labours. Ce qui a été dit & expliqué à ce sujet dans la seconde Partie, nous dispense d'en dire ici davantage.

Plus les labours seront faits de maniere à diviser le mieux & le plus profondément les parties du terrain, & plus ils seront parfaits.

Avant de parler des labours à la charrue dans les champs, nous allons parler de ceux que l'on fait dans les jardins. La négligence ordinaire de ne pas extirper entiérement les mauvaises herbes qui jettent de profondes racines, telles que le chiendent, est un grand défaut dans la culture.

Un usage, un préjugé qui n'est pas moins enraciné que le chiendent, est de ne pas labourer assez profondément; opération nécessaire si le terrain a de la profondeur, & plus nécessaire encore s'il n'en a pas.

Je dois insister d'autant plus sur cet article essentiel, qu'il est presque généralement négligé en France; & c'est peut-être le pays du monde où en général on laboure le plus superficiellement.

Ce vice, si préjudiciable à l'agriculture, se fait remarquer sur-tout dans les pays où les terres sont légeres, quoique ces especes de terres n'exigent pas moins des labours profonds.

Outre ce que tout voyageur a pu reconnoître par lui-même à ce ſujet, il ne faut qu'examiner les différentes formes des outils aratoires des autres pays comparés aux nôtres. En Angleterre, en Flandres, en Allemagne, &c., les charrues, les bêches ſont d'une longueur & d'une forme à remuer la terre plus profondément qu'en France ; c'eſt évidemment à quoi on doit attribuer le ſuccès des productions dans des terres qui d'ailleurs ne valent pas les nôtres.

Tous les principes que nous avons poſés, & autres conſidérations dont nous parlerons, démontrent l'avantage de remuer la terre le plus profondément qu'il eſt poſſible.

Je vais prouver que dans les jardins, dans les champs, les labours profonds ſont eſſentiels pour un terrain qui a beaucoup de profondeur, néceſſaires pour celui qui n'en a que médiocrement, indiſpenſables pour celui qui n'en a que très-peu.

Il me ſemble entendre déja la voix de la routine & du préjugé s'élever contre moi. A la bonne heure, dira-t-on, de labourer profondément dans un bon fonds ; mais ſi on entreprenoit de le faire dans un autre qui n'a que cinq ou ſix pouces de bonne terre, ici on rameneroit de la craie, là du ſable & des pierres, ou bien de l'argille, &c. ; ce ſeroit mettre la bonne terre deſſous, & la mauvaiſe deſſus ; ce ſeroit tout gâter, tout bouleverſer, tout perdre : mon pere n'a jamais labouré plus profondément, & je dois bien me garder d'aller plus avant ; on ne trouveroit deſſous que de la terre ſauvage, &c.

Ces allégations & autres, qui ne tiennent qu'à l'ignorance & à une malheureuse routine, opposent, dit-on, des obstacles invincibles à creuser plus profondément.

J'avoue que je l'ai cru comme un autre, & je le croirois peut-être encore si l'expérience ne m'avoit pas désabusé & démontré le faux de ces idées; si je n'avois vu en Angleterre & en Flandres de très-mauvais terrains qui, après avoir été profondément creusés, retournés & ainsi défrichés, sont devenus très-bons & capables de faire des productions admirables.

Si je n'avois observé que dans ceux auxquels on n'ose toucher, parce qu'ils sont, dit-on, ingrats, infertiles, incapables de fournir à la végétation; si je n'avois vu, dis-je que les arbres qu'on y a plantés, ou qui y croissent naturellement, y enfoncent profondément leurs racines, & y prosperent bien; preuve très-évidente que ce fonds, regardé comme si mauvais, n'est pas infertile.

Mais si les plantes végetent bien dans ce sol, sans labours, sans amendement & sans soins, combien mieux doivent-elles croître & prospérer lorsqu'une partie de ce terrain aura été incorporée à l'autre, mêlée & retournée par les labours, amendée par les engrais, améliorée par les neiges, les pluies, les rosées, & par l'influence de l'air auquel elle est devenue plus perméable?

Examinons maintenant les différentes substances qu'on rencontre ordinairement sous cette mince couche de terre qu'on s'est contenté de labourer.

Si ſous une ſuperficie de terre ſablonneuſe on découvre de l'argille, c'eſt un tréſor qu'on eſt trop heureux de trouver, qui reſtoit enfoui à pure perte, & dont il faut s'empreſſer de jouir, en faiſant avec facilité, ſans tranſports & ſans frais, la mixtion que nous avons recommandée.

Si au contraire ſous une terre argilleuſe, trop compacte & trop humide, on eſt aſſez heureux pour trouver quelques ſubſtances ſableuſes, ou marneuſes, ou crétacées; c'eſt une découverte également utile & favorable pour la mixtion & l'amélioration d'un pareil terrain; voilà de ces rencontres heureuſes dont il ſeroit abſurde de ne pas profiter.

Mais ſi, comme il arrive plus ordinairement, on ne trouve ſous une terre argilleuſe que de l'argille encore moins bonne, ou ſous une terre ſablonneuſe que du ſable & des cailloux, l'opération d'un labour profond, ſinon auſſi avantageuſe & auſſi promptement productive, n'en eſt pas moins néceſſaire.

Voilà comme je l'ai vu pratiquer en Angleterre, en Flandres & ailleurs. On ſe ſert pour cette eſpece de défrichement, d'une charrue d'une conſtruction telle qu'elle peut s'enfoncer dans le terrain & le retourner à la profondeur de quinze à dix-huit pouces : il ne faut pas moins de ſix chevaux attelés à cette charrue, & trois hommes, dont deux pour labourer, & un pour conduire les chevaux. On fait paſſer enſuite ſur ce terrain retourné des herſes de fer pour le purger, au moins en partie, des pierres qui s'y trouvent. On le laisse ainsi quelque temps, après quoi on fait encore de nouveau repasser par-dessus les herses pour l'épierrer.

Après avoir répandu sur ce terrain une épaisseur de fumier ou de bonnes terres rapportées, lorsqu'on peut s'en procurer, on le laboure encore avec la même charrue & aussi profondément, mais avec plus de facilité que la premiere fois; quatre chevaux & deux hommes suffisent pour ce second labour; on fait passer de nouveau les herses sur le terrain, & on y répand du fumier, ou autres amendements.

On donne à ces terres ainsi retournées & amendées un troisieme labour avec une charrue plus légere, & qui ne retourne le terrain que d'environ un pied de profondeur: un seul homme & deux ou trois chevaux suffisent pour cette charrue, avec laquelle on donne quelque temps après un autre labour moins profond que le précédent, qui est celui des semis.

Je peux assurer, d'après l'expérience, qu'à la suite de telles préparations d'un terrain réputé précédemment très-mauvais, on aura des récoltes abondantes de froment & autres grains, sur-tout si on a mixtionné de sable, ou mieux de marne sablonneuse les terres trop fortes & trop humides, & d'argille ou de marne argilleuse les terres trop divisées & trop seches; & tel terrain défoncé, amélioré, & pour ainsi dire créé, n'a plus besoin que d'un entretien ordinaire pour être onstamment bon & productif.

Mais voilà, dira-t-on, bien du travail & de la dépense. Cette observation doit être soumise à un calcul bien simple : vaut-il mieux laisser un terrain dans l'état de stérilité, où du moins de peu de rapport auquel il est condamné pour toujours, que de le mettre en pleine valeur ?

Les frais qu'exigent les opérations qui doivent le mettre dans cet état, ne sont-ils pas bien inférieurs aux produits constants de ce terrain, & à la valeur qu'il a acquise ? Ne dédommagent-ils pas amplement le propriétaire de cette premiere dépense, soit qu'il fasse valoir son terrain, soit qu'il le donne à loyer, soit qu'il le vende ? Que l'on compte, & l'on verra qu'il y a beaucoup à gagner.

Mais je conviens que cette opération ne peut être que celle d'un propriétaire, ou d'un locataire à longues années. D'où vient que les baux faits à six ou à neuf années sont & ne peuvent être que des termes nuisibles en général au progrès de l'agriculture ? Parce qu'il n'est pas naturel de croire qu'un homme qui n'est pas assuré d'une plus longue jouissance, soit pour lui, soit pour sa postérité, veuille faire la dépense qu'exigent les défrichements ou les améliorations dont nous venons de parler. Les baux à peu d'années sont donc évidemment nuisibles à la vraie culture des terres & au produit de la masse générale des subsistances.

Mes réflexions seront fort inutiles à ce sujet, si le Gouvernement, pénétré de cette vérité, n'entreprend pas de corriger des abus qui sont aussi préjudiciables aux propriétaires, qu'ils le sont à l'Etat.

Si je m'étois laissé persuader par quelques Auteurs qui prétendent que les labours seuls suffisent constamment à toute espece de productions, sans les fumiers, les amendements & autres soins nécessaires à l'agriculture, l'expérience m'en auroit bien détrompé; elle m'a confirmé dans la croyance & la persuasion que ce n'est que par le secours des uns & des autres que l'on peut mettre la terre en état de faire de belles & vigoureuses productions.

1°. Les labours les mieux faits & le plus profondément possible, servent à entretenir dans la terre des interstices, des réservoirs d'airs, qui donnent plus de jeu à l'effet de la raréfaction & de la condensation; premier & principal effet.

2°. Plus la terre est réduite en petites parties, & mieux l'eau peut dissoudre les sels dont elle est remplie, & s'en imprégner plus abondamment; ce qui rend la seve plus nutritive.

3°. Mieux les molécules de la terre sont divisées, & plus elles sont perméables aux jeunes racines, qui s'y enfoncent, s'y étendent à proportion qu'elles éprouvent plus d'attraction & de facilité à y pénétrer, & font aussi de grands progrès en peu de temps.

Comme on peut compter que le progrès des plantes dépend de celui des racines, ces plantes poussent plus vigoureusement & en peu de temps dans un terrain bien préparé.

Mais comme nous avons vu que ce qu'on appelle seve, n'est autre chose qu'une dissolution des substances grasses & salines, dont l'eau s'est imprégnée dans la terre, ces substances ne sont pas inépuisables ; & lorsque la terre en est dépouillée, elle devient ce qu'on appelle *usée.* Effectivement on a dit & reconnu de tout temps que les terres s'usent à la longue; avec cette différence seulement, que comme il y en a de très-bonnes, & qu'il y en a de médiocres, les unes s'usent bien plutôt & plus aisément que les autres.

Quelque fécondité que la terre possede, elle s'épuise à la longue par la suite & la quantité de ses productions, & sur-tout de celles qui paroissent lui être étrangeres ; car celles qui lui sont naturelles s'entretiennent bien plus long-temps & plus constamment en vigueur sans soins & sans culture : par exemple, la terre d'un bon pré, bien loin de s'user en nourrissant l'herbe qu'elle produit tous les ans, semble augmenter de plus en plus de disposition à en produire.

Mais ces excellentes prairies ne se font gueres remarquer que dans des vallées où le terrain, quelquefois submergé, est en tout temps arrosé & baigné par les eaux des rivieres ou ruisseaux qui les avoisinent.

La fertilité ne seroit pas aussi constante dans les terrains plus élevés, qu'on appelle hauts-prés, ou prairies artificielles, sans le secours des engrais qu'on y répand de temps en temps ; de l'urine ou de la fiente des animaux qui y pâturent.

Une terre qui paroît usée par rapport aux productions qu'elle avoit coutume de faire, ne l'est pas toujours pour d'autres sortes de productions ; & l'expérience prouve qu'il ne faut pas toujours charger le terrain des mêmes semences, mais qu'il faut les varier.

Cette méthode usitée & très-bonne, ne peut dispenser cependant des secours étrangers qu'il faut absolument donner de temps en temps au terrain, c'est-à-dire, des amendements & des engrais qui remplacent les substances dont la terre est épuisée, & dont les eaux puissent s'imprégner pour former une seve nutritive.

Nous parlerons de ces amendements dans un Chapitre particulier.

Quant au terrain des jardins, il est encore plus nécessaire de le rendre bon & profond s'il ne l'est pas, & de l'améliorer autant qu'il est possible. On ne peut espérer aucune jouissance satisfaisante, si on ne commence par faire cette opération ; & sans cette premiere dépense, celle qu'on feroit annuellement & pendant toute sa vie feroit peu fructueuse ; & quoique bien plus considérable à la longue, elle feroit toujours d'un petit produit & de peu d'agrément.

Heureux si l'on trouve dans son jardin les qualités d'une bonne terre telles que nous les avons décrites ! Mais s'il en est au contraire, on ne peut trop tôt travailler à y remédier, sur-tout si le terrain n'a pas la profondeur convenable.

convenable. Voilà ce qui se pratique à ce sujet en Angleterre.

On creuse avec la houe le terrain d'environ trois pieds de profondeur, par tranchées; on jette la terre à côté, en séparant la bonne de la mauvaise, que l'on met chacune séparément de chaque côté de la tranchée; on met un lit de fumier ou d'herbes au fond de cette excavation, par-dessus une couche du moins bon terrain naturel que l'on a mêlé auparavant avec de bonnes terres qu'on a pu trouver à portée, & successivement par lits de fumier ou autres amendements, alternativement avec des couches de terre, mêlées comme je viens de le dire: on remplit la tranchée, après quoi on en fait une autre à côté de celle-ci, que l'on remplit de même, en observant de mettre la meilleure terre au-dessus: c'est ainsi que successivement on donne à son jardin un fonds & un terrain excellent.

Cette dépense, qu'un cultivateur éclairé ne doit pas hésiter à faire, sinon tout d'un coup, au moins par parties, & selon ses moyens, lui assurera une jouissance profitable, satisfaisante & constante, qui le dédommagera bien par la suite des frais qu'il aura faits pour se la procurer. Cela ne vaut-il pas mieux que de passer toute sa vie à faire annuellement, & presque inutilement, de la dépense en vains palliatifs, qui ne peuvent remédier radicalement au mal.

Après avoir parlé des remuements de terre & des labours, qu'on pourroit appeller *primitifs*, nous allons parler des labours moins profonds, quelquefois même superficiels, qui doivent se faire en différentes saisons de l'année, & particuliérement pour les semis.

Ces labours se doivent faire en différents temps, & même différemment, eu égard à la différence des terres & des saisons.

Les terres qui sont chaudes & seches ne doivent être labourées en Eté, qu'avant, pendant ou après la pluie, & sur-tout s'il y a apparence qu'il en doive encore venir: mais il faut bien se garder de remuer profondément ces sortes de terres pendant un temps chaud & sec; & si on est obligé de le faire où il y a des plantes & des arbres, il ne faut pas manquer d'arroser aussi-tôt. J'ai perdu plusieurs arbres faute de cette précaution.

Au contraire, les terres fortes, humides & froides ne doivent jamais être labourées en temps de pluie, mais plutôt pendant les plus grandes chaleurs. En effet, pour lors on ne peut les labourer ni trop souvent, ni trop avant, en vue particuliérement d'empêcher qu'elles ne se fendent, ce qui, comme nous l'avons déja dit, fait grand tort aux racines, & afin que cette terre, étant divisée par les labours, la chaleur y pénetre plus aisément, & donne plus d'action à l'effet de la raréfaction & de la condensation.

La Nature nous fait voir en cela, aussi bien qu'en beaucoup d'autres choses, que nous devons chercher à l'aider, mais bien prendre garde de la contrarier.

L'observation nous apprend ce que demande la terre, & en quel temps elle le demande;

elle nous fait connoître qu'il est bon de labourer, ou du moins de serfouir souvent au pied des arbres, soit en terre seche & légere, soit en terre forte & humide ; mais en temps de pluie pour les unes, & en temps de chaleur pour les autres.

Ces labours fréquents, quand on a la commodité de les faire, sont d'une grande utilité ; car outre qu'ils empêchent qu'une partie de la bonté de la terre ne s'épuise à la production & à la nourriture de méchantes herbes, ils font au contraire que ces herbes mises au fond de la terre, s'y pourrissent, & y servent d'un nouvel engrais.

Ceux qui sont dans l'usage de ne donner qu'un labour en chaque saison, doivent, dans les intervalles de ces labours, ratisser ou arracher les mauvaises herbes qui, particuliérement l'Eté & l'Automne, viennent à se produire sur les terres, & s'y multiplient dans la suite si on les y laisse répandre leurs graines.

Il faut bien se garder de faire des labours au pied des arbres dans le temps qu'ils fleurissent ; il en est de même de la vigne lorsqu'elle pousse, parce que la terre fraîchement remuée au Printemps, exhale beaucoup de vapeurs, qui, aux moindres gelées blanches, assez ordinaires en cette saison, se condensent & s'arrêtent sur les feuilles & sur les fleurs, les humectent & les attendrissent, & les rendant ainsi plus susceptibles de la gelée, contribuent à les faire périr.

Les terres qui ne sont pas labourées en

ce temps-là, & qui par conséquent ont la superficie dure, ne sont pas sujettes à exhaler tant de vapeurs, qui sont très-préjudiciables aux fleurs & aux jeunes pousses des arbres, lorsqu'il survient de la gelée.

L'observation que je fais ici est bien prouvée par un fait qui étonne ceux qui n'en savent pas la cause ; c'est qu'on voit que les gelées du mois de Mai endommagent toujours plus fortement les fleurs & les pousses des arbres situés dans les vallons, quoiqu'abrités, que celles qui sont dans la plaine, ou sur le sommet des montagnes, où elles sont pleinement exposées au vent du Nord & à la gelée ; c'est que les unes sont dans un atmosphere humide, & les autres n'y sont pas.

Ce que je viens de dire de l'utilité des fréquents labours au pied des arbres, fait voir qu'on doit s'abstenir de remplir, comme on le fait souvent, les plattes-bandes des espaliers, d'herbes potageres, de fraisiers, ou de plantes à fleurs tout auprès du pied de leurs arbres ; ces plantes y portent un grand préjudice, & empêchent les fréquents labours dont je viens de parler.

La regle la meilleure à pratiquer pour les labours qu'il faut faire aux arbres, tant en Automne qu'au Printemps, est que dans les terres seches & légeres, on doit donner un grand & profond labour avant l'Hiver, & un pareil aussi-tôt qu'il est passé, afin que les pluies & les neiges de l'Hiver & du Printemps pénetrent aisément dans les terres qui ont besoin de beaucoup d'humidité.

A l'égard des terres fortes & humides, il faut leur donner au mois d'Octobre un petit labour, seulement pour ôter les mauvaises herbes, & attendre à leur en donner un plus profond au mois de Mai, quand les fruits sont bien noués & les fortes gelées passées, de même que les grandes humidités. Ainsi la superficie de ces terres s'étant trouvée dure, ferme & serrée, n'a laissé que peu de passage pour les eaux de l'Hiver & du Printemps, & pour la fonte des neiges, ce qui n'auroit pu être que préjudiciable à ce terrain, déja trop humide & trop froid.

Rien n'humecte tant le terrain que l'eau de la fonte des neiges; l'eau des pluies ne pénetre gueres au-delà d'un pied; mais l'eau des neiges pénetre jusqu'à deux ou trois pieds de profondeur, parce que la neige se fondant lentement & petit à petit, & par le dessous de la masse, elle s'insinue plus aisément sans en être empêchée, sans essuyer de dissipation par la chaleur du soleil, ou par le hâle des vents. C'est pourquoi il convient de rassembler, autant qu'on le peut, sur les terres seches, des tas de neiges, sur les labours des espaliers, & particuliérement aux expositions du Midi, qui sont en Eté les plus frappées du soleil; & aussi aux expositions du Levant, parce que les eaux des pluies d'Eté n'y venant presque jamais, les terres de cette exposition demeurent ordinairement plus altérées, & par conséquent les arbres y souffrent.

Tout au contraire, il est bon de faire enlever la neige de dessus les terres fortes, puisqu'elle y porte une humidité qui ne pourroit être que préjudiciable dans ces sortes de terrains, déja trop humides & froids.

On pourroit révoquer en doute la nécessité des labours, de même que celle de plusieurs autres bonnes méthodes que j'indiquerai en citant des exemples qui paroissent en dispenser. On dira qu'il y a des arbres qui, étant couverts de pavé, ou de sable battu autour du pied, ne laissent pas de bien faire, quoiqu'ils ne soient jamais labourés; mais il y a plusieurs choses à répondre à cela.

1°. De tels arbres sont pour l'ordinaire sous des égoûts; il y tombe beaucoup d'eau, qui, pénétrant au travers des jointures du pavé ou du sable battu, leur fournit assez de fraîcheur.

2°. L'humidité qui a ainsi pénétré dans ces terres couvertes de pavé, s'y conserve bien mieux & plus long-temps que dans les autres, le hâle des vents & la chaleur du soleil ne pouvant la dissiper.

Ainsi ces exemples & autres ne détruisent pas la nécessité des labours, bien justifiée encore par toutes les plantes & arbres que l'on tient en caisses & en pots, qui ne manquent pas de languir, & souvent même de périr, si on n'a pas soin de serfouir de temps en temps la superficie de la terre, pour donner passage à l'eau des arrosements.

CHAPITRE III.

Des Amendements.

LES Anciens n'ont point douté de la nécessité des engrais : quelques Auteurs modernes ont donné à croire qu'on pouvoit s'en passer, en y suppléant par des labours multipliés ; ils ont pensé que les fumiers n'opéroient que par la division des terres, & qu'ainsi toute autre opération qui opéreroit cette division, seroit également bonne : cette opinion, si contraire à l'expérience, va être détruite par les différents effets des engrais, que nous allons examiner & démontrer.

Il est certain que quelque fécondité que la terre possede, elle s'épuise à la longue par les productions qu'on lui fait faire. S'il y a des terrains qui produisent toujours constamment sans qu'on y apporte aucuns amendements, tels que ceux des bois & des prairies, c'est que les uns reçoivent annuellement un très-bon engrais par la chûte des feuilles, & les autres de puissants secours apportés par les inondations, & par une irrigation presque continuelle; secours dont la privation les feroit bientôt dépérir.

Les engrais naturels de ces sortes de terrains les mettent en état de se passer des autres ; mais ceux qui n'en reçoivent pas de pareils ont besoin qu'on leur en fournisse, d'autant plus qu'on les force à l'entretien d'une végétation plus abondante & plus ſuivie.

Les amendements ne ſignifient autre choſe qu'une amélioration de terre ; cette amélioration ſe peut faire avec toutes ſortes de fumiers.

Quand nous amendons & fumons de la terre, ce doit être en vue de donner de la fertilité à celle qui n'en a pas, c'eſt-à-dire, qui a beaucoup de défauts, & par conſéquent peu de diſpoſition à produire, ou de l'entretien à celle qui en a, & qui pourroit la perdre, ſi de temps en temps on ne lui faiſoit quelques réparations néceſſaires.

Nous devons amender cette terre plus ou moins, ſelon les productions que nous lui demandons, ſoit au-delà de ſes forces, ſoit conformément à ſon pouvoir ; il faut auſſi avoir égard à ſon tempérament, comme nous le dirons.

Il faut, par exemple, amplement des engrais pour produire des herbes potageres, ou des légumes qui viennent en peu de temps en abondance, & ſe ſuccedent promptement les uns aux autres dans un petit eſpace de terrain, qui, ſans cela, ſe pourroit effruiter.

Mais il en faut peu pour nourrir les arbres qui, croiſſant iſolés & lentement, ne font que des productions médiocres eu égard à l'eſpace de terrain qu'ils occupent en largeur, & ſur-tout en profondeur, quoiqu'ils demeurent fort long-temps au même endroit où ils ſont ; cependant, par le moyen de leurs racines pivotantes & latérales, qui s'étendent à droite & à gauche, & très-profondément, ils prennent au loin & au large la nourriture qui leur convient, en pénétrant chaque année dans quelques nouvelles veines de terrain.

Un sol qui a naturellement beaucoup de fond & de fécondité, a moins besoin d'amendements qu'un autre.

Les grands défauts de la terre consistent, ou en trop d'humidité, accompagnée pour l'ordinaire du froid & de la grande pesanteur, ou en trop de sécheresse, qui est au contraire réguliérement accompagnée d'une excessive légéreté, & d'une grande disposition à être brûlante.

Il se fait de grandes dissertations pour décider quels sont les meilleurs engrais. Des Chymistes s'arrogeant la compétence de cette matiere, se sont érigés en Juges souverains, & ont décidé d'après quelques expériences faites dans leurs laboratoires.

La Chymie est une science très-utile, à laquelle on est redevable de plusieurs connoissances, & qui mérite certainement bien les attentions qu'on y donne aujourd'hui plus que jamais : mais en devant attendre & espérer des découvertes utiles de la part de ceux qui, possédant cette science, savent en faire une juste application, ne doit-on pas appréhender qu'elle n'induise en erreur beaucoup d'autres qui, voulant en faire une application vague & mal dirigée, en tireront des conséquences fausses, qui ne produisent jamais que des idées hasardées, des systêmes & des erreurs d'autant plus dangereuses, qu'elles paroissent scientifiques, & érigées sur de grands mots qui en imposent à ceux qui s'en laissent prévenir, & qui sont des armes dangereuses dans les mains des demi-savants, ou qui ne sont que de simples manipulateurs ?

Sans emprunter ici le secours de la Chymie, qui, je crois, n'a que faire là, nous nous en tiendrons tout simplement à reconnoître les qualités & les effets des différents amendements, d'après ce que l'expérience a démontré; elle nous assure que la décomposition des animaux, des végétaux, & de la plupart des minéraux, est propre à amender & à améliorer la terre, en y retournant par la voie de la corruption; que tout ce qui rentre dans la terre lui rend ce qu'elle avoit perdu: en effet, tout vient de la terre, & tout redevient terre.

Ainsi toutes sortes de morceaux d'étoffes & de linge, la chair, la peau, la corne & les ongles des animaux, les bois, les écorces, les fruits, les feuilles, les pailles, les grains, les cendres, les boues, les urines, les excréments, toutes ces substances rentrant dans la terre & décomposées, y servent d'amélioration; de sorte qu'ayant la faculté d'en répandre souvent sur les terres, comme on l'a particuliérement dans le voisinage des grandes Villes, on met ces terres en état de pouvoir produire toujours & sans relâche; car une terre quelconque ne cessera de faire des productions, pourvu qu'on lui restitue la même quantité de sels & de sucs que la végétation lui a enlevés.

Par exemple, si en labourant un terrain on remet dans le fond du labour les plantes qu'il avoit produites, ces plantes ainsi renversées au-dessous de la superficie de la terre, y pourrissent, & y font un engrais de la même quantité & à peu près de la même valeur que ce qu'il en avoit coûté à cette terre pour les produire ; c'est le même sel qui lui revient, & la rend aussi riche & aussi fertile qu'auparavant.

Il y a plusieurs sortes d'engrais, les uns meilleurs que les autres ; mais tous sont propres à amender la terre, c'est-à-dire, à réparer la perte qu'elle avoit faite en produisant.

La terre proprement dite, c'est-à-dire, la terre élémentaire, ne s'use point, puisque nous avons prouvé qu'il n'en entre point dans les plantes; ce ne sont, comme nous l'avons dit, que les substances salines, oléagineuses, &c. dont elle est remplie, qui fournissent les sucs nutritifs; & ces substances étant restituées à la terre par le moyen des engrais, la rétablissent, & la remettent en état de produire comme auparavant.

Il est donc certain, qu'au moyen des engrais, on peut faire produire la terre continuellement, & c'est ce que l'on voit bien prouvé par l'expérience dans des terrains plus que médiocres : de là l'inutilité de la question de savoir s'il faut ou s'il ne faut pas laisser les terres en jacheres, c'est-à-dire, les laisser reposer pendant un an ; ce sera le sujet d'un Chapitre particulier.

Il eſt, outre les engrais, une autre eſpece d'amendement reconnu pour très-bon ; c'eſt celui que l'on fait au moyen des terres rapportées ; c'eſt ce qu'on appelle *terroter*. L'expérience prouve que ce rapport de nouvelles terres eſt d'un effet excellent pour les ſemis & pour les plantations.

L'opération de *terroter* n'eſt autre choſe qu'une mixtion de nouvelles terres avec celles du fonds que l'on veut améliorer.

On ſe ſert pour cet effet de vuidanges ou cures de mares & d'étangs, de gazons, ou mottes pris le long des chemins, de terre de pré, ou autres bons terrains, & ſur-tout de terres neuves.

Nous allons parler ſéparément de ces différentes terres ; nous en avons aſſez dit ſur les mixtions d'argille dans les terres légeres, & de ſable dans les terres fortes ; nous ne pourrions que répéter ce que nous avons déja dit de l'excellent effet de ces mixtions.

On appelle terres neuves celles qui, étant à la profondeur de trois ou quatre pieds, ſont cenſées n'avoir jamais vu le ſoleil, & n'avoir point fait de production ; c'eſt pourquoi on les appelle encore *terres vierges*.

On regarde auſſi comme terres neuves celles qui depuis long-temps ont été hors d'état de produire, ſoit pour avoir été amoncelées, ſoit pour s'être trouvées ſous des édifices ou bâtiments quelconques.

Soit que ces terres n'aient jamais produit, ſoit ſeulement qu'elles ſoient reſtées long-temps en repos, il eſt certain qu'elles ſont excellentes, parce qu'elles sont remplies de sels ou de ceux qui lui ont été donnés à la création, ou de ceux des terres de la superficie qui lui ont été apportés par la filtration des eaux de pluie, dont la pesanteur les fait descendre par-tout où elles peuvent pénétrer.

Ces sels se conservent dans ces terres souterraines jusqu'à ce que devenant elles-mêmes superficie, l'air & la lumiere leur donne une disposition propre à employer avec éclat la fécondité dont elles sont douées. En effet, elles ne sont pas pour ainsi dire plutôt en liberté d'agir, qu'elles produisent des végétaux d'une beauté surprenante.

Ainsi, sans trop s'embarrasser de savoir si une terre est vraiement vierge, si elle n'a jamais produit, si elle a encore son premier sel de la création, connoissance qui ne peut être que fort incertaine, il suffit de savoir que ce soit une terre qui a resté en repos & sans produire depuis long-temps, pour pouvoir la regarder comme neuve, & pour être assuré qu'elle fera des productions merveilleuses. Dans les jardins où on l'emploiera, toutes sortes de plantes & de légumes y embellissent, croissent & grossissent à vue d'œil, & les arbres que l'on y plante y réussissent à merveilles. Je conseille donc sur-tout le transport de ces terres neuves, autant que l'on pourra s'en procurer. Heureux qui pourroit en former le fonds de son jardin !

La terre de pré, si elle est bonne à une certaine profondeur, peut être regardée comme une terre neuve.

Quant aux cures & vuidanges de mares ou d'étangs, les avis des Auteurs & même des Cultivateurs, sont partagés sur leur qualité, leur préparation & la maniere de les employer ; cela doit être, puisque ces sortes de terreaux sont presque tous différents, quoique compris sous la même dénomination.

En effet, quoiqu'également appellés curures de mares, il est certain qu'ils participent chacun en particulier de la nature des terrains où est la mare d'où on les a tirés, ce qui doit les rendre d'un genre & d'un effet aussi différent que l'est celui de ces différents terrains ; c'est pourquoi ici elles seront argilleuses, là sableuses, ou tenant de l'une & de l'autre.

De là grande dispute entre les Cultivateurs : l'un qui aura employé sans aucune précaution de ce terreau argilleux dans un sol brûlant, dira que les vuidanges de mare ne valent rien ; qu'elles se sont, pour ainsi dire, pétrifiées pendant la chaleur de l'Eté ; & qu'étant devenues dures comme des briques, il a été obligé de fouiller au pied des arbres où il en avoit mis, pour les en retirer.

Un autre, qui aura mis des vuidanges sablonneuses dans une terre forte & humide, dira qu'elles sont très-bonnes & d'un excellent effet, parce que l'humidité du terrain aura mis en dissolution ces terreaux, qui ont par eux-mêmes bien moins de ténacité que les autres. Ces Cultivateurs ont tous deux raison, & ne sont cependant pas d'accord.

C'est ainsi qu'on dispute souvent, faute de s'entendre.

Les terreaux argilleux ne doivent point être employés d'abord : les uns les laissent en tas pendant deux années, afin qu'ils puissent se digérer & se dissoudre ; les autres, & c'est le mieux, les mettent par lits avec des herbiers, des pailles, des bruyeres, des fougeres, des feuilles, &c., ce qui forme une ou plusieurs masses, dont la démolition, après un an ou deux, étant passée à la claie, donne des terreaux excellents, sur-tout pour les terres légeres.

Les terreaux sablonneux peuvent être employés tels qu'ils sont dans les terres humides, ou bien on les répand simplement avant l'Hiver sur la superficie d'un terrain quelconque ; les gelées & les pluies les mettent en peu de temps en dissolution, & l'eau qui les dissout & délaie, pénétrant dans le terrain, porte aux racines des arbres des sels lexiviels, qui y préparent une seve nutritive.

Ces terreaux sont enfouis par les labours du Printemps ; mais ils sont alors de peu de valeur dans les terres légeres, s'ils ont été dépouillés par les pluies & les neiges de leur graisse & de leurs sels ; car la bonté de ces terreaux consiste dans une espece de limon dont ils sont imprégnés, lequel étant dissous, il ne reste plus que du sable, peut-être encore un peu gras, que l'on met avec du sable ; amendement peu profitable pour des terres légeres, mais très-bon pour des terres fortes & compactes.

Tout ce que nous venons de dire des vases de mares & d'étangs, peut s'appliquer aux boues des rues, qui font auffi de différente nature, felon le local.

Mais comme on n'a pas toujours des emplacements libres & convenables pour faire ces approvifionnements de terres neuves & d'amendements, fur-tout dans les jardins, où je ne faurois trop en recommander l'excellent ufage, je vais donner un moyen facile & très-bon pour mettre en digeftion en telle quantité & auffi long-temps qu'on le voudra, les mêlanges dont je viens de parler.

Un ufage qui n'eft que trop pratiqué aujourd'hui, & qui certainement tient plus à l'inutilité qu'il ne remplit l'idée de magnificence qu'on y attache, met en allées exceffivement larges une partie du terrain des parterres, & même des potagers. Ces allées, qui font en pure perte, peuvent être employées en partie à l'utile dépôt des terres & terreaux & autres amendements qu'on pourra fe procurer.

Dans le temps où les ouvriers & les chevaux font peu occupés ou ne peuvent l'être à d'âutres travaux, comme pendant un temps de gelée, on fera creufer une ou plufieurs de ces allées les moins fréquentées.

Il arrivera fouvent que l'on retirera de l'excavation de ces allées, de très-bonnes terres repofées depuis long-temps, & que l'on peut regarder comme des terres neuves; on aura foin de mettre d'un côté toutes ces bonnes terres féparées de la mauvaife, s'il s'en trouve, que l'on jettera de l'autre côté de la tranchée.

L'excavation étant faite dans la profondeur

que

que l'on aura jugée convenable, selon la masse du dépôt qu'on veut y faire; on commencera par jetter au fond de la tranchée toute la bonne terre qu'on a pu en tirer, ensuite on y mettra les boues de rue ou vases de mare entremêlées, comme nous l'avons dit, de lits de pailles, d'herbiers, de fougeres, de bruyeres, ébranchages, mousses, &c., que l'on aura soin de bien fouler & de trépigner à chaque couche que l'on fera.

On recouvrira le tout d'une couche suffisante de la mauvaise terre graveleuse que l'on aura mise séparément : il faut observer de donner un peu plus d'élévation à cette nouvelle allée, en la formant en dos d'âne ou de bahut; car quelque bien foulé que soit le mélange qu'on aura fait, il arrive toujours qu'il s'affaisse par la suite, principalement vers le milieu.

Une telle allée, précédemment inutile, & qui souvent ne devient que plus seche, plus pratiquable & plus commode qu'elle n'étoit, contiendra un trésor auquel on aura recours au besoin, pour l'amendement & la fertilité des potagers & pour la plantation des arbres.

On trouvera au bout de deux ou trois ans cet amas de différentes substances converti en une masse d'excellents terreaux; avant même de les employer, on verra qu'ils auront déja produit des effets bien sensibles sur les arbres qui en sont à portée, tels que ceux d'un espalier, quand on a fait pareille tranchée dans l'allée qui borne la plate-bande où ces arbres sont plantés. On ne tarde pas à appercevoir à la vigueur extraordinaire de ces arbres, l'effet des sucs abondants & nutritifs que pompent dans cette masse de terreau leurs racines qui y pénetrent & s'y étendent en peu de temps.

J'ai vu avec admiration des espaliers ainsi entretenus, & je crois qu'il n'y a point de meilleur moyen de les faire singuliérement prospérer, principalement dans les terres seches & légeres.

Quand on retire les terreaux de la tranchée, on voit que les arbres voisins y ont poussé une quantité prodigieuse de jeunes racines & de chevelu; il faut bien se garder de les trop découvrir; & après avoir retiré la quantité de terreau, sans trop endommager les racines, il faut remplir de nouveau la tranchée avec de pareils ingrédients.

On ne sera pas surpris des progrès que font les racines dans ces mêlanges qui conservent toujours beaucoup d'interstices & de cavités, si l'on réfléchit sur ce que nous avons dit des effets de la raréfaction & de la condensation, dont le jeu se trouve favorisé dans une pareille tranchée & bien capable d'y attirer puissamment les racines.

Toutes les substances végétales & animales sont bonnes pour former les dépôts dont nous venons de parler, qui se convertiront en excellents terreaux; le marc de raisin & celui des pommes peut y être employé utilement; la mousse & les broussailles dont on dégagera les bois & les futaies; des animaux morts, des os, des tontures de draps dans les Manufactures, des raclures de corne, des cendres, & sur-tout le sang des animaux & les vuidanges des boucheries.

Toutes ces substances, mêlées avec les terres ou vases dont nous avons parlé, & mises en digestion pendant quelque temps, donnent des terreaux dont je ne saurois assez recommander de se pourvoir, puisque c'est la base absolument nécessaire pour une bonne Agriculture, & qui, préparés comme nous l'avons dit, suppléent aux fumiers dont nous parlerons, après avoir examiné dans le Chapitre suivant la nature & les effets des amendements tirés du regne minéral, & particuliérement de la marne.

CHAPITRE IV.

De la Marne.

LA marne est une substance fossile plus ou moins grasse & dure, qui sert à amender les terres & à les rendre fertiles.

Il y a plusieurs sortes de marnes, toutes très-bonnes, pourvu qu'après en avoir examiné l'essence & les propriétés, on sache l'employer selon la nature du terrain, qu'elle améliore & rend fertile pendant un grand nombre d'années : nous allons commencer par rendre les meilleures définitions qui aient été données de la marne.

C'eſt une terre calcaire, communément blanche, compoſée de craie, de glaiſe & d'un peu de ſable fin : ſelon qu'il entre plus ou moins d'une de ces ſubſtances dans une quantité donnée de marne, alors elle eſt ou plus légere, ou moins abſorbante, ou plus vitrifiable, ou moins diſſoluble aux acides, ou plus ou moins colorée & friable, mais elle eſt toujours plus ſolide que la craie.

En général, une bonne marne fait effervеſcence avec les acides, ce qui décele des parties crétacées ; mais lorſqu'elle en eſt dépouillée, elle paroît tenace, s'endurcit au feu ; & étant détrempée avec de l'eau, on en peut faire des vaſes ſur le tour ; ce qui décele ſa partie argilleuſe.

On peut ſéparer la partie ſableuſe par le lavage ; mais ſi on laiſſe la glaiſe & qu'on la pouſſe au feu, on en obtiendra une eſpece de verre laiteux ou une porcelaine.

C'eſt dans les ouvrages de Minéralogie & dans le Dictionnaire de Chymie qu'on trouvera de plus amples détails.

On trouve de la marne de diverſes couleurs : outre la blanche qui eſt eſtimée la meilleure pour les terres fortes, & qui ſe rencontre le plus ordinairement, il y en a de griſe, de bleue, de jaune, de noire, de rouge ; celle-ci n'eſt autre choſe qu'une eſpece d'ocre qui contient du fer.

Les Anglois qui ont écrit ſur l'Agriculture & l'économie rurale, comptent ſix eſpeces de marne colorée ; ſavoir :

1°. Le *Couſtumarle* qui tire ſur le brun, & qui eſt mêlé de craie.

2°. Le *ſtone marle* ou marne de pierre, qui s'appelle auſſi *ſtale* ou *ſlagmarle*; c'eſt une eſpece de marne de couleur bleue qui a vieilli; elle eſt comme pourrie; la gelée, la pluie, la décompoſent aiſément.

3°. Le *pearmarle* ou *tuingmarle*; cette marne eſt ſerrée, compacte, très-graſſe, d'une couleur brune; on la trouve dans les montagnes.

4°. Le *claymarle* ou marne d'argille; elle reſſemble à l'argille, & eſt quelquefois entremêlée de pierres calcaires.

5°. Le *ſteelmarle* ou marne d'acier; on la trouve communément au fond des galleries des mines; elle ſe diviſe en cubes.

6°. Le *papermarle* ou marne de papier, qui reſſemble beaucoup à des morceaux de papier gris, mais dont la couleur eſt quelquefois plus claire; on en trouve dans le voiſinage des charbons de terre.

Ces différentes couleurs de marnes ne ſont dues qu'aux parties métalliques & végétales qui y ont été dépoſées dans l'état de *guho*, avec les autres parties conſtituantes de ces ſortes de terre.

On appelle *marne pure* celle qui ne contient que de la craie & de la glaiſe très-fine, à doſes à peu près égales: quand la craie y domine, on l'appelle *marne crétacée*; lorſque l'argille s'y trouve en plus grande quantité, on l'appelle marne à foulons.

La marne qui ſe décompoſe à l'eau & à l'air, & qui ſe fend en lames, eſt une ſorte de *marne pure*; elle eſt excellente pour fertilifer les terrains fableux ou arides ; fi elle contient trop peu d'argille , elle tombe en pouffiere.

Plus la marne eft argilleufe , mieux elle convient aux terres épuifées par les enfemencements ; plus la marne eft calcaire & fableufe, meilleure elle eft pour les terres humides & tenaces.

La marne pétrifiable eft dans le même cas que l'argille pétrifiable : un fable très-atténué domine dans fa compofition, & acquiert par la fuite du temps, avec le gluten argilleux, une extrême dureté, à la maniere de la plupart des pierres.

Enfin la marne à foulons eft celle qui eft furchargée de terre bolaire & favonneufe ; elle s'étend dans l'eau au point d'y effuyer une forte de diffolution ; elle eft feuilletée & fe durcit peu à peu au feu : on s'en fert pour fouler les draps.

On donne encore le nom de *marne* à plufieurs autres fortes de terres dont on fait ufage dans les Arts ; mais ce font pour la plupart des efpeces d'argilles blanches : on les emploie pour faire des creufets, des pipes, des moules, &c.

A l'égard de la marne fœtide, on doit la regarder comme une efpece de pierre puante, calcaire, qui fe trouve dans les environs des charbonnieres.

La marne fe trouve communément en Normandie, en Champagne, à la profondeur de trente, quarante & jufqu'à cent pieds, quelquefois en pleine campagne ; d'autrefois au pied des collines, d'où communément il découle un filet d'eau ; elle forme des lits assez horizontaux ; on y trouve souvent des cailloux, mais peu de coquilles, sinon en Suisse, en Bourgogne & en quelques autres pays.

Les premiers & les derniers bancs de marne sont les plus graveleux ; il semble que cette terre ne soit qu'un dépôt vaseux de la mer ; lequel est, dans de certains endroits, composé du *tritus* de coquilles, & d'un limon provenant de la destruction des animaux de la mer.

L'antiquité la plus reculée fait mention de l'usage de la marne pour fertiliser les terres ; il paroît même qu'il étoit plus généralement pratiqué autrefois qu'il ne l'est aujourd'hui, soit par la négligence des Propriétaires, soit par le peu d'espoir que les Fermiers auroient d'en jouir, à cause des baux à petites années, maxime destructive de l'Agriculture, soit enfin faute de recherches, & qu'on se persuade trop aisément qu'il n'y en a point dans le canton où l'on est.

Le hasard m'en a fait découvrir, proche Rouen, d'une très-bonne qualité, dans une plaine sablonneuse : on pourroit avec cette marne, qui n'est qu'à une petite profondeur, amender les terres légeres & arides de cette plaine : les Habitants s'en tenant à la tradition du pays qui les a assurés qu'il n'y en avoit point, n'avoient pas pensé à en chercher.

J'en ai fait usage depuis trois ans avec le plus grand succès ; elle se dissout aisément à l'eau ; elle eſt graſſe, onctueuſe, & elle porte une fraîcheur permanente & une fertilité ſurprenante dans les terres ſablonneuſes & arides. Comme la carriere de cette marne paroît abondante & étendue, on en retirera de grands avantages dans ce pays-ci, où les terres ſablonneuſes & brûlantes qui ſont de peu de valeur, deviendront fertiles par l'uſage de cette excellente marne qui leur donne de la liaiſon & de la ténacité.

Si on ſondoit avec les tarieres à parties additionnelles & jointives, dont la forme & l'uſage ſont connus, il eſt à croire que partout où il y a de la craie & de la pierre à chaux, on y trouveroit de la marne ; il ne s'agit que de fouiller à une certaine profondeur.

Il a déja été repréſenté au Gouvernement combien il feroit utile d'avoir dans chaque diſtrict du Royaume une grande tariere bannale pour ſonder la terre ; en perçant le terrain par le moyen de cet inſtrument, on ameneroit des échantillons des différentes couches de terre, & l'on feroit en état de faire, à coup ſûr, des fouilles ou des puits pour en retirer ou de la marne, ou du ſable, ou de la pierre à chaux pour bâtir, ou de la mine, ou du charbon de terre, &c. ; par là on connoîtroit à peu près les productions ſouterraines de la France.

La dépenſe d'une telle ſonde eſt peu conſidérable, & l'utilité en feroit très-grande : cet examen, ces recherches feroient bien dignes des attentions des Commiſſaires départis dans les Provinces du Royaume.

Mais l'opération de ces sondes pourroit bien n'être pas très-fructueuse, si les échantillons n'étoient soumis à l'examen d'un homme assez instruit pour pouvoir en distinguer & connoître les différentes especes. On pourroit aisément s'y méprendre, comme il est déja arrivé quelquefois, en prenant du quartz pour de la marne blanche & dure.

D'ailleurs il ne suffit pas d'examiner la terre en Naturaliste & en Physicien ; il importe bien plus de l'envisager en Cultivateur & en Econome. La nature de la marne doit faire varier la maniere de l'employer selon l'espece de terrain, sa situation & ce qu'il doit produire.

Adolphe Kulbel, qui a écrit sur les causes de la fertilité des terres, prétend que l'alkali, mêlé dans une juste proportion avec la terre, est la vraie cause de sa fertilité, & que la marne est, sans contredit, de toutes les terres celle qui contient le plus & qui retient le mieux les alkalis, & c'est à cette propriété qu'il faut, suivant son opinion, attribuer les grands effets de la marne.

Quoi qu'il en soit, il est certain que la marne sablonneuse convient à une terre compacte & froide, elle en corrige parfaitement les défauts.

La marne argilleuse & même bolaire est excellente pour amender & fertiliser un terrain sablonneux, graveleux, enfin sec & aride, ainsi qu'un terroir épuisé & trop meuble.

Ces deux especes de marne sont tellement bonnes pour améliorer & fertiliser les terrains auxquels elles conviennent, que ce n'est qu'à leur défaut que j'ai recommandé la mixtion de sable ou d'argille.

Quand on veut amender un terrain par la marne, il faut l'exposer à l'air par tas avant l'hiver; le soleil, la gelée, les neiges, les pluies l'attendrissent. Si elle est dure de sa nature, & qu'elle n'ait pas été réduite en poussiere pendant l'hiver, il est bon d'écraser les blocs au printemps avec un maillet, puis la distribuer en petite quantité & également sur le terrain; il faut encore laisser ces surfaces, ainsi multipliées, quelques temps exposées à l'air; ensuite labourer plusieurs fois à quinze jours d'intervalle, surtout quand il a plu: un tel engrais peut servir pour vingt & même trente ans.

La terre produit peu la premiere année, elle rapporte davantage la seconde, la récolte est déja bonne la troisieme année, & ainsi de suite; car ce n'est qu'au bout de dix années qu'une terre marnée est dans sa pleine valeur.

Mais il n'est pas vrai, comme le disent plusieurs livres d'Agriculture, qu'on doive se dispenser d'y mettre aucun autre engrais pendant vingt ans. C'est certainement un moyen d'épargner le fumier, mais il est indispensable d'y en mettre de temps en temps.

La marne est d'un excellent usage dans les terres nouvellement défrichées ou labourées profondément, comme nous l'avons dit; elle épargne beaucoup de fumier qui d'ailleurs ne donneroit pas à la terre ſauvage qu'on a retournée, les qualités durables que lui donne la marne.

Il y en a qui, au défaut de marne, font uſage de chaux, qu'on laiſſe s'éteindre & s'uſer à l'air; mais cet engrais, fort cher, ne peut convenir qu'à des terres fortes & humides; il eſt naturel de croire qu'il ne pourroit être que d'un mauvais effet dans des terrains légers & ſecs: au reſte, on n'a point fait encore aſſez de recherches ſur la maniere d'employer la chaux, pour qu'elle puiſſe faire le plus grand effet ſur les terres.

Agricola dit, d'après *Columelle*, que l'on peut fertiliſer les champs ſablonneux avec de la craie, parce que la propriété qu'a la marne d'engraiſſer les terres, ne vient que de la chaux ou de la craie qui lui eſt mêlée. L'expérience prouve aſſez bien cette opinion pour des terres compactes & humides, mais non pas pour des terres légeres & arides, que je ne conſeillerois pas de vouloir améliorer avec de la craie.

On ſe ſert encore avec ſuccès, en Flandres & en Champagne, d'une eſpece de tourbe ou de houille qui y eſt aſſez commune; on emploie cette houille ou crue ou réduite en cendres, que l'on répand ſur le terrain: un Auteur moderne en a vanté l'uſage dans un Ouvrage qu'il vient de publier, dans lequel il rend un compte très-détaillé des bons effets de cet engrais.

Cette tourbe ſe trouve abondamment dans

les marais de Jumieges en Normandie, sur les bords de la Seine; ce qui en rendroit le transport facile pour toutes les terres qui avoisinent ce fleuve. Je ne sache cependant pas qu'on en fasse usage; sans doute, parce que ce n'est pas la coutume. Il est vrai que les Teinturiers qui brûlent de ces tourbes, en vendent les cendres à quelques Cultivateurs qui ont le bon esprit de les employer avec succès.

Après avoir parlé des amendements généraux, nous allons parler des fumiers, dont l'examen nous a paru mériter un Chapitre particulier.

CHAPITRE V.

Des Fumiers.

APRÈS avoir parlé des différents engrais & de leur préparation, nous allons examiner la nature & l'usage des fumiers.

Le fumier, proprement dit, est un composé de paille qui a servi de litiere à des animaux domestiques, avec les excréments que ces animaux y ont répandus, & qui se sont en quelque façon incorporés à cette paille.

Ni la paille seule, fût-elle à demi pourrie, ne fait pas de bon fumier; ni les excréments seuls des animaux ne sont propres à en faire suffisamment ni convenablement pour être employé tel; il faut absolument que l'un & l'autre soient mêlés ensemble : c'est un fait que personne n'ignore.

On sait aussi que dans les écuries où l'on tient les chevaux, les mulets, &c. ; dans les étables où habitent pareillement les bœufs, les vaches, les moutons, les cochons, on a soin de mettre de la paille sous ces animaux, sur laquelle ils se couchent, & qu'on a soin de changer souvent par raison de santé & de propreté ; ces pailles, qu'on nomme litiere, deviennent toutes froissées & brisées par le trépignement, l'agitation & le mouvement des animaux, & de plus leur urine & leurs excréments qui les ont imbibées, changées de couleur & à demi pourries, les rendent, pour ainsi dire, d'une nature différente : pour lors, étant toutes corrompues, & n'étant plus propres à continuer de servir de litiere, on est obligé de les ôter du lieu où elles étoient, pour y en remettre de nouvelles qui deviennent dans le même état.

Cette litiere qu'on a retirée de dessous les animaux, & jettée devant les étables, y est conservée en tas sous le nom de fumier, qu'apparemment la fumée qui en sort lui a fait donner. Ce qui est cause de ce nouveau service que rend la paille étant ainsi devenue fumier, est que les urines & les excréments des animaux lui ont communiqué une certaine qualité ou plutôt un certain sel qu'ils contiennent ; ce qui fait que ce fumier étant entassé vient à s'échauffer considérablement & échauffe en même temps tout ce qui en approche, comme nous l'expliquerons en parlant des couches.

Le fumier, regardé comme vil & dégoûtant, est cependant une chose bien utile & même nécessaire au genre humain : nous allons examiner,

1°. Les différentes especes de fumiers.

2°. Quels sont les meilleurs.

3°. Comment il faut le conserver.

4°. Le temps & la maniere de l'employer.

Les excréments des animaux forment le fumier ; mais comme ces divers excréments sont de nature différente, il s'ensuit qu'il y a différentes especes de fumiers qui ne produisent pas les mêmes effets.

Les fumiers qui sont le plus en usage, non-seulement à cause de leur bonté, mais à cause de la grande quantité qu'on peut s'en procurer, sont ceux de cheval ou de mulet, de bœuf & de vache, de mouton, de cochon.

Le fumier de cheval est le plus commun & le plus abondant par-tout, à cause du besoin que l'on a de ces animaux pour les travaux champêtres, pour le transport des denrées, pour la commodité des Voyageurs.

Outre l'emploi vraiment utile des chevaux, il s'en trouve une quantité bien considérable dans toutes les grandes villes, dont on pourroit dire que l'utilité principale est de faire du fumier, puisqu'ils ne servent guere qu'au luxe & à promener l'ennui de quelques personnes oisives qui vont réciproquement pour se visiter, sans desirer souvent de se rencontrer.

On sait qu'il y a eu un temps où un Roi

de France n'avoit qu'un seul coche pour le transporter au milieu de ses Sujets qui alloient tous à pied.

Dans le pays où l'on fait usage des bœufs pour être attelés à la charrue & aux chariots, leur fumier est abondant; celui de vache l'est par-tout; on ne peut guere se passer de ces animaux nécessaires pour perpétuer l'espece, si utiles à l'économie rurale par les présents qu'on en reçoit; le lait, le beurre, les fromages nous viennent des vaches; on les emploie en Allemagne au même tirage que les bœufs; & après avoir été si utiles pendant leur vie, leur chair sert à nous nourrir, leur graisse à nous éclairer, leur peau à nous chausser, enfin tout est d'un usage utile dans ces animaux, jusqu'à leur poil & leur corne que plusieurs arts emploient pour les commodités de la vie. Les bœufs & les vaches font un fumier très-abondant : nous parlerons de son usage.

On n'obtient beaucoup de fumier de mouton ou de chevre que par de nombreux troupeaux; ces animaux en font beaucoup moins que ceux que nous venons de citer.

Quant au fumier de cochon, le petit nombre de ces animaux, eu égard aux autres, & le peu de cas qu'on en fait, ne le fait guere compter parmi les engrais.

Outre les fumiers principaux de ce qu'on appelle gros bétail, on peut encore compter pour quelque chose la fiente de volatile, telle que les poules, dindes, canards, oies, pigeons, &c. dont tout bon économe fait tirer parti, comme nous le dirons.

Ce n'est pas assez d'avoir parlé de la diversité des fumiers, il faut voir quelles sont leurs qualités particulieres, afin que cette connoissance nous mene à en faire un bon choix pour les besoins que nous en avons.

On reconnoît dans les fumiers deux qualités opposées ; l'une grasse & froide, tel est le fumier de bœuf & de vache ; l'autre, seche & chaude, tel est celui de cheval, de mulet, & encore plus celui de mouton. Le premier est par conséquent le plus convenable & le meilleur pour les terres légeres & seches, & l'autre pour les terres humides & froides.

C'est une distinction que ne font pas souvent les fermiers qui mêlent ensemble tous leurs fumiers, jettés au hasard devant le même bâtiment qui sert d'étable à ces différents animaux, où ces fumiers restent entassés, sans précaution, pendant plusieurs mois.

Je dis sans précaution ; car au lieu de conserver ces fumiers dans des fosses, comme font les bons économes dans plusieurs pays, on voit communément en Normandie les fumiers sous les égouts des bâtiments, où l'abondance des eaux les lavent & en délaient les graisses & les sels ; & qui pis est, c'est qu'on ne manque pas d'ouvrir au pied des tas de ces fumiers des rigoles pour faire écouler & conduire dans quelque fossé ou mare voisine les eaux qui s'écoulent de ces fumiers, c'est-à-dire qu'on fait successivement couler à pure perte une partie essentielle de ces engrais.

Les

Les eaux rousses & épaisses qu'on en voit sortir le démontreroient à tout autre qu'à ceux dont les yeux fascinés par l'habitude, n'y font nulle attention. Mais si des fermiers, entichés de la routine, font toujours ce qu'ils voient faire aux autres, il est inconcevable comment des propriétaires plus éclairés, suivent une aussi pernicieuse habitude.

Enfin le temps vient de porter sur les terres ces fumiers lavés depuis plusieurs mois, & égouttés de leurs meilleurs sucs, qui ne sont presque plus, pour ainsi dire, que le *caput mortuum* des Chymistes : mais personne ne pense à comparer le peu d'effet de ces fumiers à celui qu'ils auroient dû faire, s'ils avoient été mieux conservés ; personne ne calcule la différence des récoltes qui en résultent, & on continue de faire toujours comme on avoit fait.

Les fumiers de la volatile ne sont pas d'un grand produit, excepté celui du pigeon que l'on ramasse en assez grande quantité dans les colombiers ; il est réputé très-chaud, & ainsi il convient aux terres froides & humides.

On trouve dans plusieurs Auteurs, que le fumier des oies est brûlant & pernicieux ; j'ai effectivement remarqué que la fiente de ces oiseaux avoit fait jaunir la fane des herbes sur laquelle il en étoit tombé ; mais je peux bien assurer, d'après plusieurs observations, que lorsque les eaux de la pluie ont mis en dissolution ces fientes, elles forment un excellent engrais, les herbes deviennent plus vigoureuses, plus vertes, & croissent en abondance ; c'eſt ce que j'ai remarqué ſur d'aſſez mauvais terrains où on avoit fait pâturer des oies ; mais il eſt vrai que pendant le temps de ſécchereſſe les herbes paroiſſent ſouffrir de la fréquentation de ces oiſeaux.

Je dois encore juſtifier de la même accuſation de brûler les plantes, une eſpece de fumier regardé comme ſi précieux dans pluſieurs pays, & ſi abjet, ſi négligé & même perdu dans le nôtre.

L'expérience m'a fait connoître qu'il eſt, à pluſieurs égards, le meilleur de tous.

On n'en doute pas en Flandres où les Cultivateurs viennent l'enlever dans les places de guerre, où les latrines ſont louées trois ou quatre mille francs par an au profit des Majors des places.

J'ai vu quelques Jardiniers en faire uſage à Paris, mais clandeſtinement ; car ceux qui, ayant trouvé leurs légumes plus tendres & d'un meilleur goût que ceux des autres, venoient en acheter de préférence, ſe ſeroient bien gardés d'y revenir, s'ils avoient été inſtruits de l'eſpece d'engrais qui rendoit ces légumes ſi beaux & ſi bons, & la prévention eût fait ceſſer de les trouver tels.

Si le fumier des animaux eſt un bon engrais, celui des hommes ne doit-il pas être le meilleur de tous par la nature & la variété de ſes aliments ? Il eſt effectivement reconnu pour tel par tous ceux qui en font uſage, & cependant on le jette toutes les nuits, à pure perte, dans la riviere.

Je ne ſuis pas le premier qui ſe récrie contre un tel abus, & je ne me flatte pas de réussir plus qu'un autre à le faire cesser ; je m'en tiendrai à en parler ici pour ceux qui voudront en faire usage.

Il y a différentes manieres de s'en servir : on peut l'employer mêlé avec de la paille, le répandre sur le terrain & l'enfouir comme d'autres fumiers, sans craindre, comme on l'a dit, qu'il brûle les plantes, pourvu qu'on n'y en mette pas trop, & qu'on ait soin de le bien disséminer en fouissant.

Ou bien on peut faire des fosses assez profondes, y jetter la matiere fécale, & la recouvrir d'une suffisante quantité de terre ; au bout d'un an ou deux, on trouvera cette matiere réduite en terreau noir & gras, qui pour lors a peu d'odeur. Si on n'emplit la fosse que successivement, il faut chaque fois recouvrir d'un lit de terre la portion de matiere qu'on y aura mise, ce qui ne fera qu'augmenter la masse du terreau & en accélérer la maturité.

Si on veut se délivrer en peu de temps de l'odeur de cette matiere, il faut y jetter de la chaux vive qui s'y éteint & absorbe l'odeur : cette mixtion rend la matiere d'une couleur jaune.

Outre l'usage que les Jardiniers & les Cultivateurs Flamands font de ces excellents terreaux, ils mettent une certaine quantité de matiere fraîche dans des tonneaux qu'ils remplissent d'eau ; & après l'avoir bien délayée avec des perches, ils arrosent leurs plantes & leurs arbres avec cette eau grasse : j'en ai vu des effets étonnants dans des terrains assez maigres.

Je peux aſſurer, d'après l'expérience, que de pareils arroſements donnent une vigueur ſinguliere aux plantes, aux arbuſtes & arbriſſeaux en pots & en caiſſes, & ſur-tout aux Orangers ; il ſuffit de répéter ces arroſements deux ou trois fois par mois : ſi on craignoit que trop de matiere n'eût rendu l'eau trop forte, une partie de fiente de vache la tempéreroit.

On ſait qu'on emploie le fumier de cheval ou de mulet, à la ſortie des écuries & avant qu'il ait fermenté, pour faire des couches chaudes, dont l'uſage & l'utilité ſont connus dans le jardinage pour avoir des productions pendant l'Hiver & des nouveautés printanieres, comme des melons, des concombres, des aſperges, des ſalades, des raves, &c., & tout cela bien auparavant qu'on en puiſſe avoir en pleine terre : nous en parlerons plus amplement.

On ſe ſert auſſi de la litiere la plus longue & la moins conſommée pour couvrir, pendant les gelées, les figuiers & autres arbres délicats, les artichaux, les chicorées, le céleri, &c. qui périroient ſans le ſecours des fumiers ſecs qui les couvrent; & ces couvertures enterrées au Printemps ſervent d'engrais aux plantes qu'elles ont conſervées pendant l'Hiver.

Toutes les ſaiſons de l'année ne ſont pas bonnes pour employer les fumiers ; j'en ai vu qu'on avoit mis au mois de Mai dans des terres ſableuſes, qui s'y étoient conſervés preſque dans le même état juſqu'au mois d'Octobre.

Les fumiers feroient inutiles dans le fein de la terre, s'ils n'achevoient pas de s'y pourrir entiérement; il n'y a que les pluies & les neiges qui puiffent opérer cette décompofition; ceux qu'on emploie dans les temps chauds ne font que fécher, fe chancir; & ainfi bien loin d'être favorables aux végétaux, ils leur font pernicieux & funeftes, fur-tout s'ils font en trop grande quantité.

Il n'y a que les grandes humidités de l'Automne & de l'Hiver qui puiffent achever de faire pourrir la fubftance groffiere & matérielle du fumier; les fels qui y font contenus, mis en diffolution par les eaux, paffent dans les parties intérieures de la terre; c'eft ainfi que ces fels fe répandent dans les endroits d'où les plantes tirent leur nourriture, & que les racines y trouvent & pompent des fucs nutritifs, & les font paffer dans les végétaux.

Il s'enfuit donc que c'eft avant l'Hiver qu'il faut fumer les terres, & principalement les terres feches & légeres; c'eft aux bons Cultivateurs à ne pas laiffer paffer inutilement un temps qui eft précieux, fans avoir égard aux quartiers de la lune ni aux vents quels qu'ils puiffent être, nonobftant les traditions de quelques anciens, & tout ce qu'en peuvent dire quelques Livres de jardinage; ce font toutes obfervations qui, ne faifant que donner de l'embarras, font, quant au fait, très-inutiles, & qu'il faut abandonner aux Poëtes ou aux Vifionnaires.

Quant à la maniere d'employer les fumiers,

il n'y en a qu'une dans les champs, qui eſt de répandre par-tout & le plus également que l'on peut ſur la ſurface du terrain, les tas de fumier qu'on y a dépoſés, & enſuite de retourner la terre avec la charrue.

Mais il y a pluſieurs manieres de l'employer dans les jardins; quelquefois on fume à vive jauge, c'eſt-à-dire amplement & un peu avant dans le fond de la terre, & quelquefois on ne fume que légérement la ſuperficie.

Les fumiers enterrés profondément ne ſont utiles que pour les arbres dont les racines s'enfoncent dans le terrain, lequel, étant amendé, leur fournit des ſucs plus abondants & plus nutritifs. Mais pour les autres plantes & pour les arbriſſeaux, il eſt mieux après que le terrain a été labouré profondément & amendé, de ne mettre les fumiers que proche de la ſuperficie de la terre, parce que les ſels lexiviels deſcendent toujours & ne montent pas.

Ce n'eſt point la groſſe ſubſtance du fumier qui fertiliſe, c'eſt le ſel qu'il contient, lequel diſſous & entraîné par les eaux, deſcend avec elles par-tout où leur peſanteur les porte : mais un grand inconvénient des fumiers, c'eſt de favoriſer & de multiplier la naiſſance de pluſieurs genres d'inſectes; nous allons en parler, & donner les moyens d'y obvier.

Lorſque les fumiers ſont employés nouveaux, avant d'etre ſuffiſamment conſommés, ils ſont remplis de graines de mauvaiſes herbes qui ne manquent pas de germer & de croître dans les champs.

CHAPITRE VI.

Des Terres reposées ou en jachere.

L'EXPÉRIENCE prouve que la terre devient ce qu'on appelle *usée* à force de produire continuellement ; mais elle prouve aussi qu'au moyen des engrais, on l'entretient toujours dans le même état de fertilité : en effet, en rendant, en restituant à la terre les sels, les sucs nourriciers dont la végétation l'avoit épuisée, elle se retrouve en état de fournir de nouveau à la nourriture des plantes, sur-tout si on a soin de varier les especes.

On ne doit donc jamais craindre de voir la terre si épuisée, si effruitée qu'elle doive demeurer inutile & en friche. On fait faire des productions continuelles au terrain d'un potager toutes les années, & même de plusieurs especes dans le cours de chaque année ; on fait produire de même le terrain des champs, quand on a soin de lui donner les mêmes secours que l'on donne aux jardins.

Car enfin un jardin dont la terre fournit jusqu'à trois récoltes dans la même année, n'est qu'un morceau de terre bien cultivé & bien fumé ; tout un champ peut devenir un jardin également fertile, s'il est aussi bien soigné.

Il résulte de cette vérité, que si dans quelques Provinces de France, on est dans l'usage de laisser chaque année un tiers de la terre en friche ou en jachere, c'est l'insuffisance des engrais qui oblige à la nécessité d'un tel sacrifice qui prive d'un tiers des récoltes chaque année ; & ce qu'il y a de plus singulier & en même temps de plus fâcheux, c'est que cette routine de jachere s'est particuliérement accréditée dans les cantons où les terres sont les plus fortes & les meilleures, comme en Normandie, dans le Roumois & le pays de Caux ; tandis qu'elle n'a point lieu dans d'autres cantons où d'assez mauvaises terres, mais suffisamment amendées, sont ensemencées & donnent des récoltes tous les ans.

Par-tout où cet usage, que je ne crains point d'appeller meurtrier, s'est établi, il a passé en loi, pour ainsi dire, si sacrée, qu'il n'est permis à aucun fermier de s'en écarter; c'est une clause ordinaire du bail : mais comment ne se trouve-t-il pas des propriétaires Cultivateurs assez éclairés pour s'affranchir d'une habitude qui laisse en friche un tiers des terres chaque année, & qui ne prennent pas les moyens de les mettre en valeur, en se procurant des engrais en quantité suffisante ? car enfin, je le répete, ce n'est que le défaut d'engrais qui oblige à laisser ces terres en friche.

Enfin, si le raisonnement dépose contre l'usage des jacheres, l'expérience en a encore mieux démontré l'abus.

Une partie du pays de Caux, dans une étendue de dix à douze lieues, depuis l'embouchure de la Seine, le long de la mer, en allant vers Dieppe, & de sept à huit lieues en largeur du côté de Rouen, s'est affranchie depuis quatre-vingt ans de cette fatale routine. On n'y laisse point de terres en repos; toutes répondent annuellement, avec succès, aux soins des Cultivateurs; on le sait, on le voit: n'est-il pas bien étonnant que ce bon exemple ne soit pas généralement suivi? On ne peut objecter ni la différence du sol, ni celle du climat; ce n'est donc uniquement que la différence de la volonté & de l'habitude.

On pense que ne pouvant faire à la terre, par le moyen des engrais, la restitution qui lui devient nécessaire, en la laissant en repos pendant un an, elle reçoit par l'action de l'air & de l'eau au moins une partie des réparations & des secours qu'on n'a pu lui donner.

J'ai raisonné sur cela avec des Cultivateurs éclairés; tous sont convenus que si on avoit assez d'engrais, on pourroit abandonner l'usage des jacheres; car les autres raisons, dont nous parlerons, que l'on donne pour le conserver, ne tiennent qu'à l'esprit d'habitude dont il est malheureusement si difficile de se départir.

Il n'est donc question que de remédier à ce défaut d'engrais, & c'est ce que l'examen ne fera pas trouver aussi impossible qu'on le dit d'abord.

Pour avoir plus de fumier, dit-on, il faut avoir plus de bestiaux; & on ne peut en nourrir que selon les subsistances que l'on récolte; on ne peut faire de litiere qu'autant que l'on a de paille; donc, &c. Ce raisonnement, tout fondé qu'il paroiſſe, eſt néanmoins fautif dans le fait.

Il eſt certain que quand on n'enſemence que les deux tiers de ſes terres, on ne récolte chaque année que les deux tiers de ce qu'on récolteroit ſi la totalité de ces terres étoit enſemencée; dans lequel cas les moiſſons produiroient un tiers de plus : & comme les terres devroient être partagées de maniere qu'il y en auroit chaque année la moitié enſemencée en bled ou en ſeigle, & l'autre en menus grains, tels que les avoines, la veſce, les pois, &c. il en réſulteroit une augmentation conſidérable de nourriture pour les beſtiaux & de paille pour les litieres, & par conſéquent une quantité ſuffiſante de fumiers pour engraiſſer la totalité des terres, ſur-tout ſi on préparoit ces fumiers par couches, avec des boues, des terres & autres ingrédients dont j'ai parlé, qui en augmentent la quantité & le bon effet.

Je conviens que la premiere opération pour parvenir à cette réforme n'eſt pas ſans difficulté; il faut travailler pendant l'année précédente pour avoir la quantité de fumier néceſſaire, & chercher dans les engrais & les moyens que nous avons indiqués, des reſſources capables de ſuppléer au fumier qui manqueroit la premiere année; mais ce premier pas étant fait, il n'y auroit plus de difficulté par la ſuite.

Avec de plus amples récoltes, on ſeroit en état d'avoir plus de beſtiaux; ceux-ci produiroient plus d'engrais, leſquels, au moyen des additions expliquées, entretiendroient la totalité des terres en état de donner des récoltes annuelles & successives. Voilà donc la plus grande difficulté levée à l'avantage du Cultivateur & du bien public, puisqu'il en résulte une plus grande abondance de grains & de bestiaux. Examinons actuellement les autres objections.

La plus forte est la subsistance ou plutôt la promenade des moutons pour laquelle les jacheres sont, dit-on, nécessaires. Quant à leur subsistance, ou il y aura de l'herbe sur les terres en jacheres, ou il n'y en aura pas : dans ce dernier cas, la subsistance des moutons y devient nulle, puisqu'ils n'y trouveront rien à pâturer : dans le premier, je dis qu'on ne laisse ainsi la terre en friche pendant une année, qu'afin que restant en repos & sans rien produire, elle puisse se réparer par les influences de l'atmosphere ; on doit même dans cet état & pour cet effet, la labourer souvent ; mais si, négligeant ces labours, on lui laisse produire des herbes, l'objet est manqué, puisqu'elle n'est plus en repos.

C'est effectivement ce qui arrive lorsqu'on néglige de charger la terre de quelques plantes utiles qui la puissent occuper ; car enfin il faut absolument qu'elle produise toujours quelque chose ; si ce ne sont pas de bonnes, ce sont de mauvaises herbes : elle n'est donc naturellement jamais en repos, à moins que par de fréquents labours, on ne s'oppose à ses productions ; & ce prétendu repos est plus idéal que réel en Agriculture.

Ces terres en jacheres, tenues comme elles doivent l'être, ne peuvent donc qu'être inutiles, ou du moins d'une très-petite ressource pour la nourriture des moutons ; mais sont-elles indispensablement nécessaires pour leurs promenades ?

Par-tout où l'on est à portée des communes, des landes, des bruyeres, &c., il n'y a point certainement d'embarras à ce sujet. Ailleurs, des coteaux, des plantations, des avenues, des forieres de grands chemins, &c. peuvent suffire à la promenade des troupeaux, & mieux fournir à leurs pâtures ; mais enfin en supposant qu'une ferme n'eût aucuns alentours pour cela, ne vaudroit-il pas mieux sacrifier quelques acres de ses mauvaises terres en prairies artificielles pour le pâturage des moutons, que de condamner un tiers de ses meilleures terres à une stérilité trisannuelle, pour y promener des troupeaux qui n'y doivent trouver presque rien à paître ?

On pourra diviser ces prairies artificielles de maniere qu'on en fauchera une partie qui donnera de bon fourrage pour nourrir les moutons pendant l'Hiver ; on pourra aussi les y faire parquer, ce qui, en fertilisant ces prairies, entretiendra les troupeaux dans un état de santé dont ils ne jouissent pas étant enfermés dans des étables closes, & leurs toisons plus abondantes donneront une laine d'une qualité bien supérieure.

Outre ces prairies, n'auroient-ils pas de quoi se promener & paître dans les champs où on a récolté du bled, champs libres depuis le mois d'Août jusqu'en Mars, où on y doit faire les menus grains ?

Mais enfin si quelques positions particulieres, & qui ne peuvent être que rares, obligeoient à laisser les terres en jacheres pour les troupeaux; qui peut obliger à faire de même ceux qui ne sont pas dans cette nécessité ? & c'est le plus grand nombre des habitants d'une paroisse où souvent il n'y a qu'un ou deux troupeaux de moutons; ce qui prouve que ce n'est que le défaut d'engrais & la force de l'habitude qui fait continuer l'usage des jacheres dans les cantons où l'on en voit.

Tous les prétendus inconvénients, toutes les objections qu'on a pu alléguer contre le parcage des moutons pendant l'Hiver, sont détruites & annullées par l'exemple que donne en Normandie, depuis près de vingt ans, M. le Maréchal de Harcourt. Ce Seigneur, éclairé & parfaitement instruit dans la science de l'économie rurale, méprisant les préjugés & l'empire de l'habitude, fait constamment parquer ses moutons pendant toute l'année. L'expérience a démontré les avantages de cette excellente méthode; ses troupeaux sont plus sains qu'ils ne l'étoient précédemment dans les étables; il en obtient une toison plus abondante d'une laine jugée par nos Négociants supérieure à la laine d'Espagne de la seconde qualité; il nous en a fait voir un habit de très-belle ratine. On sait que la maladie ni les loups ne lui font pas perdre une seule brebis ni un agneau; on voit, à n'en pouvoir douter, les excellents effets de ce parcage pendant l'Hiver, & cependant on ne le pratique pas : pourquoi cela ? C'eſt que s'il n'eſt pas difficile d'accoutumer à ce régime l'animal mouton, il n'en eſt pas de même de l'animal berger. On ſait que les moutons paſſent toute l'année dehors en Angleterre ; on voit que ceux de M. le Maréchal de Harcourt n'en ſouffrent pas : il n'y a donc de difficulté que du côté du berger ; mais puiſqu'on eſt parvenu à y accoutumer celui-ci, pourquoi n'en ſeroit-il pas de même des autres ?

M. le Maréchal nous a dit, qu'au moyen d'une toile cirée ſur ſa loge bien cloſe, d'un peu de bois avec lequel il fait du feu pour ſe chauffer en ſoupant, ce berger ne ſe plaint point, n'eſt point malade, & qu'il eſt tellement accoutumé à ce genre de vie, qu'il ne penſe ni ne paroît deſirer de revenir à la maiſon : ſi les chiens l'éveillent & paroiſſent l'avertir de l'approche du loup ; un coup de piſtolet, tiré par la fenêtre de ſa loge, ſuffit pour éloigner l'animal malfaiſant, & ne pas lui laiſſer l'envie d'y revenir. Puiſſent les détails que je donne ici pour l'avantage du propriétaire & pour le bien public, exciter à ſuivre un auſſi bon exemple !

Après avoir diſcuté & détruit, ce me ſemble, les principales raiſons ſur leſquelles on fonde la prétendue néceſſité de l'uſage des jacheres en certains cantons, je crois devoir m'abſtenir de parler des autres, qui ſont ſi foibles qu'il ne faut qu'un peu de réflexion pour en connoître par ſoi-même la futilité.

Ces abus, qui ſont la ſuite de pluſieurs autres, nous menent à obſerver combien ſont haſardés les propos de ces gens qui, ſans examen & ſans connoiſſance, diſent que l'Agriculture en France eſt portée au plus haut degré de perfection ; que dans la Province de Normandie, par exemple, il n'y a pas un pouce de terre de perdu, &c. ; on voit combien ſont fauſſes ces allégations, puiſque dans les meilleurs cantons de cette Province, on laiſſe annuellement un tiers des terres en pure perte ; ce qui provient de pluſieurs abus, dont un ſur-tout eſt bien préjudiciable à l'Agriculture dans le pays de Caux. Le voiſinage des Ports de mer, & une cupidité mal entendue, a transformé les Laboureurs en Voituriers ; leurs chevaux occupés aux tranſports des marchandiſes, ne peuvent pas donner aux terres les labours néceſſaires ; il s'enſuit que ces labours ſont négligés, & ne ſont pas faits dans les temps convenables ; il s'enſuit encore un autre mal, c'eſt que les chevaux, livrés à ces tranſports, répandent dans les chemins & dans les auberges la fiente qui auroit fait du fumier dans les écuries, où à peine s'en fait-il aſſez pour engraiſſer médiocrement la partie des terres qu'on enſemence chaque année.

Ces charrois rapportent de l'argent aux fermiers pour payer en partie leurs Maîtres ; mais s'ils y réfléchiſſoient bien, ils verroient que c'eſt de la fauſſe monnoie qu'ils mettent dans leurs poches, & qu'ils gagneroient davantage en ne s'occupant que du ſoin de bien amender

& labourer leurs terres, dont la culture ne peut que souffrir beaucoup de la distraction de travail & d'engrais qu'occasionnent leurs fréquentes absences.

D'autres, dans le même pays de Caux, s'adonnent à différents métiers, comme à celui de Tisserand, de Toilier, de Rubannier, &c. ce qui les empêche de se livrer aux travaux & aux soins champêtres, déja trop négligés par la quantité d'ouvriers qui ont déserté & désertent journellement des campagnes pour se rendre dans les Villes où les Manufactures se sont trop multipliées.

Mais, dira celui qui traverse une plaine en voyageant, je vois les terres bien cultivées par-tout, je les vois couvertes de bleds & autres moissons. Oui ; mais qu'il interroge un Cultivateur éclairé, qu'il raisonne avec lui ; il lui dira que si on labouroit mieux & plus souvent les terres, que si on leur donnoit plus d'engrais en fumiers, en marnes, en terreaux & autres amendements dont nous avons parlé ; que si on apportoit les soins & les attentions nécessaires pour les semences ; que si on purgeoit les terres des mauvaises herbes, article essentiel & presque généralement négligé ou mal exécuté, faute d'ouvriers ; il lui dira enfin, il lui démontrera qu'au moyen de toutes ces opérations mieux faites, on récolteroit au moins un tiers de bled de plus que l'on ne fait sur ces terres qu'un homme peu instruit croit être si bien cultivées. Les connoissances que j'ai prises à ce sujet, & le rapport de plusieurs Laboureurs

reurs éclairés, ne peuvent me laisser douter de cette vérité.

Mais si la Province de Normandie, que l'on cite comme un modele d'une parfaite culture, est aussi éloignée de tirer de la terre ce qu'elle pourroit en obtenir avec plus de travail & de soins, que l'on juge du défaut de produit de plusieurs autres Provinces, où les terres, étant moins bonnes & encore moins bien cultivées, ne produisent pas la moitié de ce qu'elles pourroient produire ; & que l'on vienne encore dire que l'Agriculture est portée au plus haut degré de perfection, tandis qu'il n'est que trop vrai de reconnoître que s'il n'y a pas d'art plus utile, il n'y en a guere qui soit encore aussi peu étudié & perfectionné.

Si nous ajoutons à ce que font perdre les défauts de culture en Normandie, la non-valeur de vingt à trente mille acres de terrain qui restent en pure perte dans cette Province, soit en bruyeres, en landes, en marécages, en communes, qui sont presque de nulle utilité, on sera effrayé de l'énorme soustraction faite à la masse générale des subsistances.

Il ne faut pas croire cependant que ces terrains qu'on laisse ainsi incultes, soient incapables de produire ; j'en ai vu d'un sol excellent ; & parmi les plus mauvais que je connoisse, il y a à la porte de Rouen douze cents acres de bruyere, dont quelques parties ayant été grattées par des voisins, & d'ailleurs assez mal cultivées, ne laissent pas de produire des grains ; sur d'autres on a planté des bois qui y réussissent à merveilles ; j'y ai vu des chênes, des ormes & autres arbres dont la vigueur prouve qu'ils se trouvent très-bien dans ce terrain, qui cependant reste inculte auprès d'une grande Ville à laquelle il pourroit fournir des subsistances & du bois de chauffage.

Puissent les observations que je fais ici, procurer le bien que je desire ! On les trouvera peut-être étrangeres à mon sujet, mais je me tiendrai heureux de les avoir faites, si elles peuvent exciter l'attention du Gouvernement sur ces objets importants, & faire connoître aux Cultivateurs leurs véritables intérêts.

Comme ce n'est que le défaut des fumiers qui produit l'usage des jacheres, nous allons parler dans le Chapitre suivant, des moyens de s'en procurer.

CHAPITRE VII.

Des moyens de se procurer des engrais.

On ne peut attribuer l'usage des jacheres qu'au défaut des engrais, puisque pendant qu'il a lieu dans les meilleures terres d'une Province, les plus mauvaises sont toutes cultivées & produisent annuellement dans les cantons où l'on a suffisamment des fumiers, comme à la portée des grandes villes.

Demandez à un Laboureur, pourquoi laisſez-vous dans ce pays-ci un tiers de vos terres, qui ſont très-bonnes, ſans les enſemencer & ſans leur faire faire aucune production ? Il vous répondra : c'eſt que je n'ai point aſſez de fumiers , & que je n'en ai pas même en quantité ſuffiſante pour en répandre ſur les deux tiers des terres que j'enſemence. Pourquoi n'avez-vous pas aſſez de fumier ? C'eſt que je n'en peux avoir qu'autant que j'ai de beſtiaux ? Mais pourquoi n'avez-vous pas plus de beſtiaux ? C'eſt que je n'en peux pas nourrir davantage. Cela n'eſt pas toujours vrai. Mais pourquoi ne peut-on pas en nourrir davantage ? C'eſt qu'on ne tire pas de ſes terres ce qu'on en pourroit tirer en grains, en paille, en fourrage de différentes eſpeces.

Outre les prairies artificielles, pratiquées avec tant d'avantage dans pluſieurs pays, & négligées & même méconnues dans d'autres, parce que ce n'eſt pas la coutume ; car cette allégation eſt par-tout la plus uſitée & la plus commune parmi les gens de la campagne, & ſemble devoir faire une loi comme la coutume juridique du pays.

N'eſt-il pas évident qu'en mettant en valeur ce tiers de bonnes terres qu'on laiſſe chaque année en jachere , l'on récolteroit un tiers de plus ? On auroit donc plus de nourriture en tout genre ; on pourroit donc avoir plus de beſtiaux ; mais on auroit auſſi plus de pailles, & conſéquemment plus de fumiers ; & en ſupprimant les abus dont nous allons parler, en pratiquant les moyens que nous allons indiquer, on parviendroit à avoir assez d'engrais pour bien amender toutes ses terres, & pour les faire produire beaucoup mieux.

Cet objet est si important, que j'ai cru devoir en faire un Chapitre particulier. Si je répete ici plusieurs choses dites dans les autres Chapitres, c'est qu'on ne sauroit trop les répéter; si c'est peine inutile à l'égard de ceux qui savent saisir le vrai & en profiter, elle ne le sera peut-être pas pour les autres.

Puisque c'est le défaut d'engrais qui arrête la production des terres, puisque c'est ce défaut d'engrais ou du moins leur insuffisance qui s'oppose aux défrichements, qui empêche & retient dans la crainte de labourer profondément, parce qu'il est certain qu'il faut beaucoup d'amendements, au moins la premiere année, pour fertiliser les terres ensemencées qu'on a défoncées & retournées.

Quoique j'aie déja donné d'assez bonnes preuves des avantages & des succès de ces labours profonds, je ne me flatte pas de persuader tous ceux qui les liront; je sais combien les préjugés, les autorités de plusieurs Auteurs, des épreuves même que l'on cite, sont opposées à cette opération; mais c'est que rien n'est si ordinaire que d'entendre citer de fausses autorités & des expériences incomplettes & mal faites.

Deux hommes instruits m'assuroient encore derniérement, qu'ayant voulu faire des épreuves de labours plus profonds, notamment dans le Vexin, on s'en étoit fort mal trouvé. Plus étonné que détrompé, malgré ce témoignage, sur une opération dont il m'est impossible de douter du succès, j'allois faire quelques questions, lorsque l'un d'eux m'en épargna la peine, en avouant que l'insuffisance des fumiers qu'éprouvent particuliérement les fermiers du Vexin, n'avoit pas permis d'en mettre dans ces terres nouvellement retournées. Cette petite omission dont on ne parloit pas d'abord, auroit pu faire croire aux exemples qu'on citoit.

Dans la grande quantité d'assertions, de citations que j'ai entendu rendre contre les labours profonds, il s'est toujours trouvé qu'il y avoit quelque petite omission semblable à celle que je viens de citer : combien de gens cherchent à discréditer les bonnes opérations en Agriculture, en se fondant sur de fausses citations ou sur des expériences mal faites ?

Puisque l'insuffisance des engrais se manifeste par-tout, il est bien essentiel de connoître & d'employer les moyens de les multiplier ; c'est ce que je vais faire : si tous ceux dont je vais parler ne sont pas à la portée de tous les Cultivateurs, il s'en trouvera toujours quelques-uns dont chacun pourra faire usage selon son canton & sa position.

Commençons par examiner la maniere dont on fait & dont on améliore les fumiers dans quelques Provinces, & particuliérement en Normandie.

La quantité de paille que l'on a, fait la

mesure de la litiere ; on porte & on répand annuellement dans les étables la quantité de paille qu'on a récoltée ; les animaux en mangent une partie, & l'autre leur sert de litiere ; quelques Particuliers des plus aisés ou qui entendent le mieux leurs intérêts, en achetent en supplément, des Curés & des Décimateurs ; il s'ensuit que ceux qui ont beaucoup de paille & peu de bestiaux, répandent abondamment la litiere, & ne tirent souvent des écuries & des étables que de la paille à peine imprégnée des excréments des animaux.

Ceux qui par la raison contraire sont obligés de ménager la litiere, la laissent pourrir sous les animaux qui sont ainsi dans la fange & la malpropreté, & font d'autant moins de fumiers que la surabondance des excréments se perd par les abus dont nous allons parler.

Un fermier en Normandie, mesure sur la quantité de paille qu'il possede, l'étendue de la litiere, & par conséquent celle des fumiers, sans penser qu'il peut faire usage d'autres choses ; j'en ai parlé à quelques fermiers : Oh, je ne voudrois pas, m'ont-ils dit, mettre des fougeres, des bruyeres, des genêts, des rameaux d'arbres sous mes bêtes ; c'est trop froid ; cela les rendroit malades ; il faut bien croire que cela n'est pas bon, puisque ce n'est pas la coutume de notre pays.

Mais, leur disois-je, les cerfs, les biches, les chevaux sauvages, les moutons qui restent toute l'année dans des pâtis en Angleterre, ont-ils de la paille pour ſe coucher? ne ſont-ils pas plus ſainement & mieux ſur la terre ſeche, ſur l'herbe ou ſur quelques rameaux, quand ils en trouvent, que vos bêtes que vous tenez dans la fange, l'ordure, la puanteur & le mauvais air de vos étables?

Mais ſuivons la conduite ordinaire au ſujet des fumiers : on les jette tels qu'ils ſont devant les étables où ils reçoivent les égoûts des toîts, lavés & relavés par les eaux qui, après en avoir délayé les parties ſalines & graſſes, vont couler, à pure perte, dans des foſſés, des mares ou autres trous; car on n'a pas même l'attention d'apporter quelques bannelées de terre qui, étant imprégnée de ces eaux graſſes, deviendroit un excellent terreau.

Lorſqu'on a le loiſir, car c'eſt ordinairement ce qui détermine, de porter ces fumiers détériorés ſur les terres, on les y dépoſe par petits tas, & ſouvent on les y laiſſe longtemps, au lieu de les étendre & de les enterrer tout de ſuite, comme ſi on vouloit, en les expoſant ainſi à l'air & au ſoleil par petites parties, faire évaporer ce qu'il y peut reſter de bon.

Mon intention n'eſt point de critiquer, mais de rendre exactement ce qui ſe pratique. Après cela, n'eſt-il pas naturel que la petite quantité & la mauvaiſe qualité de ces fumiers ne faſſent qu'un foible effet, & ne rendent pas les terres auſſi fertiles qu'elles peuvent l'être avec des procédés différents?

Il faut donc commencer par reconnoître

& réformer ces abus, qui sont plus préjudiciables qu'on ne pense. Il faut pratiquer derriere les étables plusieurs fosses plus ou moins grandes, selon la quantité de bestiaux que l'on a ; on sortira les fumiers des étables par une petite porte ou guichet, & on les jettera dans ces fosses séparément, si on a des terres de différente nature, ou tous ensemble, si le sol que l'on cultive est par-tout le même. Quand on jugera à propos de faire couler de l'eau dans ces fosses, on y amenera par des rigoles celles des égouts du bâtiment ou de toute autre partie voisine ; & on détournera le cours de ces eaux, lorsqu'on jugera que les fumiers sont suffisamment humectés.

Le mieux seroit d'y faire couler les urines que les animaux répandent dans les étables : nous allons en parler.

Il vaut mieux multiplier ces fosses ou étendre leurs surfaces, que de leur donner trop de profondeur, tant pour avoir plus de facilité à les vuider, que parce que la litiere s'y décomposera mieux, sans devoir craindre qu'elle aigrisse, en n'y laissant couler d'eau qu'autant qu'il en faut ; on peut, pour cet effet, faire un rebord élevé autour de la fosse : quant à sa forme, peu importe qu'elle soit ronde ou quarrée.

L'urine des animaux est ce qui donne aux fumiers leur principale qualité ; elle est chargée d'huiles & de sels qui portent une grande fécondité dans les terres : les litieres s'abreuvent d'une portion de ces urines ; mais comme les moutons, les chevaux & les vaches en répandent beaucoup à la fois & à grands flots, la plus grande partie coule au-dessous de la litiere dans le sol des étables, ou se dissipe sous les murs d'autant plus facilement qu'elle fermente & s'évapore en peu de temps.

C'est cette évaporation d'urine qui fait sentir, sur-tout dans les bergeries, cette forte vapeur d'alkali volatil qui saisit ceux qui y entrent, d'autant plus fortement que les bergers tiennent toujours ces étables très-closes au grand détriment des moutons; mais enfin c'est la coutume : ainsi le Cultivateur, privé de la plus essentielle & de la meilleure partie de ces engrais, n'en retire d'autre effet que celui de corrompre, d'empester l'air des étables, & de voir quelquefois ses bestiaux attaqués de maladies qui en sont les suites.

Mais, dira-t-on, il est plus aisé de voir le mal que d'y apporter remede : fera-t-on, comme on le conseille, paver les écuries & les étables à chaux & à ciment, de maniere à en diriger la pente du côté des fosses à fumier pour y conduire les urines par un canal cimenté ? Oui, sans doute, quand on le peut; & on peut assurer le Cultivateur aisé que cette dépense lui sera plus profitable que bien d'autres qu'il ne craint pas de faire; je dirois même plus qu'une portion de terre qu'il s'empresse d'acquérir. Mais un fermier fera-t-il cette dépense ? Non, sans doute; & il y a peu de propriétaires qui veulent s'y prêter : il faut donc trouver d'autres moyens moins dispendieux pour ne pas rendre inutile & même nuisible la majeure partie de ces urines ; j'en peux proposer trois qui sont à la portée des moins riches.

1°. J'ai vu des étables qui n'étoient point pavées, mais dont le sol étoit bien battu, comme celui d'une grange, & dans lequel on avoit mêlé de la chaux avant de le battre ; j'ai vu que ce sol, disposé en pente du côté des fosses à fumier, y laissoit couler les urines par des trous pratiqués dans la muraille ; & ces urines reçues par des rigoles cimentées, alloient tomber dans les fosses. Je crois bien qu'il s'en perd ; mais enfin, ce n'est pas tout perdre.

2°. En faisant la litiere plus épaisse & la renouvellant plus souvent qu'on n'a coutume de faire : nous allons parler des moyens de s'en procurer.

3°. Par un procédé nouvellement proposé par un Auteur instruit dans l'économie rurale, & qui me paroît très-bon à pratiquer : c'est le seul moyen de fixer l'urine dans les étables, comme elles le sont dans un parc ordinaire, & de n'en perdre que le moins possible. Ce moyen est simple : c'est de se servir de terres seches ; en voilà le procédé : il faut ramasser de bonnes terres à portée de la ferme, en faire, avant l'Hiver, des couches peu larges & peu épaisses, afin que l'air & les pluies puissent les pénétrer davantage.

Par un temps sec d'Eté, on les rentrera sous un hangar ou autre lieu couvert, où elles se réduiront en poussiere ; on en répandra de l'épaisseur de deux ou trois pouces sous les chevaux, les vaches, moutons & cochons, & on la couvrira de litiere.

Quant après deux ou trois jours, plus ou moins, selon la quantité des bestiaux, on voit ces terres passablement mouillées, sans attendre qu'elles soient trop en boue, on vuidera les étables, puis on remettra de nouvelles terres, en continuant toujours de même.

Si les terres sont légeres, on mettra ces terres grasses & les fumiers tout ensemble dans les fosses; mais si le sol étoit glaiseux, compacte & humide, il faudroit séparer les terres des fumiers; car dans les terrains humides, les fumiers ne se consomment que trop: & lorsque l'on a de pareils terrains, on fera bien de n'employer dans les étables que des terres sableuses & légeres, & sur-tout du terreau de bruyeres lorsqu'on est à portée d'en avoir.

Il faut pulvériser les terres avant de les répandre sous les bestiaux, & les employer le plus seches que l'on peut. Il est bon aussi d'en mettre dans les colombiers & dans les poulaillers, sur-tout où il y a des canards & des oies.

Les oiseaux rendent leurs urines avec leurs grosses déjections: si l'excès de leur fumier brûle, ce n'est qu'à raison de la grande quantité d'urine qu'il contient.

Quand on terrote ainsi les étables, il faut tenir plus épais le lit qui dépasse d'environ deux pieds la partie postérieure des gros animaux, & principalement des femelles.

Lorsqu'on sépare les terres urineuses du grand fumier, il faut les mettre en monceau dans la basse-cour, & non dans des fosses;

étant mises à l'ombre, elles en conserveront mieux leur vertu.

Si on ne vuide pas les bergeries souvent, il faut y remettre de nouvelle terre & de nouvelle litiere lorsque le besoin l'exige.

Dans les Pays de vin ou de cidre, il seroit bon de faire sécher le marc, & d'en mêler avec la terre qu'on met dans les étables ; ce qui non-seulement en augmenteroit la quantité, mais perfectionneroit encore l'engrais : on évite par ce procédé bien des inconvénients.

La litiere est quelquefois submergée dans les étables des vaches, sur-tout lorsqu'elles mangent beaucoup d'herbe ; on voit des bergeries qui ressemblent à des marais : ces urines croupissantes ne peuvent qu'altérer l'air, sur-tout dans les lieux clos, & occasionner des maladies.

La paille s'imbibe, il est vrai, d'une partie de ces urines, lorsqu'on n'est point forcé de la ménager, mais le hâle la fait évaporer & la desseche ; au lieu que la terre qui est absorbante en retient les sels & les huiles : c'est ce qui fait que l'effet du parc n'est point détruit par les grandes chaleurs.

La coutume des Pays où l'on ne connoît que l'usage de la paille pour faire des fumiers, en limite nécessairement la quantité. Dans plusieurs parties de la France les litieres en paille manquent ou sont toujours insuffisantes ; il est des années où, lorsque la paille des grains a été foible & courte, elle manque par-tout, excepté chez le Laboureur riche & prévoyant qui a le ſoin d'en garder d'année ſur autre : & il y a bien des pays où l'on n'a ſeulement pas l'idée d'y ſuppléer, quoiqu'on le puiſſe aiſément.

La quantité des engrais, au moyen des terres urineuſes dont nous venons de parler, dépend en toute année de la volonté & des ſoins de quiconque veut ſe livrer à ces procédés. Par-tout on peut trouver de la terre; & que les pailles ſoient rares ou communes, les beſtiaux urinent toujours.

Si, de l'aveu de ceux qui l'emploient, le parc ordinaire eſt propre à tous les ſols ; l'engrais dont nous parlons ne le ſera pas moins; il le ſera même davantage pour les ſols qui ont peu de fond, ou pour ceux qui ſont ſablonneux, puiſque par là on en améliore & augmente la ſubſtance ; cet engrais eſt même meilleur que les fumiers ordinaires pour les terres légeres.

On ne doit pas s'inquiéter ſi toutes les parties de la terre, miſes ſous les beſtiaux, ne ſont point également abreuvées d'urines; tout ſe bonifiera dans les foſſes de fumier ; celles qui en auront ſurabondamment, en communiqueront à celles qui en auront le moins, ſoit par l'effet de la fermentation, ſoit par celui des pluies.

Les parties de ces terres & celles de la litiere fermentant, ſe décompoſant & ſe mêlant enſemble, forment un fumier beaucoup mieux nourri, beaucoup plus gras, plus ſubſtancieux que ne le peut être la litiere ſeule.

La terre attire à elle & abſorbe, par une qualité qui lui eſt propre, les parties graſſes des corps voiſins qui en rendent beaucoup par la transpiration. C'eſt un des principaux effets du parc, où le ſuint du mouton ſe trouve aſpiré & fixé; il le ſera de même par la terre que l'on mettra dans l'étable.

On a éprouvé qu'une partie de terre effruitée, miſe dans le coin d'une étable où il y a des beſtiaux, s'y répare en moins de ſix ſemaines; à plus forte raiſon, celle ſur laquelle ils coucheront, ſe vuideront & urineront.

Qu'eſt-ce que donne un mouton à la terre dans un corps de parc ordinaire ſur dix à quatorze pieds ſuperficiels de place qu'il occupe? Cinq ou ſix onces de déjection au plus, ſuivant ſa taille : ce foible engrais en apparence eſt cependant ſuffiſant; & après avoir bien fait au bled ou au ſeigle, il eſt encore ſenſible à la ſeconde récolte.

Le défaut de fourrage & de litieres force le foible Cultivateur à faire paître les bêtes de trait, & à tenir les autres hors des écuries : on ne manque de fourrages que faute de fumiers; le vaguage des beſtiaux n'eſt pas propre à en augmenter la maſſe.

Que l'on examine avec impartialité le rapport de ces communes, de ces ſtériles pâtures auxquelles l'eſprit d'habitude & d'entêtement peut ſeul conſerver des partiſans & des défenſeurs; on n'y verra que des troupeaux maigres & en petit nombre, des ſquelettes ambulants qui cherchent à pâturer un peu d'herbe qu'ils ont peine à trouver dans ces pacages communs, ordinairement couverts de buttes, de bruyeres ou de mousses; que l'on réduise à sa juste valeur le produit de ces foibles pacages, & on verra que vingt & trente arpents de ces communes ne fournissent pas autant de nourriture qu'en fourniroit un seul arpent qui seroit bien cultivé en trefle, luzerne, sainfoin, &c.

C'est cependant sur ces mauvaises communes que l'on fait répandre la fiente & l'urine des bestiaux, qui feroient de bons fumiers, au moyen desquels on auroit des grains & des fourrages. Les animaux qui fatiguent & transpirent, se vuident pendant le jour sur ces pacages, & font peu de déjections pendant la nuit dans les étables.

On sait qu'on enferme & qu'on empêche de courir les animaux qu'on veut rendre gras, si on en excepte quelques pâturages privilégiés où les herbes sont très-abondantes & succulentes : les bestiaux nourris à la crêche ont toujours plus d'embonpoint & de force.

Une vache des environs de Meaux, qui ne prend l'air que quelques heures par jour l'Eté & l'Hiver, donne trois fois plus de lait & fait plus de fumier qu'une vache des Ardennes qui reste tout le jour dans les bois; outre cela, le grand froid, le grand chaud la fatiguent; trop de transpiration dissipe & fait tarir le lait dans les mamelles les plus disposées à en donner.

Ceux qui aiment à faire des objections sur tout ce qu'on propose, car sur quoi n'en peut-on pas faire ? ne manqueront pas d'en faire deux qui se présentent d'abord : savoir, où un fermier prendra-t-il ces terres ? & voudra-t-il faire la dépenfe de les raffembler & de les préparer ?

Celui qui n'a qu'une ou deux charrues, & qui n'a par conféquent qu'un petit nombre de beftiaux, ne fera pas fort embarraffé pour fe procurer la quantité de terreau qui lui fera néceffaire; ce travail peut même avoir quelquefois une double utilité, comme d'applanir une butte, une éminence nuifible, de creufer des foffés en partie comblés, de dégager un chemin au pied d'un côteau, fur lequel s'eft fait des éboulements, &c. Mais comme l'objet eft affez important pour l'engager lui feul à fe livrer à ce travail, il n'y a perfonne qui ne puiffe trouver plus ou moins aifément dans fon voifinage des terres à ramaffer le long des murs ou des foffés, des chemins & des bois.

Quand on feroit obligé de faire des foffés ou de peler un terrain qui auroit affez de profondeur pour n'en pas fouffrir long-temps; enfin, quand même un propriétaire qui auroit une culture fort étendue, fe verroit contraint, faute d'autres reffources, de facrifier un arpent de terre pour en mettre deux ou trois cents en pleine valeur, devroit-on héfiter à faire un pareil facrifice ?

Quant à la dépenfe, elle n'eft pas confidérable pour une petite ferme, dût-on y employer des Ouvriers pendant quelques jours, fi les gens de la ferme ne fuffifoient pas ; & fi pour une grande culture, il falloit avoir pour cela un cheval & un domeftique de plus, y auroit-il comparaison du produit à la dépense? & s'y refuser ne seroit certainement pas entendre ses intérêts.

Cette coutume exclusive qui fait toujours mesurer la litiere sur la quantité de paille que l'on a, est la cause principale de l'insuffisance des engrais. Est-ce que l'on ignore ou est-ce que l'on veut s'obstiner à négliger plusieurs autres moyens usités & pratiqués en plusieurs Pays pour rendre les litieres & conséquemment les engrais plus abondants? J'en vais indiquer plusieurs, afin que chacun puisse choisir selon sa position.

On peut faire de bonne litiere pour tous les bestiaux, avec du chaume, de la mousse, de la bruyere, de la fougere, des joncs, des roseaux, des feuilles, des rameaux.

Ces litieres étant mises dans des fosses pendant quelques mois, y fermenteront & s'y consommeront, étant sur-tout mêlées avec la terre imbibée d'urine, dont nous venons de parler.

On voit combien il est possible d'augmenter la masse des fumiers, & je peux même dire de les améliorer, par le mêlange de ces différentes substances. Si on en employoit en telle quantité que l'on eût lieu de craindre que le peu de bestiaux que l'on a ne les eût pas suffisamment imprégnés de leurs déjections, il feroit bon de jetter dans les fosses les eaux grasses des cuisines, des lies de vin ou de cidres, les urines des hommes, les eaux & les cendres de lessive, le sang & les vuidanges de boucheries, quand on est à portée d'en avoir ; il ne faut point négliger de jetter dans ces fosses à fumier tous les vieux cuirs, les haillons, les balayures des maisons, la suie, la sciure de bois, & généralement tous les débris des animaux & des végétaux : rien de tout cela n'est perdu ; tout fournit au cours général de la végétation, & un bon économe sait en faire son profit.

Que l'on nous donne des fumiers, disent tous les Fermiers, & nous engraisserons nos terres. Voilà bien des moyens de s'en procurer.

De plus, on trouve presque par-tout de la marne : j'en viens de trouver une mine qui paroît abondante dans la plaine de Sotteville, proche Rouen, d'une marne bleue, très-grasse, où l'on assuroit qu'il n'y en avoit point.

On a encore les tourbes & les houilles d'engrais, dont on fait un si bon & si heureux usage en Flandres, dans la Brie & plusieurs autres Pays, & dont il y a beaucoup dans les marais de Jumiege en Normandie, sur les bords de la Seine, & par conséquent d'un transport facile : voilà bien des moyens de multiplier, d'augmenter la masse des engrais, dont chacun peut faire usage selon sa position, car il n'en est certainement point qui ne rapproche de quelques-uns des procédés que je viens d'indiquer. S'ils exigent quelques soins, quelques frais, s'ils obligent, pour une culture étendue, d'avoir un Valet ou une Servante de plus, que l'on considere le produit & la dépense, & on verra que c'est bien mal entendre ses intérêts de ne le pas faire.

Avec beaucoup d'engrais & une bonne culture, il n'y a plus de mauvaiſes terres, il n'y a plus de chétives récoltes.

Avec des engrais, les ſables de la banlieue de Paris & de Meaux, les craies & le tuf des environs de Rheims & autres Villes en Champagne, deviennent des ſols d'importance, & ſe couvrent de riches moiſſons; des arenes qui étoient le jouet des vents, deviennent des terres qui ont acquis de la conſiſtance.

Une bonne culture laiſſe diſtinguer difficilement au temps de la moiſſon le guéret inférieur de celui qui avoit le plus de qualité. Avec des engrais, j'ai vu de beaux bleds dans un terrain aride où à peine le ſeigle croiſſoit à côté & dans le même terrain qui n'avoit pas été amendé. Au contraire, l'inſuffiſance des engrais ne fait voir que trop communément des récoltes médiocres ſur de bonnes terres; des récoltes qui ne rendoient pas les avances ſur de médiocres, & quelquefois les bonnes, les médiocres & les mauvaiſes en friche.

De là point de fourrage dans ces malheureux Pays, point ou peu de beſtiaux, & la miſere ne peut que s'y perpétuer; pourquoi cela? faute de fumiers. Mes terres ſont froides, dit l'un; mes terres ſont légeres, dit l'autre, elles ne me donnent que de mauvaiſes récoltes; & tout cela faute d'engrais.

On penſoit que le Cultivateur Propriétaire ou Fermier, devenu plus riche ou du moins plus aiſé depuis quelques années, feroit plus d'éleves, & augmenteroit le nombre de ſes beſtiaux, moyen ſûr de le devenir davantage:

point du tout ; la cupidité l'a porté à vendre ſes denrées pour en employer le produit à acquérir une piece de terre dans ſon voiſinage ; deſorte que ſa culture augmentant, ſans qu'il ait un cheval, une vache, un mouton de plus, elle n'en devient néceſſairement que plus négligée, ſans ſonger qu'il gagneroit bien davantage en augmentant la quantité de ſes béſtiaux qui lui donneroient les moyens de mettre ſes terres en pleine valeur, de vendre beaucoup plus de bled, & de récolter beaucoup plus de fourrages & de nourriture pour ſes troupeaux.

Il n'eſt pas poſſible que ceux qui y veulent réfléchir ne le ſentent ; mais le mauvais exemple a produit parmi eux l'ambition d'acquérir, de maniere qu'on y fait céder toute autre conſidération.

Il eſt vrai que, bornés par la coutume, par la routine héréditaire du Pays, pluſieurs diſent & croient réellement qu'ils ne peuvent faire de fumiers qu'autant qu'ils ont de paille ; ils verront par les moyens que je viens d'indiquer qu'ils ont bien tort de s'en tenir uniquement à cette ſeule litiere.

J'ai parlé de rameaux d'arbres : on ne manquera pas de dire : où en prendre ? Outre le petit bois de Pins & de Sapins, d'après l'uſage vanté du Socrate ruſtique, ne peut-on pas ſe procurer par-tout beaucoup de ces rameaux par des élagages faits pendant l'Eté ſur des arbres iſolés qui pouſſent beaucoup de branches, dans des haies & dans des taillis ? Que l'on ne craigne pas que cela y faſſe tort, c'eſt même y faire du bien, en ſupprimant des branchages bas qui doivent être étouffés par la ſuite & tomber en pure perte.

Les ébranchages des Pepinieres, des maſſifs, peuvent auſſi en fournir : tous ces menus branchages, après avoir ſervi de litiere, ne tardent pas à pourrir & à ſe conſommer dans la foſſe à fumier ; car ſi on s'obſtinoit à s'en tenir à l'abſurde uſage de jetter inconſidérément les fumiers devant les étables, pour y être tantôt lavés par les égouts, tantôt évaporés & deſſéchés par le ſoleil & par le hâle, il n'eſt pas douteux que ces branches & même les bruyeres ſeroient très-long-temps à ſe conſommer.

Je ne dois pas oublier de recommander à cet égard, de planter quelques grands arbres à portée de ces foſſes, pour les ombrager pendant les chaleurs.

Une objection que l'on fait contre ces foſſes, qui, quoique fondée, ne devroit pas arrêter ceux qui ſavent prendre une petite peine pour opérer un grand bien, c'eſt que, ſuivant la coutume de laiſſer le fumier devant les étables, on approche la voiture que l'on charge tout de ſuite pour le tranſporter ; au lieu que dans des foſſes, il faut d'abord en tirer le fumier & le jetter ſur le bord, ce qui donne plus de peine & prend plus de temps. Je réponds à cela que cette opération eſt d'autant moins difficile que nous avons recommandé de ne pas faire ces foſſes très-profondes ; & ſans retarder le tranſport des fumiers, elle ne conſtitue en d'autres frais que ceux d'avoir un ou deux Ouvriers de plus pendant quelques jours.

Au surplus, il est aisé d'y obvier, en faisant à chaque fosse une rampe assez douce pour que la voiture y entre à reculons, & pour lors on la chargeroit à l'ordinaire. Si on étoit dans le cas de craindre que cette rampe ne fît couler trop d'eau dans la fosse, on pourroit faire une espece de digue vers le bas pour en arrêter le cours.

Mais en voilà bien assez pour ceux qui voudront m'entendre, & trop pour ceux qui ne le voudront pas ; puissent les détails, les procédés que je viens de rendre, exciter les Cultivateurs à les pratiquer. Ce Chapitre qui sembleroit ne pas appartenir à ce Traité, n'aura pas été le moins utile.

CHAPITRE VIII.

Moyen sûr de se préserver des Vers blancs de Hanneton, nommés Mans.

DE tous les Insectes destructeurs des plantes, je n'en connois point de plus voraces & de plus dangereux que le ver blanc de hanneton, nommé *Mans*. Ces animaux se trouvent par-tout en plus ou moins grande quantité : dans l'état de ver, il ronge les racines des plantes & les fait périr ; il fait beaucoup de ravages dans les jardins & dans les champs de bled ou autres grains, où il fait plus de mal qu'on ne pense; devenu insecte volant, il mange les bourgeons de la Vigne & autres arbres, les feuilles & les fleurs, & fait ainsi pendant toute sa vie & dans tous ses différents états un dommage considérable.

Je vais entrer dans le détail de la description de cet insecte & de ses métamorphoses, dont l'explication est nécessaire pour l'intelligence des pratiques importantes dont je vais parler comme de sûrs préservatifs de ces vers destructeurs.

Le hanneton est un Insecte *coleoptere*, c'est-à-dire qui a des fourreaux par-dessus les aîles; c'est à proprement parler, une espece de *scarabée* ou d'*escarbot* dont on distingue plusieurs especes.

Le hanneton le plus ordinaire, ou *Scarabée roux*, est celui qui est appellé en Angleterre *Meûnier*, nom qu'on lui a donné, parce que ses aîles paroissent couvertes d'une espece de poussiere farineuse.

Cette mouche scarabée est grosse comme le doigt, longue d'un pouce, de couleur rougeâtre sur le dessus des aîles; mais la tête, le dessus du corcelet & le ventre sont noirs; les bords du ventre ou des articulations sont tachetés de points blancs triangulaires; le dessus du corcelet, de la tête & de la poitrine est velu; il a six pattes, dont quatre longues dépendent du corps, & deux courtes du corcelet; la tête est ornée de deux cornes houppées par le bout: lorsque la houppe est longue & feuilletée par le bout, c'est un mâle; si elle est courte & ſans feuillets, c'eſt une femelle ; la queue eſt fort pointue & courbée ; il a deux paires d'aîles, dont l'une eſt faite de pellicules, & l'autre qu'on appelle *clytre* ou *coleoptere*, c'eſt-à-dire fourreau ou étui de corne.

La premiere paire d'aîles eſt pliée au-deſſous de cette derniere, & ne paroît jamais que quand l'animal s'apprête pour s'envoler ; les aîles de corne ſont rouſſâtres, un peu tranſparentes, couvertes d'une pouſſiere blanche qui s'eſſuie aiſément.

Le hanneton ſe trouve par-tout, & c'eſt celui qui nous fait tant de mal, tant par lui-même que par ſa progéniture. Il n'eſt pas rare de voir périr ſouvent pluſieurs plantes à racines fibreuſes dont les Mans ſont très-friands & qu'ils rongent entiérement, comme les Fraiſiers, les Gramens & autres : mais ſi beaucoup d'autres, ainſi que les arbres, n'en meurent pas, parce qu'ils ont de groſſes racines que ces Inſectes ne peuvent détruire, ils ne laiſſent pas de ſouffrir beaucoup de la perte de petites racines & du chevelu, dont grande partie eſt dévorée.

On diſtingue deux ou trois autres eſpeces de hannetons dont je crois inutile de parler ici.

Les deux ſexes reſtent long-temps attachés l'un à l'autre pendant l'accouplement ; la femelle, ayant été fécondée, s'enfonce quelquefois ſimplement dans la fiente des chevaux & des vaches qui ſe trouve ſur la ſurface de la terre, ou bien elle s'enfonce, en faiſant un trou avec la pointe de ſa queue, aux endroits où elle sent du fumier, où les parties des excréments des animaux existent encore; car c'est toujours là qu'elle pond & dépose ses œufs, qui sont oblongs & d'un jaune clair.

Ces œufs sont rangés à côté les uns des autres, mais sans aucune enveloppe terreuse; après cette ponte, la mere se nourrit encore quelque temps avec des feuilles comme auparavant, & elle disparoît.

Sur la fin de l'Eté, les œufs sont éclos, & il en est sorti de petits vers qui se nourrissent de gazon, s'ils sont nés dans la fiente qui est sur les herbes; & ensuite ils s'enfoncent en terre pour y vivre de racines de toutes especes de plantes, comme font toujours ceux qui sont nés dans l'intérieur du terrain; ils passent quelquefois deux années dans cet état de ver, quelquefois davantage: les Jardiniers & les Laboureurs les nomment alors *Vers blancs* ou *Mans*. Ces vers font périr les plantes dont ils rongent les racines; aussi voit-on en arrachant de terre une plante flétrie & desséchée, qu'elle a été rongée par un ou plusieurs de ces vers que l'on trouve dessous. Il y en a quelquefois dans un terrain en si grande quantité qu'ils désolent en peu de temps des potagers entiers & les prairies les mieux couvertes.

Ce ver dans les jardins est le fléau des plantes, & dans les champs il fait beaucoup de tort aux bleds, au seigle, aux graments & en général à toutes les racines des plantes qu'il rencontre dans sa route souterraine.

A l'âge de trois ans, le ver du hanneton

est long d'environ un pouce, & gros comme le petit doigt ; il est ordinairement recoquillé ; sa couleur est d'un blanc jaunâtre, presque transparente ; tout le corps du ver consiste, comme celui des chenilles , en douze segments, sans compter la tête ; le dernier est le plus grand , le plus gros , & paroît d'un gris violet, parce qu'on y voit les excréments à travers la peau ; à chaque segment, on apperçoit une couple de rides qui servent au ver à s'allonger & à s'avancer dans la terre, & sur tous les segments s'étend une espece de bourrelet dans lequel on apperçoit neuf points à miroirs.

Ainsi ce ver respire l'air par neuf trous qui répondent à autant de segments ; sous les trois premiers, sont six pieds roussâtres, composés de six pieces articulées & un peu velues.

La tête de ce ver est assez grande, applatie & d'un jaune luisant, munie d'une espece de tenaille dentelée avec laquelle il coupe les substances dont il fait sa nourriture : on remarque deux antennes derriere la tenaille.

Il n'arrive guere que ces vers sortent volontairement de la terre ; si le soc de la charrue ou la bêche d'un Jardinier les font sortir audehors, ils ne tardent pas à y rentrer ; autrement ils deviennent bien vîte la proie des oiseaux : les corbeaux, les pies, les poules , & les cochons sont fort friands de ces vers, aussi-bien que des hannetons qui en proviennent.

Le ver change de peau à mesure qu'il prend de l'accroissement ; il creuse une petite maiſonnette pour pouvoir s'y dépouiller plus commodément : la cavité qu'il prépare & où il ſe loge, eſt de forme ronde.

Après avoir dépouillé ſa peau, le ver ſort de ſa caverne pour aller chercher & prendre ſa nourriture ordinaire, c'eſt-à-dire continuer ſes ravages ; mais ils ne ſont conſidérables qu'en Eté, car pendant l'Hiver il ne peut pas butiner auſſi commodément ; la gelée l'oblige à ſe reſſerrer, à s'enfoncer en terre à une grande profondeur : au reſte, s'il n'a pas toujours le choix des racines les plus tendres & les plus ſucculentes, il ne laiſſe pas de trouver celles des arbres qui s'étendent profondément en terre, & il remonte vers la ſurface de la terre lorſque la chaleur du Printemps l'y attire.

Ce n'eſt que vers la fin de la troiſieme ou quatrieme année, au mois de Mai, que la métamorphoſe de ce ver arrive : ſi on fouille alors la terre, on y trouvera non-ſeulement des hannetons tout formés, mais auſſi des vers à différents degrés de grandeur. Voilà comment ſe fait la métamorphoſe.

Dans l'Automne, le ver s'enfonce en terre, quelquefois à plus d'une braſſe de profondeur, & il s'en fait une caverne liſſe & commode ; ſa demeure étant faite, il commence peu de temps après à ſe raccourcir, à s'épaiſſir, à ſe gonfler, & il quitte, avant la fin de l'Automne, ſa derniere peau pour prendre la forme de cryſalide ; d'abord cette cryſalide paroît jaunâtre, puis jaune, & enfin rougeâtre, & alors on commence à diſcerner l'apparence d'un hanneton.

Si on irrite cette cryſalide, on obſerve qu'elle a un mouvement ſenſible & qu'elle peut ſe tourner d'elle-même. Ordinairement elle ne conſerve ſa forme que juſqu'au commencement de Février ; alors on apperçoit diſtinctement un hanneton d'un blanc jaunâtre, qui eſt d'abord mou, mais qui prend ſa dureté & ſa couleur naturelle au bout de dix à douze jours.

Il reſte encore trois mois en terre dans cet état de hanneton formé ; voilà pourquoi ceux qui fouillent la terre alors y trouvent des hannetons parfaits, & croient que ce ſont des inſectes de l'année derniere qui ſe ſont mis en terre pour ſe ſouſtraire à la rigueur de l'Hiver.

Après que l'inſecte a paſſé trois ou quatre ans dans la terre, la plus grande partie en forme de ver, il en ſort enfin dans le courant du mois de Mai : c'eſt alors qu'on peut, ſurtout les ſoirs, les voir ſortir de leurs anciennes demeures pour n'y plus rentrer; & c'eſt auſſi ce qui fait que pendant ce mois, principalement dans les années où il y a beaucoup de hannetons, on voit que les chemins & les ſentiers, durcis par la ſéchereſſe, ſont tout criblés de trous.

Lorſque les gens de la campagne voient une grande quantité de hannetons, ils diſent que l'année ſera bonne ; mais ils le diſent, pour la plupart, ſans ſavoir pourquoi : il eſt certain que dans les années où la terre eſt purgée en grande partie de ces vers rongeurs, les plantes, délivrées de leurs ennemis, étant plus nombreuſes & plus vigoureuſes, font plus de productions.

Selon les rigueurs des ſaiſons & l'avancement du hanneton en ver, on peut prédire l'année fertile ou ſtérile en hannetons à plaque rouge ou noire ſur le cou, car ils paroiſſent tour à tour de deux années l'une : on n'en peut pas prédire autant des autres inſectes qui naiſſent & périſſent dans la même année.

Les hannetons ne volent guere pendant le jour, ils ſe tiennent cachés ſous les feuilles des arbres; ils ſemblent y être aſſoupis juſqu'au coucher du ſoleil; alors ils ſe réuniſſent en troupes; & avant de ſe mettre en route, ils déploient & allongent leurs houppes; ils volent autour des haies & des buiſſons en bourdonnant, & donnent bruſquement contre tout ce qu'ils rencontrent; d'où vient le proverbe *étourdi comme un hanneton*.

Les hannetons ſe nourriſſent de feuilles d'arbres, des œufs de ſauterelles & d'autres inſectes; ils deviennent, à leur tour, la proie des oiſeaux, ſur-tout des poules, des corbeaux, des pies, des chouettes & des hiboux; par là ces oiſeaux ſont plus utiles qu'on ne penſe, & les Fermiers entendent mal leurs intérêts quand ils cherchent à les éloigner & à les détruire.

Quoique les hannetons ne laiſſent pas de nuire aux arbres, dont ils mangent les feuilles & les bourgeons, il s'en faut bien qu'ils y faſſent autant de mal qu'ils en font dans l'état de ver en terre où ils ravagent continuellement pendant toute l'année ; on ne les voit dans l'état de mouches scarabées que pendant deux mois, après lequel temps ils disparoissent, soit que ce soit le terme de leur durée, ou que les oiseaux, leurs ennemis, en abregent le terme ; mais avant de cesser d'être, ils pondent des œufs qui assurent leur postérité pour les années suivantes.

La description & les détails que je viens de rendre au sujet des vers du hanneton sont connus de tous les Naturalistes ; mais ils ne le sont pas de tous les Cultivateurs : j'ai dû commencer par en instruire ceux qui les ignoroient, pour leur rendre plus intelligibles les observations aussi intéressantes que nouvelles qui font l'objet de ce Chapitre.

Nous voyons que la mere hanneton, après avoir été fécondée, vient pondre & déposer ses œufs dans la fiente des animaux, soit sur la surface ou dans l'intérieur de la terre où elle en peut trouver, & que de cette ponte naissent les vers destructeurs des plantes dans les jardins & dans les champs. Il s'ensuit qu'où il n'y aura point de fiente ou de fumier encore imprégné de cette fiente non décomposée, la femelle hanneton n'y fera point de ponte, & par conséquent n'y multipliera pas son espece ; car elle ne fait en cela que suivre l'ordre immuable de la Nature, si bien donné &, pour ainsi dire, imprimé dans chaque individu, pour assurer & perpétuer son espece, de maniere que tous y obéissent & s'y conforment constamment, & selon une uniformité bien admirable pour qui sait l'observer comme elle mérite de l'être.

Parmi les animaux ovipares, les uns font leur nid, & ces nids, si artistement construits, sont si semblables, selon chaque espece, que l'on croiroit que c'est le même Ouvrier qui les a faits ; ils y pondent, ils y couvent leurs œufs, ils y élevent, y nourrissent, y soignent leurs petits, jusqu'à ce qu'ils soient parvenus à un état de force où ces soins leur deviennent inutiles ; & tout cela se fait avec une constance, une assiduité, une vigilance, une sollicitude, une tendresse qui rend dans ce temps-là courageux l'animal qui est naturellement le plus timide, & qui paroît uniquement dévoué alors à la conservation de ses petits ; effet d'un ordre suprême qu'il est impossible de ne pas reconnoître à quiconque veut y faire attention.

D'autres animaux ovipares paroissent abandonner leurs œufs ; mais ce n'est pas au hasard ; ils ont également reçu l'ordre de la Nature, & chacun ne manque pas de s'y conformer uniformément, selon son espece : les uns les déposent dans le sable, de maniere que la chaleur du soleil doit suppléer à l'incubation & les faire éclorre ; d'autres les déposent dans la chair des animaux ; d'autres construisent artistement des loges, des cellules où ils arrangent leurs œufs, & ont soin d'y mettre une portion de subsistance suffisante pour les petits qui doivent naître, jusqu'à ce qu'ils soient assez forts pour chercher leur pâture.

Il n'est point de mon sujet de m'étendre sur toutes ces merveilles : revenons à nos hannetons qui ont reçu l'ordre de dépoſer leurs ovations dans la fiente de certains animaux qui eſt apparemment néceſſaire à leur conſervation, aux moyens de les faire éclorre, & peut-être à la premiere ſubſiſtance & à l'éducation du ver.

C'eſt particuliérement dans la fiente de vache, de bœuf, de cheval, que le hanneton, le ſcarabée & l'eſcarbot ne manque pas de dépoſer ſa progéniture, qui périroit ſans doute dans toute autre partie de terrain.

Eclairés de ces notions, ils nous devient facile d'éviter cette progéniture dans nos jardins & même dans nos champs, en prenant les précautions dont nous allons parler.

S'il n'y a pas moyen d'empêcher les hannetons de pondre dans les fumiers, ſoit qu'ils ſoient ſur la ſurface de la terre ou même dans l'intérieur, puiſqu'ils ſavent s'y enfoncer, il eſt queſtion ici de diſſiper cet embarras, au moyen de deux pratiques, dont le raiſonnement, l'obſervation & l'expérience démontrent & prouvent également le ſuccès; mais l'une plus ſûre encore que l'autre, n'eſt malheureuſement pas auſſi pratiquable pour de vaſtes terrains, tels que des champs de bled.

La premiere pratique conſiſte à n'employer jamais de fumier dans un jardin que lorſqu'il eſt bien conſommé & décompoſé, c'eſt-à-dire preſque réduit en terreau.

Pour cet effet, il faut choiſir un emplacement, ſoit dans le jardin, ſoit très à portée, où l'on formera des tas par couches alternatives de fumier & de terre ou de boue de rue;

rue ; on y peut mêler des herbiers, des bruyeres, des fougeres, &c. ; on en formera successivement plusieurs masses, on démolira celles qui ont été formées depuis un an pour les porter sur les terres du jardin : ce moyen qui n'est ni difficile, ni dispendieux augmente considérablement la masse des engrais ; & je peux assurer à qui voudra le pratiquer, qu'outre les bons effets qu'il en reconnoîtra, il n'aura point de mans dans le terrain où il ne mettra que de pareils engrais.

Depuis quinze ans que je pratique cette méthode économique par la bonté des engrais & l'épargne du fumier, je ne vois jamais de mans dans mon jardin ; tandis que ceux de mes voisins qui emploient des fumiers nouveaux, en sont remplis & ravagés ; c'est ce qui m'arrivoit aussi avant d'avoir suivi cet usage, dont tout bon économe reconnoîtra les avantages.

Mais quelque bonne que soit cette méthode, elle n'est malheureusement pas aussi praticable dans les champs qu'elle l'est pour les jardins ; elle y seroit cependant d'un grand & excellent effet, si on pouvoit se procurer assez de boues ou autres bonnes terres pour mêler en masse avec les fumiers & les y laisser pourrir, puisqu'en se préservant des mans, on multiplieroit ainsi & on augmenteroit considérablement la masse des engrais ; c'est engraisser & terroter en même temps son terrain.

Mais enfin, s'il n'est pas possible dans les grandes cultures de préparer ainsi la totalité de ses fumiers, toujours peut-on le faire en partie : il y a des temps où les Ouvriers ne ſont pas fort occupés, on les emploie à cette opération, dont on n'aura pas lieu de regretter la modique dépenſe.

Quant aux fumiers que l'on emploiera tels qu'ils ſont, il faut bien ſe garder de les porter ſur les terres pendant le Printemps, ſoit qu'on ſe contente de les répandre ſur la ſurface, ſoit qu'on les enfouiſſe en labourant. Il ne faut que réfléchir ſur ce que nous venons de dire de la maniere dont la mere hanneton pond & dépoſe ſes œufs, pour être convaincu que le fumier non conſommé, ſoit deſſus, ſoit dans la terre, ne peut manquer d'attirer ces inſectes qui y font des pontes multipliées & une abondante production de vers pour les années ſuivantes.

Il eſt cependant ſi ordinaire de voir porter au Printemps du fumier nouveau dans les jardins & dans les champs, qu'il paroît qu'on eſt dans la plus grande ignorance des effets pernicieux qui en résultent, & qu'on ne ſe doute ſeulement pas de tout le mal qui s'enſuit ; c'eſt pourquoi je crois rendre un bon ſervice de le faire connoître, & je dois croire que ceux qui voudront y réfléchir ſe garderont bien doré-navant de ſuivre un ſi mauvais uſage.

Si donc, ſoit par négligence, ſoit qu'on juge plus difficile que ne l'eſt en effet l'excellente préparation des fumiers dont nous avons parlé, on veut continuer à employer les fumiers nouveaux, on n'a pour lors rien de mieux à faire que de les porter ſur les terres & de les enfouir par les labours avant l'Hiver; les gelées, les pluies, les neiges les feront pourrir & les décomposeront pendant cette saison, sur-tout dans les terres humides & froides, & les hannetons ne trouvant plus au Printemps la fiente des animaux telle qu'elle leur convient, ne viendront point y faire leur ponte.

Toute autre raison de convenance doit céder à celle-ci; elle est assez importante pour qu'on ne la néglige pas.

Si le raisonnement, si l'observation, si l'expérience n'étoient pas suffisants pour tirer de l'erreur & de l'ignorance ceux qui voudroient encore y persister, qu'ils voient, qu'ils reconnoissent par eux-mêmes la quantité prodigieuse de mans que l'on trouve toujours dans les tas de fumier & dans les couches quand on les démolit; preuve bien évidente de la quantité d'ovations qu'y déposent les hannetons.

Pour m'assurer de ce qui est dit dans l'histoire du hanneton, que la femelle fait un trou en terre pour aller chercher le fumier & y faire sa ponte, j'ai enfoui au Printemps environ un pied cubique de fumier, que j'ai recouvert d'environ six pouces de terre que je fis trépigner & battre; je le visitai l'Automne suivante, & je trouvai qu'il étoit rempli de vers blancs de hanneton.

Mais, m'a-t-on déja objecté, on trouve beaucoup de mans dans les prairies où on ne porte jamais de fumier: j'en conviens; mais c'est parce qu'il y a beaucoup de vaches, de chevaux dans ces prairies, & c'est dans leur fiente que viennent pondre les hannetons: on en peut dire autant des forêts & des bois où il y a différents animaux ; & cela est si vrai que dans les prés, dans les bois où il n'entre point de bétail, on ne trouve point de mans : j'ai fouillé dans plusieurs, sans avoir pu en trouver.

J'ai rendu ce Chapitre étendu, parce que je le regarde comme un des plus utiles & des plus importants : l'examen m'a fait connoître que les mans font plus de mal qu'on ne pense ; ils font perdre au Cultivateur une partie de ses récoltes, & diminuent ainsi beaucoup la masse générale des subsistances.

Je ne crois pas possible de détruire les mans dans la terre où ils ne donnent aucun signe de leur existence que par le mal qu'ils y font ; mais c'est remplir le même objet que de pouvoir s'en préserver par les moyens que je viens d'indiquer, dont je ne crois pas que personne ait parlé.

Il paroît qu'au lieu de penser aux moyens de se préserver des mans, on s'est contenté de porter ses attentions à la destruction des hannetons, en recommandant de les ramasser dans la plus grande quantité possible, & de les brûler : mais cette chasse minutieuse n'en garantit pas ceux qui la font, parce que s'ils ont déja pondu, le mal est fait ; au surplus, on a beau ramasser & brûler, il en revient toujours d'ailleurs, & le nombre des hannetons est si prodigieux, que tous les habitants des Villages ne suffiroient pas pour les exterminer. Par la même raison, les moyens que j'indique ne préserveront pas des hannetons qui viendront d'ailleurs, mais ils préſerveront des mans qui eſt l'objet capital.

CHAPITRE IX.

Des Graines.

TOUTES les plantes herbacées ou ligneuſes ſe reproduiſent par les graines ; chaque graine eſt dépoſitaire du germe précieux, dont le développement doit produire une plante ſemblable à celle qui l'a formée.

Je laiſſerai à ceux qui veulent pénétrer dans les myſteres de la création, le ſoin de diſcuter ſi les plantes ſont ſorties toutes formées de la main du Créateur, ou ſi, ayant commencé par former les graines, il les a répandues ſur la ſurface de la terre pour y germer & y faire leurs productions ; ſi chaque graine contient en petit, non-ſeulement la plante & toutes ſes parties, mais encore toutes les autres graines dont la ſucceſſion doit à jamais reproduire & perpétuer l'eſpece.

Des Phyſiciens célebres ont tenté d'établir différents ſyſtêmes à ce ſujet, qui ne ſont & ne peuvent être que des êtres d'imagination : je m'abſtiendrai de les ſuivre dans cette élévation d'idées où je ne pourrois que m'égarer comme eux ; mais en continuant de ramper ſur la terre, tenons-nous-en à tâcher de bien examiner & de reconnoître les objets que nos ſens & l'obſervation peuvent nous faire ſaiſir.

D'ailleurs, la queſtion de ſavoir ſi le Créateur a mis ou n'a pas mis dans une graine tous les germes qui doivent ſucceſſivement reproduire la plante juſqu'à la fin du monde; cette queſtion, dis-je, comme pluſieurs autres, n'intéreſſe point nos poſſeſſions & nos jouiſſances; il nous ſuffit de ſavoir qu'une graine produit toujours une plante de la même eſpece, ou au moins du même genre.

Il eſt probable que la plante eſt formée en petit dans la graine; la vue ſimple nous en fait appercevoir les rudiments dans quelques-unes, & le microſcope nous les fait voir diſtinctement dans pluſieurs autres.

Mais chaque genre de plante ayant une forme & une organiſation différentes, il eſt tout naturel que la graine, qui en eſt alors comme l'enveloppe & l'étui, ait auſſi des formes différentes, mais conſtantes dans le même genre; & c'eſt ce que nous fait reconnoître l'obſervation ſi diſtinctement & ſi ſûrement, qu'il nous eſt aiſé de juger, à l'inſpection d'une graine, quelle eſt la plante qui l'a produite, & conſéquemment celle qu'elle produira.

Tout Botaniſte exercé dans ce genre d'obſervation, ne s'y trompe pas; il n'y a pas même de Jardinier, quelqu'ignorant qu'il ſoit d'ailleurs, qui ne reconnoiſſe, au premier coup d'œil, les graines de ſes plantes potageres.

La forme des graines eſt ſi variée dans les différents genres, mais ſi ſemblable & ſi conſtante dans le même, que Tournefort & pluſieurs autres en ont pris les caracteres diſtinctifs des plantes.

Les graines en général different, non-ſeulement par leurs formes, mais par leurs enveloppes qui ſont très-différentes ; les unes ſont recouvertes d'une boîte ligneuſe & dure, qu'on appelle noyau, telles que la prune, la pêche, l'abricot, la ceriſe, &c. ; d'autres ſont recouvertes d'une enveloppe coriacée, telles que le gland, la châtaigne, la poire, la pomme, l'orange, &c. ; on les nomme pepins : d'autres, & c'eſt le plus grand nombre, ne ſont recouvertes que d'une pellicule ou membrane plus ou moins épaiſſe, telles que les graines de cytiſe, de colutæa, de pois, de feves, &c.

Enfin, telles autres graines paroiſſent être dans des boîtes pierreuſes ou oſſeuſes, très-dures, telles que celles de l'épine, du neflier, &c.

La forme des graines varie encore plus que leur formation ; parmi celles qui ſont ligneuſes, & qu'on appelle à noyau, les unes ſont rondes & liſſes, telles que celles de la ceriſe ; d'autres ſont ovales & applaties, telles que celles de l'abricot : il y en a qui ſont allongées & terminées en pointe, telles que celles de l'amande ; d'autres ovales, telles que celles de l'olive ; il y en a de ſillonnées, de ſtriées, remplies de cavités, telles que celles de la pêche : pluſieurs ne contiennent qu'une ſeule amande ; d'autres en contiennent pluſieurs, telles que l'olivier, le laurier ; d'autres ont des formes irrégulieres, telles que les épines.

Parmi les graines coriacées, il y a beaucoup de variétés pour les formes; les unes ſont en larmes, comme au poirier, au pommier, à l'aliſier, &c.; d'autres ſont ovales, comme le gland; d'autres triangulaires, comme la faine; d'autres de forme demi-ronde ou applatie, comme au châtaigner.

Les graines recouvertes de membranes ſe font encore plus diſtinguer par leurs variétés; les unes ont une forme réguliere, d'autres très-irréguliere; elles varient beaucoup par leurs couleurs; il y en a de blanches, de jaunes, de brunes, de rouges, de noires; il y en a d'odorantes, d'autres ne le ſont pas; il y en a de dures, d'autres ſont tendres; il y en a d'aſſez groſſes, d'autres très-menues; il y en a nommées *véſiculaires*, qui ſont renfermées dans d'aſſez groſſes veſſies, comme au ſtaphyllodendron & au colutæa.

Les enveloppes des graines varient auſſi ſelon les différents genres de plantes; outre les différences générales d'enveloppes ligneuſes, charnues, coriacées, membraneuſes, ces enveloppes ſont de nature & de forme très-différentes. Les fruits à boîte ligneuſe ſont recouverts d'une pulpe plus ou moins ſucculente, comme au pêcher, au prunier, à l'abricotier, &c., ou ſeulement d'un brou, comme à la noix, à l'amande.

Il y a encore bien plus de variété dans les enveloppes des graines coriacées : les unes ſont comme nues, raſſemblées par bouquets dans certains genres, iſolées dans d'autres, renfermées dans des coſſes, ou ſiliques, ou capſules, plus ou moins longues, plus ou moins applaties; d'autres ſont contenues dans des membranes accouplées & aîlées, comme au frêne, à l'érable, &c.; d'autres aîlées de même ſont renfermées ſous des écailles, comme au pin; d'autres ſont munies d'aigrettes ſoyeuſes, comme au platane.

La Nature n'a pourvu d'aîles & d'aigrettes ces ſortes de graines que pour être tranſportées & diſſéminées au loin par les vents, parce qu'apparemment elles germeroient & réuſſiroient mal, ſi elles tomboient comme les autres ſous l'arbre qui les a produites.

C'eſt ſans doute pour la même raiſon que quelques graines, comme les belſamines, qui ne ſont pourvues ni d'aîles ni d'aigrettes, ſont renfermées dans des capſules qui éprouvent en s'ouvrant une force de reſſort très-marquée, qui lance & fait ſauter aſſez loin les graines qui pour lors ont acquis leur maturité : ces opérations conſtantes & merveilleuſes ſont bien dignes de notre admiration.

Je n'entreprendrai point ici d'entrer dans le détail de toutes ces différences, dont l'énumération peut faire l'objet d'un Traité particulier; ceux qui voudront pouſſer plus loin leurs connoiſſances à ce ſujet, pourront avoir recours aux Traités de Botanique, dont les Auteurs ſe ſont particuliérement adonnés à l'obſervation des graines : nous avons déja donné pluſieurs détails à ce ſujet dans notre premier Volume.

Notre objet principal étant d'examiner ici la formation des graines & le développement du germe, nous nous en tiendrons à ſuivre cet examen qui, quoique plus utile, a été moins approfondi juſqu'ici.

CHAPITRE X.

De la maturité des Graines.

APRÈS avoir pris une idée de la nature & des différentes formes des graines, paſſons à un examen plus eſſentiel & plus utile; c'eſt celui qui peut conſtater leur bonté & leur maturité, puiſque c'eſt d'où dépend principalement le ſuccès des ſemis.

Quand un fruit bien conditionné tombe de lui-même, on peut être aſſuré que les ſemences qu'il renferme ſont mûres. Je dis bien conditionné; car il y a des accidents, tels que la piqûre d'un inſecte, qui précipitent, qui occaſionnent une fauſſe maturité : quand un fruit tombe avant le temps qui doit la lui donner, les ſemences de ces ſortes de fruits ne valent rien, parce que le germe a avorté.

Les ſemences les meilleures ſont celles dont les fruits ont acquis la plus parfaite maturité, fuſſent-ils pourris, aux fruits ſucculents, comme les melons, les poires, les pommes, &c., ou deſſéchés, comme aux capſulaires, les pois, les feves, aux ébéniers, arbres de Judée, &c.

L'expérience prouve que les pepins des fruits ſucculents levent très-bien, lors même que ces fruits ont été deſſéchés au ſoleil; c'eſt ainſi qu'on s'eſt procuré des eſpeces de vignes & de figuiers, en ſemant les pepins pris dans les fruits ſecs qui nous viennent de l'étranger.

J'ai ſemé des pepins de poires ſéchées au ſoleil, qui ont bien levé; je ſeme, depuis pluſieurs années, des amandes & des avelines qui nous viennent des pays méridionaux, où on eſt dans l'uſage d'expoſer au ſoleil ces fruits pour les faire ſécher, dans la vue de les conſerver plus long-temps; ils ont toujours très-bien germé & levé, & m'ont donné des amandes à fruit doux & bois tendre, & des avelines auſſi groſſes & auſſi bonnes que celles qui nous viennent des pays lointains. Cette pratique, peu connue, ne ſera pas inutile aux Cultivateurs qui voudront en faire uſage.

J'ai dit que les fruits qui tombent en maturité & même pourris donnent les ſemences les plus parfaites; mais celles qu'on tire des fruits qu'on a cueillis ne laiſſent pas de bien germer & produire, pourvu que les germes aient eu le temps de ſe bien former; quoiqu'on ait prévenu la chûte des fruits, en les cueillant lorſqu'ils ſont en maturité, les graines n'en ſont pas moins bonnes; mais il n'en ſeroit pas de même ſi on les cueilloit trop tôt.

Si on n'envisageoit que la récolte des graines, il n'y auroit pas d'inconvénient à laiſſer tomber naturellement les fruits; mais, outre que nous voulons profiter de ceux qui flattent notre goût, & qui ſont partie de la nourriture en pluſieurs Pays, il y en a dont les graines ſont ſi fines qu'il ſeroit très-difficile de les ramasser, si séparées de leurs enveloppes, elles étoient tombées par terre; d'ailleurs, comme elles y germeroient bientôt, elles périroient, à moins qu'on ne les mît aussi-tôt en terre, encore y en a-t-il toujours beaucoup qui ne réussissent pas.

Il y a des fruits, comme les nefles, les épines, les cerises, &c. qui se dessechent & pourrissent sans se détacher des arbres; il arrive souvent même que la pulpe des cerises ayant été mangée par les oiseaux, le noyau reste, avec son pédicule, attaché à l'arbre: j'ai éprouvé que ces noyaux levent aussi bien que les autres.

Ordinairement les noix, les marrons, les châtaignes, les glands, les noisettes, les faines, &c. tombent des arbres avec leur brou; mais souvent ils s'en détachent & tombent seuls, & leurs semences n'en sont que plus parfaites lorsqu'elles quittent naturellement ce brou.

Beaucoup de fruits capsulaires, tels que ceux du fusain, s'ouvrent & laissent tomber leurs semences, qui sont alors parfaitement mûres; d'autres fruits capsulaires ou vessiculaires se dessechent & conservent leurs semences dans leur intérieur; quand à leur ouverture, on trouve que leurs graines n'y sont plus adhérentes, on est assuré de leur maturité.

Parmi les fruits siliqueux, il y en a, tels que les genets, les cytises, &c., qui s'ouvrent & répandent leurs semences: mais il y en a d'autres, tels que ceux des guaîniers, dont les panneaux restent attachés aux arbres & demeurent fermés. On ne peut juger de la maturité de ces semences que par la bonne conformation des siliques, & lorsqu'elles se dessechent : l'examen de ces semences acheve d'assurer leur parfaite maturité ; elles sont dans cet état lorsqu'on reconnoît qu'elles sont bien formées, bien remplies, que les enveloppes sont bien tendues & non ridées, marque très-distinctive de leur défaut de croissance ; on peut s'en assurer encore, en les ouvrant & examinant si leurs lobes sont bien formés & bien nourris.

Ceux qui ne veulent faire usage que de semences parfaites, ont un moyen certain de s'en assurer ; c'est de jetter les graines dans un vase rempli d'eau ; celles qui se précipitent au fond du vase sont très-bonnes : il n'en est pas de même de celles qui surnagent. Cette épreuve est rigoureuse, je ne la conseille qu'à ceux qui ont peu de terrain & beaucoup de semences ; car j'ai éprouvé que parmi les graines qui sont restées sur l'eau, il y en a eu beaucoup qui ont bien germé & prospéré.

On sent d'ailleurs que cette épreuve ne peut avoir lieu sur les graines accompagnées de membranes aîlées ou d'aigrettes.

Quant aux arbres côniferes, tels que les pins, les sapins, melezes, &c., il n'est pas aisé de s'assurer du temps de la maturité de leurs semences ; on court risque de s'y tromper avant ou après leur chûte.

La chaleur du Printemps fait ouvrir les écailles des cônes, & les aîles qui accompagnent chaque graine donnent prise aux vents qui les emportent & les font voler quelquefois assez loin : ce seroit là le vrai temps à saisir, comme nous le verrons au Chapitre suivant.

Mais après que ces écailles ouvertes par l'effet de la chaleur, ont laissé échapper les semences, elles se referment par l'effet de l'humidité de la nuit ou de la pluie, & il ne paroît plus que les cônes aient été ouverts ; de sorte qu'on peut les croire remplis de graines, quoiqu'il n'y en reste plus : c'est ce qui a souvent trompé ceux qui ne sont pas au fait de cette opération de la Nature.

Il est mieux de laisser les graines dans leurs siliques ou capsules après les avoir récoltées ; elles s'y conservent & même s'y perfectionnent, sur-tout lorsqu'elles ont été séparées de la plante avant leur parfaite maturité : ainsi quand on est obligé de cueillir des fruits qui ont encore de la verdeur, il ne faut pas en tirer alors les semences, il vaut mieux les laisser achever de se perfectionner dans leurs propres enveloppes : cette précaution n'a qu'un meilleur effet, en déposant les graines dans un endroit frais, ou même dans du sable ; mais il ne faut pas qu'il y ait trop d'humidité qui feroit germer les graines.

Toute graine piquée des vers est à rejeter ; ce n'est pas qu'il n'y ait plusieurs de ces graines qui germent & levent assez bien, parce que le ver n'a souvent attaqué que le corps farineux, & que le germe s'est conservé sain & entier ; mais il souffre beaucoup dans son développement du dérangement d'organiſation qui s'eſt fait dans les lobes ; ce qui influe ſur la vigueur de la plante : c'eſt ce qui ſera mieux expliqué dans la ſuite.

Il faut donc avoir attention de ne récolter les graines qu'après leur parfaite maturité ; il faut de plus ſaiſir des circonſtances favorables : c'eſt ce qui va faire l'objet du Chapitre ſuivant.

CHAPITRE XI.

De la récolte des Graines.

IL faut, autant qu'il eſt poſſible, choiſir un temps ſerein & ſec pour faire la récolte des fruits & des graines ; mais comme c'eſt pendant l'Automne que ſe fait, en grande partie, cette récolte, & que les jours ne ſont plus ni ſi chauds, ni ſi ſereins qu'en Eté, il eſt mieux de ne ſe mettre à ce travail que vers le milieu de la journée, parce que les fruits en général, cueillis dans un temps humide, ſont d'une mauvaiſe conſervation.

Si on veut avoir de bonnes graines, il faut avoir ſoin de ne laiſſer que peu de fleurs ſur la plante dont on veut ſe procurer des graines.

Il eſt aiſé de recueillir les fruits qui ont un certain volume ; mais il n'en eſt pas de même de ceux qui ſont menus : les premiers, tels que les pommes, les marrons, les glands,

&c. peuvent être ramassés à la main, soit qu'ils soient tombés d'eux-mêmes, soit qu'on les ait abattus en secouant les branches avec de longues perches ; c'est ordinairement l'ouvrage des femmes & des enfants, qui en remplissent des corbeilles pour les transporter au magasin.

Quant à la récolte des autres fruits plus menus, tels que ceux des hêtres, du micocoulier, des cedres & genevriers, &c., il faut avoir la précaution de nettoyer avec des rateaux & des rameaux le terrain qui avoisine l'arbre, pour le purger des feuilles, branches & autres ordures.

Quand le terrain est ainsi nettoyé, on apperçoit mieux les faines dont on forme des tas avec le balai, lorsqu'elles sont tombées ; on ramasse aussi de cette façon la graine d'orme.

Dans les bois où il y a des sangliers & des bêtes fauves, on ne feroit qu'une récolte bien imparfaite de glands, de châtaignes & de faines, si on ne comptoit que sur ce qu'on en peut ramasser sous les arbres après la chûte naturelle de ces fruits : ces animaux toujours plus vigilants & plus matineux que ceux qu'on a chargés de les recueillir, ont soin d'en faire curée, & savent bien choisir de préférence les fruits les plus pleins & les mieux conditionnés.

Il faut donc, pour s'assurer d'une bonne récolte de ces fruits, les faire tomber par un beau jour, soit en montant dans les arbres pour en secouer les branches, soit en les frappant

pant avec des perches, de maniere cependant à ne pas meurtrir & endommager les fruits que l'on ramasse sur le champ, ayant pris, comme nous l'avons dit, la précaution de nettoyer auparavant la place : c'est ainsi qu'on récolte les noix, les poires & les pommes dont on fait le cidre; mais comme ces fruits se ramassent à la main, il n'est pas besoin de prendre de précautions.

A l'égard des semences membraneuses & aîlées, telles que celles du frêne, du charme, de l'érable, &c., il seroit difficile de les ramasser à terre, parce qu'elles sont menues, & que le vent les porte de côté & d'autre, quelquefois assez loin; on ne peut gueres se dispenser de les cueillir sur les arbres.

Les semences des bouleaux, des saules, des peupliers & des aunes, étant bien plus menues, sont encore plus difficiles à récolter; elles viennent à l'extrêmité des plus petites branches, ou élevées au sommet de l'arbre, ou assez écartées du tronc pour qu'on ait peine à les atteindre; heureusement que ces branches étant flexibles, on peut les abattre & les plier pour pouvoir en recueillir les graines : l'opération pénible & minutieuse qu'on est obligé de faire pour récolter ces sortes de graines, est rarement couronnée par le succès, parce que si on attend que ces semences soient bien mûres, les secousses les détachent, & elles se répandent par terre; si on les recueille avant leur maturité, elles ne levent pas.

Mais ces semences réussissent à merveilles,

quand elles tombent & se sement d'elles-mêmes, c'est pourquoi si on veut avoir beaucoup de jeune plant de ces especes d'arbres, il n'y a rien de mieux à faire que de labourer le terrain qui en est à portée, ou bien de faire apporter des terres meubles dessous & autour de ces arbres; on peut être assuré que l'année suivante, on verra paroître beaucoup de jeune plant.

On ne peut que cueillir à la main toutes les graines à silique & à capsule; le temps de faire cette récolte, est lorsqu'on remarque qu'il y en a déja plusieurs d'ouvertes.

Les baies se cueillent aussi à la main, ou s'il y en a une grande quantité, on étend sous les arbres un drap, & on frappe sur les branches avec une perche pour en faire tomber les graines; c'est ainsi qu'on peut récolter les baies de cedres, de genievres, de mûrier, d'épine, d'azerolier, &c.

La récolte des semences des arbres cônifères, comme les pins, les sapins, les melezes, les cedres du Liban, les cyprès, est la plus difficile, comme nous l'avons déja dit. Il faut cueillir les cônes à la main, opération pénible, parce qu'ils sont à l'extrêmité des menues branches; on est obligé de monter le long du tronc pour couper & faire tomber les cônes avec un fer en croissant, amanché, pour cet effet, au bout d'une perche; ou si les arbres ne sont pas encore bien élevés, on se sert d'une échelle double, comme celle avec laquelle on cueille d'autres fruits, en tournant autour des arbres.

La récolte de ces cônes se fait au mois de Mars ; mais comme il y en a qui restent plusieurs années sur les arbres, après avoir répandu leurs semences, il est important de savoir distinguer ceux qui contiennent les semences d'avec ceux qui en sont vuides ; ce qui n'est pas aisé à voir à la seule inspection des cônes ; car ceux que la chaleur a fait ouvrir, & qui ont répandu leurs semences, se referment lorsqu'il vient de l'humidité, & ils sont alors semblables à ceux qui ne se sont point ouverts : on pourroit cependant, en y faisant attention, les discerner à la couleur ; mais le plus sûr moyen de distinguer les cônes qui sont pleins d'avec ceux qui sont vuides, est de remarquer la place qu'ils occupent sur les arbres.

Les cônes pleins sont à l'extrêmité des branches, à l'endroit où la nouvelle pousse commence ; au lieu que les cônes vuides sont plus bas ; à la partie de la branche produite deux ans auparavant, les pousses de différentes années se distinguent aisément, par un nœud qui est à la branche & par les branches latérales : d'après ce renseignement, il sera facile de ne se pas méprendre dans la récolte des cônes.

CHAPITRE XII.

De la préparation des Graines.

IL y a des femences que l'on feme telles qu'on les a récoltées ; d'autres exigent des préparations pour les conferver jufqu'à ce qu'on les mette en terre & pour en faciliter la germination.

La Nature dans fes opérations n'a pas befoin de ces préparations, parce que les femences, en fe détachant de la plante, vont fe répandre en terre; leurs enveloppes, encore fraîches, y pourriffent, & elles fe trouvent dégagées de tout ce qui pourroit nuire à la germination : ainfi fe font naturellement les opérations dont nous allons parler.

Les glands, les marrons, les faines, les noix fe détachent d'elles-mêmes, ou du moins très-aifément de leur brou quand elles font bien mûres. Ces fruits n'exigent aucune préparation avant leur plantation. Il n'en eft pas de même des fruits à filique & à capfule ; plufieurs tombent d'eux-mêmes, après l'ouverture de la capfule qui fe fait fur la plante ; mais comme on eft obligé de les cueillir avant que la capfule s'ouvre, fans quoi les graines feroient perdues, pour lors elles ne s'ouvriroient plus d'elles-mêmes, fi on n'ufoit pas des moyens néceffaires pour cet effet.

Quelques-unes s'ouvrent en les expofant au foleil fur des linges pour recevoir les graines qui s'en détachent ; d'autres exigent des frottements quelquefois même considérables ; il faut les battre avec des bâtons ou des fléaux pour en faire sortir la graine ; enfin, d'autres encore moins disposées à s'ouvrir, telles que les siliques du gaînier, exigent qu'on les déchire avec les doigts pour en retirer les semences.

Il y a d'autres capsules qui restent toujours fermées ; elles sont seches, minces ; on en fait aisément sortir les semences, en les froissant entre les mains : on vanne ensuite ou on épluche ces semences.

Les noyaux, pour la plupart, se détachent facilement de leur chair ; on peut les en retirer aisément dans les fruits de ce genre ; mais il n'en est pas de même des pepins dans les poires & les pommes ; on ne peut les en retirer qu'en disséquant ces fruits avec précaution, ou en les laissant tomber en pourriture : heureusement on n'est pas obligé de prendre cette peine, quand il s'agit de faire de grands semis, & qu'on ne s'embarrasse pas de semer des especes choisies.

Pour avoir facilement & abondamment des pepins de poires & de pommes, on fait sécher le marc qui sort du pressoir, & on le fait cribler sur un drap ; les pepins s'en séparent & passent au travers du crible.

Ceux qui sont en Normandie de grands semis de ces pepins, abregent encore l'opération ; ils se contentent de répandre sur la terre, bien préparée, le marc tel qu'il est au sortir du pressoir. Ils ont cependant soin d'en séparer & disséminer les parties avec des rateaux de fer, & ils hersent bien le champ : les pepins se trouvent suffisamment recouverts ; ils germent & levent très-bien, & le champ se trouve couvert de jeunes plants, qu'ils arrachent & vendent pour mettre en pepiniere, lorsqu'ils ont atteint la hauteur d'environ deux pieds.

Cette pratique plus expéditive n'en est que meilleure, parce que le marc qui se pourrit en terre forme un fumier utile à la germination de ces plantes.

C'est pourquoi, comme le prouve l'expérience, on ne voit que mieux réussir, en les mettant en terre avec leur chair, les baies d'azerolier, de genievre, de sureau, de sorbier, de mahaleb, de padus, de jasmin, &c.

Mais lorsqu'on veut garder ces semences ou qu'on veut les envoyer dans le pays étranger, on peut faire sécher au soleil les fruits qui sont peu charnus, & laisser pourrir ceux qui ont plus de suc, pour retirer ensuite les semences en les lavant dans l'eau.

Si on a besoin de retirer beaucoup de semences de fruits très-succulents, tels que sont les cerises, les framboises, les fraises, les mûres, les baies d'obier, de phitolacea, &c., on écrase ces fruits, on lave ensuite le marc dans plusieurs eaux, le suc & la chair se mêlent avec l'eau, & les semences se précipitent au fond ; alors on verse par inclination & peu à peu l'eau qui est chargée de la pulpe, dont on veut se débarrasser, on remet de nouvelle eau sur les semences, & on continue ces lotions jusqu'à ce que les semences paroissent tout à fait nettes ; alors on les fait ressuyer sur un linge en plusieurs doubles, & quand elles sont bien seches, elles sont en état d'être conservées plus ou moins de temps selon leur espece : mais il faut bien se garder, lorsqu'on a écrasé ces fruits, de laisser, pendant plusieurs heures, les semences dans le jus & la pulpe, dont la fermentation altéreroit & feroit périr les germes.

J'ai éprouvé en faisant du vin de cerises, que tous les noyaux que j'avois laissés dans le marc & le jus, tandis qu'il fermentoit, en furent si altérés qu'aucun de ceux que je mis en terre ne germa, parce que sans doute le germe avoit été brûlé pendant la fermentation de la liqueur.

On seroit fort embarrassé pour retirer les graines des cônes des pins, des sapins, des melezes, des cyprès, &c., si l'on n'étoit prévenu que cette opération ne peut se faire que par le moyen de la chaleur qui fait ouvrir les écailles de ces cônes ; on y parvient aisément en les mettant dans des caisses exposées au soleil, les écailles s'ouvrent, & les semences tombent au fond des caisses.

Au défaut du soleil, pendant l'Hiver, j'ai fait ouvrir les écailles des cônes, en les mettant devant le feu d'une cheminée, ou mieux sur un poële modérément chaud ; d'autres les mettent dans le four, après qu'on en a retiré le pain : mais ces moyens sont dangereux lorsque la chaleur est trop vive ; on court risque d'altérer le germe, si l'on n'use pas de beaucoup de précaution, & les graines ne levent pas.

Lorſque les écailles ſont ſuffiſamment ouvertes, il n'eſt queſtion que de renverſer les cônes la pointe en bas, & en les ſecouant ou frappant ſur une table, on voit les ſemences ſe détacher & tomber ; on froiſſe enſuite les ſemences entre les mains pour en ſéparer les aîles membraneuſes, qui ne font qu'embarraſſer quand on les ſeme.

Il faut pareillement détruire le duvet qui accompagne les ſemences du platane ; car comme ces ſemences ſont fines, ce duvet retient l'humidité & les fait moiſir ; de plus, ce duvet empêche que la graine ſoit bien enveloppée par la terre, & qu'elle n'y touche immédiatement ; article eſſentiel, dont nous parlerons plus amplement dans un Chapitre particulier.

On prévient ces inconvénients très-nuiſibles, en froiſſant entre les mains ces ſemences mêlées avec de la terre ſeche & du ſable : on en uſe de même à l'égard de toutes les graines à duvet & à aigrettes.

Quand on opere en grand, on vanne, & enſuite on crible les graines qu'on a battues au fléau pour les tirer de leurs ſiliques ou de leurs capſules. Ces deux opérations ſont connues de tout le monde : au moyen de la premiere, on les débarraſſe de la pouſſiere & des pailles qui y ſont ; la ſeconde ſert à les purger d'autres petites graines avec leſquelles elles ſe trouvent mêlées, qui produiroient des herbes & des plantes étrangeres nuiſibles aux ſemis.

CHAPITRE XIII.

De la conservation des Graines.

CE que nous allons dire de la conservation des graines seroit assez inutile si les circonstances & les convenances permettoient toujours de les semer aussi-tôt qu'elles ont acquis leur parfaite maturité; elles tombent alors en terre pour y germer & perpétuer leur espece & remplir le vœu de la Nature : nous n'avons rien de mieux à faire que de l'épier dans ses opérations & les imiter autant qu'il nous est possible.

Si nous n'étions donc pas arrêtés par d'autres considérations, par d'autres convenances, il n'y auroit point de meilleur temps à saisir, pour semer chaque espece de graine, que celui où nous la voyons, après sa maturité, se séparer de la plante & tomber à terre ; voilà le précepte le plus sûr, puisque c'est la Nature elle-même qui nous l'indique, & que c'est ainsi qu'elle sait reproduire & perpétuer les especes, sans le secours de la main des hommes.

Il est vrai que le terrain mal préparé sur lequel tombent ces graines, rarement recouvertes d'une quantité suffisante de terre, fait qu'il n'en réussit que la plus petite partie ; événement prévu sans doute, puisque la grande quantité de graine que produit chaque plante seroit plus que suffisante pour couvrir par fucceffion toute la furface de la terre, fi toutes venoient à bien.

Il y auroit bien de l'embarras & des inconvénients pour les Cultivateurs, s'il falloit fuivre ftrictement cette marche de la Nature, de femer les graines auffi-tôt qu'elles font mûres; mais heureufement il eft permis de s'en écarter.

A l'exception d'un très-petit nombre de graines, toutes peuvent fe conferver plus ou moins de temps felon les efpeces, fans que le germe en foit altéré; on éprouve même qu'il y en a qui ne réuffiffent que mieux lorfqu'elles font gardées plufieurs années, telles que les graines de choux-fleurs, celles de melons, &c. Les premieres peuvent fe conferver en bon état pendant dix années; & on m'a affuré que les dernieres, récoltées depuis vingt ans, ont très-bien réuffi.

Mais il y a des femences qui, au bout de deux ou trois ans, font incapables de germer; d'autres exigent d'être mifes en terre la même année qu'elles ont été recueillies; quelques-unes même veulent être femées immédiatement après leur maturité, telle que la fraxinelle, l'angélique; telles font encore les graines de fufain d'Amérique, & autres qui ont une pulpe très-fine: fi on les tient dans un lieu fec, la pulpe fe grégit en peu de temps, & la plupart font incapables de germer; au lieu qu'elles levent prefque toutes quand on les feme lorfque leurs capfules font ouvertes; il en eft de même des femences de jafmin, & fur-tout de celui à fleurs jaunes, nommé jasmin jonquille ; je n'ai vu manquer presqu'aucune semence, en la mettant en terre aussi-tôt après l'avoir cueillie en maturité ; mais elles ne tardent pas à se grégir au bout de quelque temps, & pour lors elles ne levent plus.

C'est pour cela qu'il est difficile de se procurer ces sortes de plantes par des semences tirées d'ailleurs, & qu'elles se multiplient abondamment quand les semences se répandent d'elles-mêmes.

Il y a cependant des moyens de conserver, au moins pendant quelque temps, ces sortes de graines ; nous les indiquerons.

On peut distinguer les graines en huileuses, farineuses & résineuses. Les graines huileuses, telles que les noix, les amandes, la faine, le lin, la rabette, &c. germent promptement, & elles se vuident quand on les conserve dans un lieu humide ; un lieu chaud ne leur est pas moins préjudiciable, parce que la chaleur fait rancir l'huile qu'elles contiennent. Il faut donc éviter l'humidité & la chaleur, l'une & l'autre étant contraires à leur conservation.

Les graines farineuses, telles que le gland, le marron, les pois, le bled, &c. germent & se moisissent dans les lieux humides ; & elle se dessechent dans les lieux chauds. Ce sont les lieux frais & secs qui sont en général les plus propres pour leur conservation. Les graines résineuses se conservent bien dans leurs cônes ; un peu d'humidité ne leur est pas aussi préjudiciable qu'aux autres semences, parce que la résine dont ces cônes sont remplis, empêche qu'elle ne pénetre jusqu'à l'amande ; mais la chaleur est très-contraire à leur conservation, parce qu'elle desseche la résine qui les environne, & qu'elle fait ouvrir les cônes qui répandent leur graine.

Parmi les semences huileuses, ainsi qu'entre les farineuses, il y en a qui s'alterent bien plutôt que d'autres ; les noix, les amandes se conservent assez long-temps en bon état ; il n'en est pas de même des glands & des châtaignes.

Les semences, & sur-tout celles qui sont fines, se conservent mieux dans leurs enveloppes naturelles que quand on les en a tirées.

On conserve assez bien les graines enveloppées dans du papier ; le plus gros est le meilleur : mais l'expérience prouve qu'il n'y a point de meilleure méthode pour la conservation des semences d'une certaine grosseur, que de les mettre dans du sable bien sec ; ce sable, se chargeant de l'humidité qui s'échappe des semences, ainsi que de celle de l'air, empêche qu'elles ne se moisissent, & s'oppose à la trop grande dissipation de cette humidité, qui desseche les semences.

On conserve aussi très-bien certains fruits dans le sable sec, tels que les oranges, les citrons, les pommes, les poires qui se dessechent & se fanent, si on les met dans un lieu chaud, & moisissent & pourrissent si on les dépose dans un lieu humide : mais lorsqu'on enveloppe ces fruits de sable sec ou de cendres tamisées, ils se conservent long-temps en bon état dans un lieu qui n'est ni trop chaud ni trop humide; d'ailleurs ce moyen contribue à les préserver de la gelée : j'en ai conservé très-long-temps en les arrangeant ainsi par lits de sable dans des tonneaux ou dans des caisses.

Mais ce moyen s'est trouvé insuffisant pour la conservation des fruits à baies, tels que ceux du laurier, du genievre, de l'obier, du magnolia, &c.

Si on envoie dans des pays lointains ces sortes de semences, il faut les semer par lits de terre fraîche dans des caisses, ou mieux encore de faire lever des gazons assez minces & dont l'herbe soit courte, de répandre sur l'herbe d'un de ces gazons les semences qu'on veut envoyer & de le recouvrir d'un autre, en mettant l'herbe de ces deux gazons l'une contre l'autre; les semences arrivent ainsi germées ou germantes; & en les mettant sur le champ en terre, elles ne tardent pas à lever.

Mais ces moyens ne sont gueres praticables que lorsque le navire doit arriver à un port voisin du lieu que l'on habite; car les caisses devenues très-pésantes coûteroient beaucoup de port en venant par terre, & de plus le mouvement des voitures, en agitant la terre ou les gazons, dérange les graines & rompt les germes; ainsi dans le cas d'un long transport par charrois, il vaut mieux pour conserver des semences précieuses, les répandre par lits dans de la mousse seche, bien arrangée & entaſſée dans des caiſſes goudronnées en dehors pour empêcher les rats de les percer : c'eſt ainſi que l'on conſerve aſſez long-temps les ſemences à baies, les cônes des arbres réſineux & les noyaux de pluſieurs fruits.

On a eſſayé de recouvrir avec de la cire ou du vernis les noyaux qu'on ſe propoſoit d'envoyer au loin ; mais ce moyen n'a point réuſſi ; les amandes ſont arrivées preſque toujours gâtées : il y a apparence que l'humidité des amandes, retenue par le vernis, ne pouvant ſe diſſiper, les fait moiſir.

Il y a des ſemences qui ne ſont pas long-temps à lever ; d'autres ne levent que la ſeconde & quelquefois même la troiſieme année : nous en parlerons.

De plus, l'expérience prouve que dans certaines circonſtances, les ſemences reſtent long-temps en terre ſans lever & ſans perdre néanmoins la propriété de germer.

Quand on fait des fouilles dans les endroits où il y a eu anciennement des terres rapportées, on voit qu'où on répand ces terres, il paroît une quantité de plantes d'eſpeces qui n'y étoient point auparavant ; ce qui prouve que les ſemences s'étoient conſervées dans la terre pendant un nombre d'années ; apparemment qu'à la profondeur où elles étoient, elles avoient manqué du dégré de chaleur & de l'air néceſſaire à leur germination ; & qu'elles étoient dans un lieu aſſez frais pour les empêcher de fermenter & de ſe deſſécher ; mais il n'en eſt pas de même de toute espece de semences, toutes ne se prêtent pas à une aussi longue conservation.

Voilà les précautions à prendre pour les semences que l'on envoie des pays étrangers : celles que l'on a récoltées & que l'on se propose de ne semer qu'au Printemps, exigent aussi des attentions pendant l'Hiver pour les conserver en bon état.

La plupart des semences seches se conservent très-bien dans des papiers pendant l'Hiver ; il n'est question que de les mettre dans des boîtes & dans un lieu sec, & hors de la portée des rats & autres animaux qui en sont très-friands, sur-tout de celles qui sont farineuses.

Quant aux grosses semences, telles que les noix, les amandes, les noyaux, les marrons, les glands, les faines, &c., elles moisissent dans un lieu humide, ou se dessechent dans un lieu chaud. Il y a donc des précautions à prendre pour les conserver jusqu'au Printemps; il faut les déposer dans un grenier sec; elles y ressuent d'abord, & elles exhalent une humidité qu'on fait dissiper en laissant les volets ouverts, quand l'air est sec, comme par un vent de Nord, & on a soin de les fermer quand il est humide.

Comme la transpiration qui s'échappe des semences qui se trouvent au fond du tas, se porte sur celles qui les recouvrent, il faut les remuer & les retourner de temps en temps : cette précaution seule peut suffire pour leur conservation ; mais on en sera encore plus assuré, si on les mêle avec du sable bien desséché.

Ces moyens sont bons pour ceux qui ont des emplacements commodes & suffisants ; mais ils pourroient devenir embarrassants & même impraticables pour ceux qui, n'ayant que peu de place, auroient une grande quantité de ces semences à serrer & à retourner : dans ce cas, on peut remédier à l'insuffisance où l'on se trouve, en les mettant dans des fosses. On choisit pour cet effet un endroit élevé & où le terrain soit le plus sec ; on y fait creuser une ou plusieurs fosses de quatre à cinq pieds de profondeur, on y dépose le gland mêlé par lits avec du sable sec ; on éleve par-dessus la terre en dos d'âne, & on la recouvre avec de la paille ou autre couverture qui empêche l'eau d'y pénétrer. Mais avant d'entasser ainsi ces semences, il faut prendre la précaution de les étendre au soleil pour les faire ressuer ; par ce moyen, les noix, les glands, les châtaignes, &c. se conservent en bon état, au moins pour la plupart, pendant l'Hiver, sans germer ; mais il faut que cette opération se fasse dans un terrain sec ; car si le terrain est humide, les semences y moisissent & pourrissent.

S'il y avoit dans le terrain où l'on fait les fosses, des taupes ou des mulots, il faudroit prendre la précaution de garnir le fond & les côtés de couches assez épaisses de feuilles de houx & de menues branches de joncs-marins bien pressés, pour empêcher, par leurs piquants, ces animaux d'y pénétrer.

On ouvre ces fosses lorsqu'on veut faire les semis, & on n'en tire de semences qu'à

sur

fur & à mesure qu'on la dépose en terre ; on s'épargne toutes ces opérations & ces peines en faisant les semis avant l'Hiver ; ce qui est toujours le mieux, lorsqu'on le peut faire.

Il y a des graines qu'on nomme osselets, telles que celles des épines, des nefliers, azeroliers, &c. qui ne levent que la seconde & quelquefois même la troisieme année. On peut accélérer la germination de ces graines, en les semant dans des cuvettes enfoncées dans une couche chaude, ou simplement en les stratifiant dans des vases par lits de terre humide, & enfonçant ces vases en terre qui les recouvre de l'épaisseur d'environ huit pouces : on trouve au Printemps ces semences germées ou germantes, & en les semant alors avec la terre qui les enveloppoit, la plupart levent très-promptement.

CHAPITRE XIV.

Des Semences.

ON va voir qu'il étoit nécessaire de prendre de justes idées des graines, des germes & de leur développement, pour se former des principes qui puissent nous guider dans la maniere de les semer, de les élever & de les faire réussir.

Pourvus de ces notions, appuyés sur ces principes, faisons-en l'application à la pratique.

Nous voulons semer des graines : quels sont les meilleurs moyens, les meilleures précautions que nous pouvons prendre pour les faire germer & croître avec le plus de succès? Faisons, pour cet effet, usage des connoissances que nous venons de prendre.

Toute graine est pourvue d'un germe qu'on peut regarder comme un composé de deux parties très-distinctes quoiqu'unies ; l'une contient les rudiments de la tige ; l'autre, ceux de la racine : nous avons dit que cette derniere doit toujours paroître & pousser la premiere, & que ce n'est que lorsqu'elle s'est enfoncée en terre & qu'elle s'est assez fortifiée pour entrer en action & pomper des sucs, qu'elle anime & fait croître l'autre partie du germe qui doit former la tige.

Nous avons reconnu que cette racine s'enfonce en terre, parce qu'elle y est attirée par l'effet de la condensation, comme il est démontré dans la seconde Partie, au Chapitre de l'Effet de la Condensation dans la terre ; mais cet effet de la condensation sera plus puissant à proportion que les parties du terrain seront mieux divisées & plus perméables à l'air de l'athmosphere. Cette considération essentielle doit d'abord nous porter à fouir le terrain le mieux & le plus profondément possible, comme nous l'avons expliqué au Chapitre des Labours.

Selon la nature des semences, selon les saisons, ou enfin selon les vues qu'on se propose, on fait les semis sur couches, dans des terrines, dans des quarrés de jardin, ou enfin dans les champs : ces différents ſemis exigent de différentes méthodes de culture & différentes pratiques, dont nous parlerons dans des Chapitres particuliers, en examinant, conſéquemment à nos principes, les attentions & les opérations les plus convenables à chacun de ces différents genres de culture : on ſait que de la préparation & de la qualité du terrain dépend, en grande partie, le ſuccès des ſemis, & les progrès ultérieurs des plantes.

S'il n'eſt pas permis de changer entiérement la nature du terrain, au moins eſt-il poſſible de la corriger, de l'amender, de l'améliorer. Comme ceci doit être regardé comme la baſe de la végétation, nous avons commencé par en faire un examen ſuivi.

On eſt forcé, pour les grands ſemis dans les champs, de prendre le terrain tel qu'il eſt ; on ne peut que le bonifier : mais on peut le changer dans les jardins ; on peut même le compoſer à volonté pour les ſemis faits ſur couche & en terrines : nous en indiquerons les moyens.

Il ne faut cependant pas croire qu'une petite maſſe de terre dans laquelle on éleve des plantes, aſſimile, identifie des poſitions différentes, ſans parler de la différence des climats, ſur laquelle n'avoit point compté un homme qui fit venir de la terre d'Afrique, dont il remplit un quarré de ſon jardin, où il planta des plantes originaires de ce pays chaud : on ſe doute bien quel en fut le ſuccès.

La même nature, la même composition de terre ne fait point les mêmes productions, quoique dans le même pays & à peu de distance : deux couches de melons, faites toutes deux du même fumier, recouvertes du même terreau, cultivées en même temps & par le même Jardinier, enfin toutes choses étant d'ailleurs égales; ces couches, dis-je, donneront des fruits très-différents en bonté, si l'une est faite dans une plaine sablonneuse & seche, & l'autre dans une vallée humide, quoique fort proche l'une de l'autre : c'est, comme nous l'avons déja dit ailleurs, l'effet d'une athmosphere différente, & conséquemment d'une différente seve aérienne.

La grosseur des semences, c'est-à-dire la force du germe, indique & décide la profondeur à laquelle elles doivent être mises en terre; il en est de grosses qui exigent d'être recouvertes de deux ou trois pouces; d'autres beaucoup moins, à proportion de leur grosseur : il en est de si menues, telles que celles de réponses & autres, qui ne réussissent jamais si bien que lorsqu'elles sont simplement répandues sur la superficie du terrain, sans les couvrir aucunement; mais il n'en est pas de même de celles qui sont plus grosses. Nous voyons les semences en général tomber & germer sur la surface du terrain; mais il semble que la Nature, qui n'a pu en cela user d'autres moyens, ait prévu les pertes qui devoient s'ensuivre, en chargeant les plantes d'une quantité de semences bien plus considérables qu'il n'en est besoin pour en perpétuer l'espece ; elle est si abondante dans ses productions qu'elle peut sacrifier cent semences aux accidents, pour une qui prospere.

Il est vrai que l'on voit les glands, les châtaignes, les marrons qui sont tombés sur la terre, y germer, s'y attacher par leur radicule qui la pénetre, & s'y enfoncer quelquefois très-profondément ; mais les gelées un peu fortes les alterent & les font périr pour la plupart ; de même que quantité d'autres semences qui restent à découvert sur la superficie de la terre ; si elles ont échappé aux rigueurs de l'Hiver, un coup de soleil ardent les desseche ; quantité d'animaux s'en nourrissent ; & de toutes les grosses semences qui tombent ainsi naturellement sur la terre, on ne voit guere réussir que celles qui, étant tombées dans les cavités du terrain, se sont trouvées recouvertes par l'effet des pluies ou autrement.

Des semis seroient bien mal fournis, si les semences qu'on y répand couroient tous ces risques : dans les forêts, les semences, surtout celles qui ne sont pas grosses, se trouvent recouvertes par la mousse ou les feuilles qui tombent des arbres, de maniere à pouvoir y être conservées & réussir.

Dans les terres fortes, les semences doivent être placées plus près de la superficie que dans celles qui sont légeres ; dans les terres de qualité moyenne, il suffit que les grosses semences soient recouvertes d'environ trois pouces de terre.

Les terres légeres sont les plus convenables pour les semis des graines fines ; mais les terres plus fortes sont préférables pour les grosses semences.

Un des grands inconvénients pour la réussite des semences, est quand il se forme à la superficie de la terre une croûte seche & dure qui empêche la jeune tige de percer, ou qui, quand elle est sortie de terre, la serre, la meurtrit & y occasionne des chancres.

Les semences très-fines ne peuvent pas être semées trop près de la superficie de la terre : les semences d'aune, de saule, de peuplier, de bouleau, &c. qui se répandent d'elles-mêmes sur le terrain, y levent à merveilles.

Pour que la graine d'orme réussisse, il la faut répandre fort épais sur la terre, & ne la recouvrir que d'une couche très-mince de terreau léger ; si le temps est sec, elle ne réussira pas, à moins qu'on ne l'arrose fréquemment.

Quant aux grands semis, nous dirons comment on peut enterrer les grosses semences avec la charrue que l'on fait peu piquer pour ne former qu'un labour superficiel.

On peut répandre les semences de moyenne grosseur sur le guéret & les enterrer à la herse. On se contente de semer les graines très-fines sur le guéret hersé, & on les enterre ensuite avec des brossailles qu'on traîne sur la terre, ensorte qu'elles en soient très-peu recouvertes.

Il est vrai que dans les années seches, ces

ſemis pourront bien manquer, parce qu'il n'eſt pas poſſible d'arroſer dans les grands ſemis dont nous parlons : mais il vaut mieux courir ces riſques que de mettre les ſemences dans une poſition où certainement elles ne levroient pas.

J'ai vu pratiquer avec ſuccès une méthode pour les grands ſemis ; elle prévient le deſſéchement des ſemences, & on ſe trouve dédommagé des frais de labours : c'eſt de ſemer en même temps que les ſemences d'arbres, de l'orge ou de l'avoine, dont l'herbe empêche l'action de l'ardeur du ſoleil, & retient la roſée ; les jeunes plantes s'élevent à la faveur de cet ombrage : il faut ſeulement obſerver de ſemer clair & de faucher moins près de terre qu'on ne fait ordinairement.

On a pratiqué une autre eſpece de ſemis dont l'idée ſeule indique le bon effet : ſur le champ préparé, on ſeme trois rangées d'orge ou d'avoine, enſuite deux rangées ou de glands, ou de châtaignes, ou de pins, &c., enſuite trois rangées d'avoine, & ainſi de ſuite dans toute l'étendue du champ : l'avoine forme une ombre très-utile aux jeunes plantes qui réuſſiſſent ainſi dans les années les plus ſeches.

On voit que la groſſeur des ſemences doit déterminer à ſemer les unes plus avant en terre que les autres ; ce que la nature du terrain doit auſſi faire varier.

On doit ſemer plus avant dans les terres légeres & ſablonneuſes que dans les fortes & argilleuſes, parce que celles-ci conſervent plus l'humidité ; elles sont moins sujettes à être desséchées que les terres légeres, & qu'elles sont plus difficiles à être percées par les jeunes tiges ; elles auroient peine à en traverser une grande épaisseur, sur-tout dans les temps secs où ces terres deviennent très-dures.

Il n'est pas rare de trouver dans de pareils terrains des glands dont la tige a été étouffée & a péri, n'ayant pu percer. On ne court point ce risque dans les terres légeres ; ainsi on fera bien, pour prévenir les inconvénients qui résulteroient de leur desséchement, d'y mettre les semences plus avant en terre : en général, les semences levent mieux dans les terres légeres que dans les autres ; il est vrai que les circonstances des saisons influent sur leur succès ; mais comme on ne peut les prévoir, il est impossible d'éviter tous les risques.

Il faut semer fort épais, non-seulement pour sacrifier de la semence aux accidents, mais encore parce qu'un semis ne profite bien que lorsque les plantes, ombrageant le terrain, étouffent l'herbe qui croît à leurs pieds ; car, plus il y a de plant, plutôt l'herbe est étouffée, & les arbres alors ne s'en montrent que plus vigoureux.

Il ne faut donc point épargner la semence : pour cet effet, on emploie vingt-cinq boisseaux de glands par arpent de cent perches quarrées.

Quand les jeunes arbres s'incommodent, pour être trop près les uns des autres, on les fait éclaircir, soit en les levant pour les transplanter, soit en les coupant sur place : ces abattis que l'on fait tous les dix ou douze ans, par forme d'éclaircissement, deviennent de plus en plus avantageux au propriétaire, comme nous l'expliquerons dans la suite, en parlant des grands semis.

Il n'est question ici que des semis qu'on fait en petit pour se procurer le plant qu'on doit élever en pépiniere. Ces semis devant fournir une très-grande quantité de plant dans un petit espace, on peut les faire dans un quarré de potager, ou même dans le milieu d'une allée la moins fréquentée d'un jardin, ou dans toute autre portion de terre dans un endroit clos, & que l'on aura amendée ; si on ne la trouve pas suffisamment bonne par elle-même, il faut bien se garder d'y mettre des fumiers nouveaux & non consommés, parce que les racines qui croissent dans le fumier sont toujours mal conditionnées, & que ces fumiers attireroient la ponte des hannetons dont nous avons parlé.

Mais on pourra améliorer cette terre avec les différents amendements dont nous avons parlé : si elle étoit lourde, compacte & froide, il faudroit y mêler du sable ou mieux du terreau de bruyere, si on étoit à portée de s'en procurer aisément.

Si on est maître de choisir entre des terres de différentes qualités, il faudra donner la préférence, pour cet objet, à une terre légere qu'on amenderoit avec du fumier de vache, bien consommé & réduit en terreau. L'essentiel est de défoncer cette terre d'environ deux pieds de profondeur, & de la bien préparer par plusieurs bons labours faits dans le temps que la terre ne sera point trop humide, afin qu'elle devienne bien perméable & déliée.

Si les semences qu'on se propose de mettre en terre sont grosses, telles que sont les noix, les glands, les châtaignes ; si on les a fait d'abord germer dans le sable, comme nous l'avons dit, on casse le bout de la radicule ; & après avoir tracé des raies au cordeau, à un pied les unes des autres, on y plantera, à la cheville, les semences espacées de six pouces, ne les enfonçant en terre que d'environ trois pouces, selon la qualité du terrain.

Si on vouloit les mettre tout d'un coup en pépiniere, il faudroit doubler au moins les espaces que je viens d'indiquer, & il n'y auroit plus, en les laissant en place, qu'à les cultiver, comme je le dirai dans la suite : mais si on n'avoit pas coupé le bout de la radicule, il faudroit les arracher la seconde année pour couper le pivot.

Il n'y a rien de mieux, comme nous l'avons dit, que de mettre les semences en terre aussi-tôt qu'elles ont acquis leur maturité ; n'importe en quelle saison. Par exemple, la graine d'orme mûrit au mois de Mai, il faut la semer dans ce même mois ; les cônes des pins, des sapins s'ouvrent au mois d'Avril, c'est le vrai temps de mettre en terre leurs semences.

Le gland, la châtaigne, la faine se doivent

ſemer en Automne, parce qu'elles n'acquierent leur parfaite maturité qu'en cette ſaiſon.

Les ſemences que l'on met en terre avant l'Hiver ne ſe montrent cependant qu'au Printemps ſuivant ; mais bien plutôt que celles qu'on ne ſeme qu'en Mars.

Cependant bien des circonſtances obligent de s'écarter de cette loi dictée par la Nature : par exemple, elle n'eſt pas praticable pour des ſemences qui viennent de loin ; mais pour s'en écarter le moins qu'il eſt poſſible, il faut les mettre en terre auſſi-tôt qu'elles arrivent, ſans avoir égard à la ſaiſon, avec cette différence, que comme ces graines rares s'élevent preſque toujours dans des terrines, on les traite différemment, comme nous le dirons.

Quand ces ſemences étrangeres arrivent au Printemps, on les fait tremper un ou deux jours dans de l'eau, avant de les ſemer : il eſt mieux de mettre les terrines ſur des couches chaudes, en les couvrant avec des cloches ou des chaſſis, pour précipiter leur germination.

Ces précautions ne ſont pas moins utiles, ſi les graines n'arrivent qu'en Eté, pour leur faire prendre un certain degré de force avant que l'Hiver vienne ; car il y auroit à craindre qu'elles fiſſent de trop foibles productions pour pouvoir ſupporter les gelées ; ce qui n'eſt cependant à craindre que pour les ſemis en pleine terre ; car à l'égard de ceux qui ſe font en terrines, on peut les en préſerver.

Les raiſons qui détournent de mettre en terre les ſemences communes, telles que le gland, les châtaignes, les faines, &c. aussitôt qu'on les a recueillies, sont :

1°. Pour empêcher que celles qui sont un peu délicates, & qui se montrent avant la fin de l'Hiver, ne soient endommagées par les gelées ; ce qui arriveroit immanquablement à celles qui auroient germé & fait quelques productions avant l'Hiver : il est vrai que quand les semis ne sont pas fort étendus, on les peut couvrir de litiere ; mais alors les insectes & les autres petits animaux y font beaucoup de dégât.

2°. Comme ces semences doivent rester pendant tout l'Hiver en terre avant d'en sortir, elles sont exposées à la rapine de quantité d'animaux qui en sont friands, sur-tout dans une saison où la pâture leur manque. Parmi les insectes, plusieurs especes de vers ; parmi les oiseaux, les pies, les corneilles, les ramiers ; parmi les quadrupedes, les mulots, les lapins, les sangliers en font quelquefois un grand dégât.

3°. Il arrive encore que dans les terres qui déchaussent, on y perd sa semence lorsqu'il fait un fort Hiver ; ces sortes de terres se gonflent considérablement dans les temps de gelée ; dans ce cas, la terre éleve les semences avec elle ; & comme elle s'affaisse lorsque le dégel arrive, les semences germées restent découvertes sur le terrain, où elles périssent.

4°. Dans les terres fortes, quand l'Hiver est humide & que le Printemps est sec, la terre battue par les pluies, puis desséchée par le ſoleil, forme une croûte dure qui empêche les tiges de percer : dans ce cas, il eſt bon de ſerfouir la terre; mais comme cette opération ne pourroit pas ſe faire à la main dans de grands ſemis qui ont été faits à la charrue, il faut les faire herſer pour rompre cette croûte dure ; mais il faut faire cette opération avant que les tiges commencent à ſe montrer au-dehors.

Ces raiſons n'ont pas lieu pour les ſemences qui mûriſſent au Printemps, qui levent de bonne heure, & qui deviennent aſſez fortes avant l'Hiver : ainſi la graine d'orme, qui eſt dans ce cas, doit être miſe en terre auſſi-tôt qu'elle eſt tombée; car elle leve preſque ſur le champ, & les jeunes arbres qu'elle produit prennent une vigueur ſuffiſante pour ſupporter les fortes gelées, & pour n'être plus expoſés à la plupart des accidents dont je viens de parler.

Il ſeroit donc ſouvent avantageux de ne mettre en terre qu'au Printemps les ſemences des arbres, ſur-tout celles qui ſont groſſes, telles que les noix, les glands, &c. : mais auſſi il faut trouver le moyen de les conſerver pendant l'Hiver ; & quelques attentions qu'on y apporte, ces ſoins ne réuſſiſſent pas toujours.

Nous allons entrer à ce ſujet dans quelques détails qui ont rapport à ce qui vient d'être dit.

Les ſemences de l'épine blanche ne levent que la ſeconde année ; comme elles ſont aſſez fines & fort communes, on en peut répandre abondamment dans des endroits où on a femé d'autres bois ; & malgré les accidents, elles réuſſiſſent ordinairement ſi bien, qu'au bout de quatre ou cinq ans, on peut en faire lever beaucoup de plants pour en former des haies : le genevrier réuſſit de même.

On peut cependant parvenir à faire lever de l'épine blanche dès la premiere année, en rempliſſant des vaſes, lit par lit, de terres & de ſemences nouvellement cueillies & qui ont encore leur chair; & en enterrant ces pots aſſez avant en terre; ſi on les en tire au Printemps pour en ſemer ſur des couches chaudes, elles levent aſſez promptement; ſi on laiſſe les pots paſſer une année en terre, pour ne les ſemer en planche que la ſeconde année, on ne tarde pas à les voir ſortir de terre.

Lorſqu'on conſerve les ſemences du frêne pour ne les ſemer qu'au Printemps, il arrive ſouvent qu'elles ne ſortent de terre que la ſeconde année; mais ſi après avoir cueilli ces ſemences dans le mois d'Octobre, on les ſtratifie ſur le champ avec de la terre dans des pots, elles levent preſque toujours dès la premiere année.

On peut regarder comme une regle générale, qu'il faut conſerver dans du ſable bien ſec les ſemences qui ont une grande diſpoſition à germer ou qui levent promptement; & que l'on doit au contraire conſerver dans de la terre un peu humide celles qui ſont long-temps à germer.

Quelques Auteurs ont dit que certaines ſemences ne levoient que quand leurs fruits avoient été avalés par des oiseaux, parce que, disent-ils, ces semences que les oiseaux ne digerent point sont rendues avec leurs excréments, & qu'elles acquierent dans leur estomac une préparation qui les met en état de germer, & que sans cela on tenteroit inutilement de les faire lever. On cite entr'autres le gui comme une semence rebelle à la germination, & on dit qu'elle a particuliérement besoin de passer par l'estomac des oiseaux; mais l'expérience a prouvé que ces semences répandues sur les branches d'un arbre, sans aucune préparation, ont très-bien germé.

Il paroîtroit d'ailleurs fort singulier que le gésier des oiseaux qui digerent le bois de la noix, & qui réduisent en poudre des morceaux de tuyau de barometre, comme il est rapporté dans les Memoires de l'Académie des Sciences, année 1752, par M. de Reaumur; il paroîtroit, dis-je, fort singulier qu'il n'eût point d'action sur les semences du gui qui ne sont pas fort dures; de plus, est-il à croire que la Nature ait formé des semences dont le germe resteroit sans action, sans des accidents de cette espece?

Nous devons penser qu'il n'y a point de semences qui ne soient capables d'opérer par elles-mêmes la germination; mais comme véritablement, il y en a qui sont long-temps à germer, Bradley propose, pour accélérer la germination de ces semences qui restent long-temps en terre sans lever, de leur faire éprouver une sorte de digestion; voici son procédé.

Il faut, dit-il, mêler ces ſemences avec du ſon, mettre le tout dans un vaiſſeau de bois, humecter ce mêlange avec de l'eau de pluie ou d'étang, le laiſſer en digeſtion pendant huit jours, ſans le remuer ; au bout de trois jours, ajoute-t-il, ce mêlange commence à fermenter & à s'échauffer ; & la chaleur de la fermentation continueroit pendant trente ou quarante jours, ſi on avoit ſoin d'entretenir humide ce mêlange.

Bradley aſſure que ſi au bout de dix jours on met les ſemences en terre, elles germeront promptement. Je n'ai point eſſayé ce procédé ; mais j'ai éprouvé que toutes les ſemences que j'ai fait tremper deux ou trois jours dans de l'eau, ont toujours plus promptement & mieux levé.

Il eſt très-certain que la chaleur des couches chaudes, retenue par des cloches ou des chaſſis de verre, précipite beaucoup la germination des ſemences.

Les Livres d'Agriculture ſont remplis de recettes, de compoſitions dans leſquelles on recommande de faire tremper les ſemences pendant quelques jours avant de les mettre en terre. Il paroît, d'après ce qu'en diſent pluſieurs, que l'expérience a démontré les avantages de ce procédé ; non-ſeulement, dit-on, il fortifie le germe, mais les graines qui ont été ſoumiſes à cette opération ſont moins expoſées à être attaquées par les animaux.

Je n'ai point fait aſſez en grand ces expériences pour pouvoir certifier les ſuccès qu'on leur attribue ; mais je peux aſſurer que

que plusieurs semences que j'ai fait tremper dans du jus de fumier, ont toujours mieux réussi que celles qui n'avoient trempé que dans de l'eau pure.

Il est étonnant qu'on ne se soit pas encore mieux assuré du succès constant de cette méthode contre laquelle la voix du préjugé s'est peut-être élevée injustement; elle est vantée par ceux qui l'ont éprouvée, & je ne l'ai entendu mépriser que par ceux qui n'en ont fait aucuns essais; & puisque personne que je sache n'en a cité de mauvais effets, il ne paroît pas qu'il y ait de danger à en faire usage.

Puisqu'il est certain que les semences que l'on fait tremper dans de l'eau seule levent mieux & plus promptement, n'est-il pas à croire qu'une liqueur plus onctueuse, plus active, en s'insinuant dans les lobes, animera, fortifiera encore mieux le germe qui, en opérant plus puissamment, doit donner une plante plus forte, plus vigoureuse? Le développement du germe n'est certainement point indifférent pour le succès ultérieur de la plante, selon qu'il se fait vigoureusement ou foiblement; c'est un enfant bien ou mal constitué; & ce premier état doit influer, en grande partie, sur celui qu'il aura par la suite.

On doit particuliérement faire usage de ce procédé pour les graines étrangeres qui ne parviennent que long-temps après qu'elles ont été recueillies, & dont l'organisation des lobes est dérangée par l'état de dessechement où elle se trouve : ces semences mises seches en terre, pourrissent souvent au lieu de germer ; mais j'ai éprouvé qu'en les faisant tremper, pendant quelques jours, dans des eaux grasses, elles levent ensuite très-bien : lorsqu'on les met dans cette eau, elles surnâgent d'abord presque toutes ; mais on les voit successivement tomber au fond du vase, à mesure que les lobes s'impregnent de la liqueur ; ce qui paroît prouver qu'ils s'en nourrissent, & qu'elle répare ainsi l'état d'épuisement où ils se trouvoient ; & les faisceaux de fibres dont nous avons parlé, remplis & fortifiés par ces sucs, n'en doivent que beaucoup mieux nourrir le germe qui peut-être en prend lui-même sa part : voilà un raisonnement d'autant plus probable qu'il est justifié par l'expérience.

CHAPITRE XV.

De la Germination des Semences.

NOUS avons vu dans le Livre second, au Chapitre des Germes, les différents systêmes sur la production des plantes ; ce qui nous a amené à reconnoître que toutes proviennent des germes renfermés dans les graines. Nous allons examiner ici ce que l'observation fait appercevoir de l'existence, de la configuration de ces germes, & de leur développement progressif.

Nous avons vu que les graines des différents genres de plantes sont très-différemment figurées ; les germes ont aussi des configurations & des positions différentes dans les graines ; dans les unes, ils sont à l'extrêmité de la semence, dans les autres, ils sont placés vers le centre : il s'ensuit que le développement n'est pas le même, comme nous le verrons.

Il est bien plus aisé de voir les variétés remarquables des graines, que d'appercevoir celles des germes dont la texture est si fine dans plusieurs, qu'elle échappe aux yeux de l'Observateur le plus attentif. Nous nous en tiendrons ici à quelques exemples qui peuvent faire juger des autres.

Dans une amande le germe est extérieurement recouvert par les enveloppes générales ; le corps de l'amande dégagé de sa boîte ligneuse, nommée le *noyau*, & de ses enveloppes membraneuses, s'ouvre aisément & se divise en deux parties, qu'on appelle *lobes*, à la pointe desquels on voit un petit corps qui est le germe ; ce germe s'unit & s'étend dans les deux lobes par des filets ou appendices que nous examinerons.

La forme de ce germe est approchante de celle d'un fuseau, c'est-à-dire figurée comme le seroient deux cônes qui se réuniroient par leur base. Un de ces cônes est extérieur aux deux lobes ; l'autre est renfermé entre deux : la partie extérieure doit former la jeune racine nommée *radicule* ; la partie renfermée entre les lobes, doit former la jeune tige nommée *la plume.* (Pl. 1 , figures 1 & 2).

Nous voyons donc que dans ce petit corps qui termine l'amande , sont contenus les rudiments de la racine & de la tige ; mais comme cette racine & cette tige sont les principes d'un grand arbre & de toutes ses parties , il est vrai de dire que le germe contient en petit toutes les parties d'un grand arbre ; & quoique notre imagination ne se prête pas aisément à l'idée d'une si étonnante extention, nous ne pouvons nous refuser à l'admettre.

Mais suivons l'examen des germes dès le premier acte de leur développement.

Si après avoir mis une grosse feve pendant quelques jours en terre, on coupe du côté du germe des tranches minces, on apperçoit des points plus verds que le reste ; & plus on fait de sections , plus on découvre que ces points sont les coupes transversales de faisceaux de fibres qui s'épanouissent en une infinité de ramifications dans toute l'étendue des lobes.

On peut rendre cet examen plus sensible, en mettant des feves tremper dans une liqueur colorée ; car après avoir fait les sections dont je viens de parler , ces points , au lieu d'être verds, sont teints de la couleur de la liqueur qu'on a employée. Ainsi, on peut les compter & les suivre plus aisément dans l'intérieur des lobes qui n'ont point pris la couleur, ce qui prouve d'abord que ces faisceaux de fibres qui s'étendent & se ramifient dans des lobes, sont des conduits des liqueurs, & les seules parties organiſées dans le corps de la graine dont nous verrons l'uſage.

Concevons donc que les lobes des graines ſont entrecoupés d'un prodigieux épanouiſſement de faiſceaux de fibres, qui ſont des conduits de liqueurs; *Grew* les a nommés aſſez bien *la racine ſéminale.*

Comme toutes les graines ſont des ſubſtances plus ou moins farineuſes, il y a lieu de préſumer que cette ſubſtance farineuſe, diſſoute par l'eau qu'elle pompe de la terre, fournit le premier aliment néceſſaire au développement & à la premiere croiſſance du germe; c'eſt la bouillie pour l'enfant.

Cet aliment convenable & ſuffiſant alors aux premiers progrès du germe, opere l'extenſion de la radicule, qui s'alonge, ſe fortifie & s'enfonce en terre, & y va pomper des ſucs que les lobes épuiſés ne pourroient plus fournir : l'enfant peut alors ſe paſſer de ſa nourrice; il a beſoin d'une nourriture plus ſubſtancielle : la jeune racine ſe fortifie, s'enfonce de plus en plus en terre, y pouſſe des racines latérales, & les ſucs nutritifs dont elle ſe remplit, ſe portent à la plume qui bientôt s'alonge, perce la terre, & ſort accompagnée des deux lobes.

Dans la plupart des genres de plantes, ces lobes très-reconnoiſſables, en ſortant de terre, changent en peu de temps de couleur & de forme; ils perdent de leur épaiſſeur, en acquérant de l'étendue; ils prennent la couleur verte, & deviennent des feuilles que l'on appelle *ſéminales*, néceſſaires alors pour l'aſpiration de la ſeve terreſtre & l'inſpiration de la ſeve aérienne ; elles ſubſiſtent ſur la jeune plante, juſqu'à ce qu'il ſe ſoit développé de nouvelles feuilles en état de remplir cet office eſſentiel. Mais alors ces feuilles ſéminales, devenues inutiles, périſſent & ſe détachent de la plante.

D'après ce que nous venons de dire, on voit que, quelle que ſoit la diſpoſition, l'emplacement du germe dans le corps farineux de la graine, la radicule ſe développe, pouſſe & s'enfonce toujours en terre, avant qu'il ſe faſſe aucun développement de la tige; que l'une s'enfonce toujours en terre, & l'autre s'éleve du côté de l'air, & l'une & l'autre, quoiqu'en ſens oppoſé, ſuivent toujours une direction perpendiculaire.

Il ſeroit donc convenable & mieux ſans doute de dépoſer les graines en terre, de maniere que la partie du germe, d'où doit partir la racine, fût en deſſous, c'eſt-à-dire du côté de la terre, & que celle qui doit produire la tige fût en deſſus. Mais comme cette attention deviendroit très-minutieuſe & même impraticable dans pluſieurs ſemences, on les répand en terre au haſard, & ainſi les germes ſont pour la plupart renverſés : qu'arrive-t-il alors ? La Nature ne manque jamais de reprendre ſes droits.

Si les germes ſe trouvent dans une poſition totalement inverſe, la radicule alors ſe recourbe & décrit un demi-cercle pour venir s'enfoncer en terre; la plume décrit auſſi la même courbe pour s'élever du côté de l'air.

S'il n'eſt que de côté, ils n'auront l'un & l'autre qu'un quart de cercle à décrire ; mais enfin jamais l'un & l'autre ne manqueront de ſuivre la route qui leur eſt preſcrite.

Ce phénomene a fait juſqu'ici l'étonnement & l'admiration des Phyſiciens ; mais il étoit regardé comme inexplicable.

Si on ſe rappelle ce que j'ai démontré des effets de la condenſation & de la raréfaction dans la terre, la ſolution de ce problême devient très-facile.

Nous avons vu que l'effet de la condenſation dans la terre produit une eſpece d'aſpiration, de ſuccion qui attire puiſſamment les racines ; il n'eſt donc pas étonnant que cette tendre radicule ſi flexible, ſi déliée, obéiſſe à cette force d'attraction qui l'attire dans la terre : dans le temps de la raréfaction, la plume reçoit une double impulſion qui doit néceſſairement la faire monter du côté de l'air, pouſſée d'une part par les ſucs nutritifs qu'elle commence à recevoir de la jeune racine, & de l'autre aſpirée par l'air, frappé des rayons de la lumiere. Ce que nous avons dit du revirement des feuilles peut être appliqué à celui de la plume, puiſqu'il s'opere à peu près par la même cauſe.

L'expérience prouve que l'air eſt abſolument néceſſaire à la germination & au développement des germes.

Homberg ayant ſemé dans deux caiſſes de pareille grandeur des graines de laitue, de perſil, de cerfeuil, il en laiſſa une expoſée à l'air, & mit l'autre ſous le récipient d'une machine pneumatique, & après avoir pompé l'air, il observa que les graines qui étoient restées en plein air leverent très-bien ; mais celles qui étoient sous le récipient ne leverent point, ou du moins il n'en leva qu'une très-petite partie & encore très-imparfaitement, & le peu qui leva ne subsista pas long-temps.

Après avoir laissé rentrer l'air sous le récipient, les graines qui n'avoient point paru leverent ; mais après avoir enlevé le récipient pour voir si ces plantes subsisteroient dans l'air libre, elles périrent successivement toutes.

On voit encore dans les transactions phylosophiques (n°. 23) que des graines de laitue de même espece ayant été semées dans deux vases remplis de la même terre, la semence germa, & les plantes s'éleverent à deux pouces & demi de hauteur, en huit jours de temps, dans le vase qui étoit resté à l'air libre ; mais qu'il ne parut rien dans celui qui fut tenu dans le vuide.

Après que l'on eut laissé rentrer l'air & ôté le récipient, la plupart des semences tenues dans le vuide germerent, & les plantes s'éleverent en huit jours à deux ou trois pouces de hauteur. Ces expériences prouvent que l'air élastique est nécessaire à la germination & à l'accroissement des germes.

Toutes les plantes n'ont pas un égal nombre de lobes ; les unes n'en ont qu'un, beaucoup en ont deux, & d'autres trois. M. *Herman* a nommé les lobes *cotiledones*, & a diftingué les plantes en *monocotiledon* & *policotiledon* ; cette diſtinction adoptée par M. de Juſſieu, a fait la baſe de ſa méthode dans ſes Cours de botanique au Jardin du Roi.

Nous voyons que les germes & les plantes s'alongent par leurs extrêmités dans des ſens contraires ; que les racines s'étendent en s'enfonçant dans le terrain, & que la tige s'éleve en l'air ; mais à quel endroit ſe fait ce point de partage ? Nous allons le voir en ſuivant l'examen de la croiſſance progreſſive d'une ſemence ; prenons pour exemple une amande.

L'humidité de la terre traverſe le bois du noyau, ainſi que les enveloppes de l'amande ; de là elle s'inſinue dans le parenchyme des lobes : la force attractive des vaiſſeaux capillaires, ou, ce qui eſt la même choſe, des inteſtins dans les faiſceaux de fibres, ſuffit ſeule pour attirer l'eau ; car ſans eau, point de germination ; il ne s'en fait jamais dans une terre qui en eſt dépourvue.

L'amande groſſit alors conſidérablement, parce que les ramifications de fibres, dont elle eſt remplie, ſe gonflent par l'effet de l'humidité ; elle oblige le corps ligneux de s'ouvrir en deux, & cette boîte ligneuſe ſe ſépare de l'amande qui s'en trouve dégagée : on apperçoit alors comment les lobes s'ouvrent & commencent à s'étendre (fig. 3).

La premiere nourriture que reçoit la radicule lui eſt fournie par les faiſceaux de fibres dont on voit les ramifications (fig. 4) dans les lobes ; c'eſt par leurs conduits que lui eſt apportée & tranſmiſe la ſubſtance qui lui eſt la plus propre, du corps farineux des lobes détrempés par l'eau, ſubſtance aſſez ſemblable à nos émulſions ; ce qui forme pour ce tendre germe une eſpece de lait végétal.

Fortifiée par cet aliment que la Nature lui a préparé, la radicule ſe développe, s'alonge & s'enfonce en terre (fig. 5). Ses organes à peine développés commencent déja à devenir actifs & à faire leurs fonctions ; elle pompe des ſucs dans la terre qui, par l'effet de la raréfaction, ſont pouſſés juſqu'au germe de la plume, qui alors commence ſon action ; elle s'étend, elle perce la terre, dont elle ſort accompagnée des lobes qui prennent pour lors le nom de feuilles ſéminales, qui, comme elle (fig. 6), reçoivent leur nourriture & leur accroiſſement des ſucs que leur tranſmet la jeune racine. Ces feuilles ſéminales tombent, comme nous l'avons déja dit, lorſqu'il s'en eſt développé d'autres ſur la jeune tige ; mais juſques là elles lui ſont fort utiles, puiſque l'expérience prouve que ſi on les ſupprime, la jeune plante périt ordinairement, ou du moins reſte chétive & languiſſante.

Au point où s'eſt fait dans la terre la ſéparation de la radicule & de la plume, on obſerve deux eſpeces d'oreilles ou appendices ſaillants A qui ſe diſſipent par la ſuite.

Mais cette partie que l'on appelle le *collet* de l'arbre, eſt remarquable dans toute ſa durée ; c'eſt là où les Amateurs de l'Analogie avoient placé l'eſtomac des plantes, qu'ils jugeoient nécessaire à la digestion imaginaire qu'ils vouloient établir dans les végétaux, comme dans les animaux.

Nous voyons donc que la radicule alimentée d'abord par les lobes, c'est-à-dire par les faisceaux de fibres qui font l'office de racines séminales, nourrit ensuite la plume, & les lobes mêmes qui ont subi une espece de transformation, changeant alors de forme & de couleur.

Il y a quelques genres de plantes où les lobes n'éprouvent point ces mêmes changements, telles que le gland, la noix, le marron, &c.

Mais soit que les lobes se convertissent en feuilles séminales, ou non, l'expérience fait connoître que leur suppression prématurée est toujours nuisible à la plante : ce qui prouve qu'ils lui sont toujours utiles.

Suivons actuellement la germination & le développement du marron d'inde. Il est formé pour l'ordinaire de deux lobes de grosseur inégale, figure 6 ; A le grand lobe, B le petit lobe qui entre dans une cavité creusée dans le grand. La ligne ponctuée CC marque la séparation des deux lobes, D la jeune racine.

La figure 7, où on a supprimé les lobes, fait appercevoir la jeune racine D, les deux appendices EE qui formoient la communication des lobes à cette racine, & la plume F qui étoit enfermée dans les lobes.

On voit dans la figure 8 la jeune racine D beaucoup plus alongée ; les appendices EE commencent à prendre de l'étendue ; ce qui fait voir comment la plume est reçue entre les appendices, comme dans une espece de gaîne d'où elle a peine à se dégager.

La figure 9 présente la plume telle qu'elle sort d'un marron couvert de son écorce GG. HH indique les crevasses de cette écorce qui laissent voir la substance des lobes. D est la jeune racine qui a déja produit quelques racines chevelues. F est la plume qui commence à se développer.

Il ne peut se faire de germination ni de végétation dans une terre desséchée ; mais l'eau seule suffit pour opérer l'une & l'autre : les graines germent dans l'eau, & même dans un air chargé d'humidité ; on sait qu'elles germent promptement dans les lieux humides.

Il ne faut cependant pas que les graines plongent entiérement dans l'eau & soient submergées, car alors elles pourriroient. Mais si le corps de la graine restant à l'air, la radicule seule trempe dans l'eau, le développement du germe se fait très-bien ; il se fait encore mieux si on répand des graines sur des éponges ou de la mousse mouillée.

M. Bonnet qui s'est beaucoup occupé de ces expériences, nous rapporte que non-seulement il a fait germer avec succès plusieurs especes de semences dans des éponges qu'il avoit soin de tenir toujours imbibées d'eau, mais que les plantes y ont pris la même croissance qu'elles auroient prises en terre, & qu'elles lui ont donné des fleurs & des fruits.

Il a rempli des mannequins de mousse seule bien pressée ; il y a déposé des noyaux de prunes, de pêches, d'abricots, &c. Ces noyaux y ont germé, végété avec le plus grand succès, puisque les arbres qui en sont provenus, lui ont donné, dit-il, de beaux & excellents fruits ; & après avoir comparé les arbres de même espece, élevés en pleine terre, avec ceux qu'il a élevés dans la mousse seule, il nous assure que l'avantage a toujours été en faveur des derniers.

Ce fait prouve bien mon opinion au sujet de la seve aérienne pour la formation des fruits & celle des racines, puisque les uns & les autres ne doivent que mieux subir l'effet de la raréfaction & de la condensation qu'éprouvent les arbres plantés dans de la mousse, dont les parties laissent entr'elles plus d'interstices qu'il ne peut y en avoir dans la terre la mieux labourée.

Il est évident qu'on ne peut attribuer qu'à cette cause le succès des arbres dont nous parle M. Bonnet (quoiqu'il ne l'ait pas apperçu), puisqu'il nous dit qu'il remarquoit que ces arbres commençoient à languir lorsque la mousse venant à pourrir & à se décomposer, formoit une masse plus dense, & qu'il étoit obligé de remettre autour des racines de ces arbres de nouvelle mousse pour leur rendre la vigeur qu'ils perdoient sans ce nouveau secours.

Cette expérience prouve bien encore, comme je l'ai déja dit au Chapitre de la Nutrition, que ce n'est pas la terre qui passe dans les plantes, qui les nourrit ; mais que l'eau toujours chargée de particules étrangeres, comme salines, huileuses, &c., les dépose en passant dans les plantes ; ce qu'elle ne fait que plus abondamment, lorsqu'elle est imprégnée de ces différentes substances qu'elle a mises en dissolution dans la terre ou dans la mousse, où il doit sans doute s'en trouver.

CHAPITRE XVI.

Observation & pratique importante pour le succès des Semis en général.

CE que j'ai expliqué au sujet de la germination des semences, va servir à démontrer l'évidence du principe que j'établis ici, & conséquemment la sûreté du procédé qu'on ne peut trop recommander pour le succès des semis. J'ai cru d'autant plus nécessaire d'en faire un Chapitre particulier, pour en discuter & prouver l'utilité, qu'il m'a paru assez généralement négligé, particuliérement pour la plus précieuse de toutes les plantes. On verra dans un Chapitre particulier de quelle importance est ce procédé pour la culture du bled.

Nous avons vu au Chapitre de la Germination, que la radicule, nourrie d'abord par les lobes, tend à s'enfoncer en terre ; ce qu'elle ne peut bien faire qu'autant qu'elle s'en trouve bien enveloppée & à portée d'y pouvoir piquer. Mais si le corps de la graine, soutenu par quelques molécules de terrain, ne trouve au-dessous qu'une cavité, il arrive alors que la radicule, dont la longueur est déterminée, après s'être alongée autant qu'elle le peut, reste isolée dans cette cavité; & ne pouvant s'enfoncer dans la terre pour y pomper les sucs qui lui deviennent nécessaires, il arrive, dis-je, que cette radicule se desseche & périt, & avec elle le germe de la tige qu'elle devoit nourrir en s'enfonçant en terre; ce qui fait avorter une grande quantité de semences.

Il est donc bien essentiel pour le succès des semis, de presser & d'affermir la terre, de maniere qu'elle enveloppe & touche immédiatement les graines. Cette précaution est d'autant plus nécessaire que la graine est plus menue, parce que sa radicule peut d'autant moins s'alonger, & que si elle ne rencontre en sortant qu'une cavité où elle reste isolée, elle ne peut servir au développement de la tige, comme elle devoit le faire en lui transmettant les sucs nutritifs qu'elle auroit pompés dans la terre.

Ainsi, lorsqu'on a semé & recouvert les graines, soit qu'elles aient été répandues à la main sur la surface du terrain, soit qu'elles aient été semées en rigoles, il ne faut jamais manquer de fouler & battre la terre; on sent que plus elle est meuble & déliée, & mieux elle se prête à cette opération.

Il est étonnant que cette pratique soit si souvent négligée par les Jardiniers, puisqu'il n'y en a point qui n'ait eu souvent occasion de remarquer que les graines qui ont été répandues dans les sentiers qu'ils tracent entre leurs planches & qu'ils trépignent pour les mieux marquer ; il n'y en a point, dis-je, qui n'ait vu que ces graines, dans un terrain foulé aux pieds, sont toujours celles qui réussissent le mieux, qui levent les premieres, & qui produisent les plus belles & les plus vigoureuses plantes.

Il y a des Jardiniers qui frappent avec le dos de la beche sur les planches de semis : cette opération qui vaut mieux que de laisser les parties du terrain séparées, telles qu'elles sont quand on ne les presse aucunement, n'est cependant pas suffisante, parce que la beche qui répond par sa largeur à une trop grande surface du terrain, peut en unir la superficie, mais n'en presse pas suffisamment les parties intérieures.

Il est mieux de battre la terre que l'on vient d'ensemencer avec le dos d'un rateau pesant, ou mieux encore de se servir d'un instrument fait exprès, tel que celui que l'on nomme *rabot*, avec lequel on bat le mortier, mais plus pesant, avec lequel on frappe à différentes reprises, en long & en large, la planche de semis Cette opération brise les blocs de terre, & presse par-tout les parties du terrain où les graines se trouveront ainsi immédiatement enveloppées.

Après avoir ainsi battu le terrain, on peut passer le rateau pardessus, mais très-légérement; il n'y a nul inconvénient, sur-tout si les graines

graines ne sont pas très-fines, & qu'étant semées en rigoles, elles soient plus enfoncées. Ce petit ratelage donnera au terrain un coup d'œil plus propre & plus satisfaisant, & le rendra plus perméable à l'air & aux rosées, l'empêchera de durcir, & donnera plus de facilité aux jeunes tiges pour percer & paroître.

Je crois inutile d'observer que cette opération de battre le terrain, très-bonne dans un temps sec, seroit très mauvaise dans un temps pluvieux : on sait qu'il faut bien se garder de choisir pour semer, un temps où la terre, trop détrempée par les pluies, seroit comme de la boue ; mais qu'il faut, sur-tout pour des graines fines, saisir des circonstances où la terre soit seche, & s'il se peut même en poussiere ; elle enveloppe beaucoup mieux alors les graines, & le développement de la radicule en est plus assuré.

Cette pratique très-aisée dans les jardins, ne l'est pas malheureusement autant pour les grands semis qui se font dans les champs, où elle est cependant encore plus nécessaire, parce que la terre y est moins meuble & bien moins divisée par la charrue qu'elle ne l'est dans les jardins par la beche. Mais nous donnerons un moyen expéditif & facile pour y suppléer ; on verra combien il est important d'en faire usage pour la culture des bleds & autres grains ruraux.

CHAPITRE XVII.

Des Semis sur couche.

Nous avons expliqué & prouvé dans la seconde Partie de cet Ouvrage, que la condensation & la raréfaction sont les agents principaux de la végétation ; mais comme l'une est l'effet du froid, & l'autre de la chaleur, il s'ensuit qu'il faut nécessairement que l'une & l'autre regnent alternativement, pour que la végétation puisse avoir lieu.

En effet pendant l'Hiver, temps où le froid se fait presque continuellement sentir, les plantes en général paroissent être dans une espece d'engourdissement & d'inaction, dont elles ne sortent que lorsque les premieres chaleurs du Printemps viennent les tirer de cette espece de léthargie.

Ce que nous venons de dire de la germination fait assez connoître que les graines, de même que les plantes déja formées, ont besoin des mêmes agents pour pouvoir opérer leur premier développement : il faut donc avoir recours, au défaut de la chaleur naturelle, à des moyens qui procurent une chaleur artificielle, pour faire germer, lever & prospérer les semences pendant l'Hiver.

On n'en connoît point de meilleure & de plus active, que celle qui est produite par l'effet de la fermentation du fumier. On en fait des couches, dont la chaleur tempérée & durable, retenue sous des verres dont on couvre les semis, les met pendant la rigueur de l'Hiver dans un état de végétation aussi parfait, & même meilleur que celui que la chaleur du Printemps leur procure naturellement, parce que tout est favorable dans ces couches aux effets de la raréfaction & de la condensation qui y agissent puissamment.

On forme les couches avec du fumier de cheval ou de mulet, nouvellement tiré des écuries. Leur largeur doit être au moins de quatre pieds : la longueur doit être proportionnée à la quantité de fumier que l'on a à employer, & à celle des semis que l'on a à faire. La hauteur de trois à quatre pieds suffit : mais plus la masse fermentante de fumier sera épaisse & étendue, plus la chaleur sera forte & durable.

On arrange le fumier, avec une fourche, par lits, que l'on a soin de fouler aux pieds & de bien trépigner à chaque lit, en relevant les pailles qui se trouvent au bord de la couche.

Il faut avoir attention de donner à la couche une forme un peu bombée dans le milieu, autrement le fumier en s'affaissant la rendroit creuse.

On recouvre ensuite la couche d'une épaisseur de terreau criblé, plus ou moins forte, selon les genres de semis qu'on y veut faire; il est mieux d'attendre que la couche ait jetté son premier feu avant de la couvrir de terreau, sans attendre cependant le degré de température, dont nous allons parler.

Trois ou quatre jours après que la couche est faite, elle donne un degré de chaleur, tel que les semis & les plantes n'y pourroient résister & y seroient brûlées. Il m'est arrivé d'en faire la fâcheuse épreuve sur de jeunes orangers, dont j'avois enfoui les pots dans une couche, avant qu'elle eût perdu toute sa premiere chaleur.

Il y a un moyen sûr de ne s'y pas méprendre : on enfonce dans la couche un piquet de bois d'environ un pouce de diametre ; si vers le quatrieme ou cinquieme jour on le retire, il est alors si brûlant qu'à peine peut-on le tenir dans la main : on l'y enfonce de nouveau ; on fait la même épreuve tous les jours, jusqu'à ce qu'on juge, par l'état de ce bâton, que la chaleur s'est assez ralentie pour faire connoître que la couche est en état de recevoir les semis ; ce qui arrive ordinairement vers le huitieme ou dixieme jour, plus ou moins, selon l'espece du fumier, la masse fermentante & la température de l'air.

Alors on prend une cloche que l'on appuie sur le terreau, pour lui faire marquer la trace de sa circonférence, & on trace ainsi autant de ronds que la surface de la couche en peut comporter.

Il faut laisser sur les couches, sur-tout sur celles d'Hiver, au moins un pied d'espace entre la cloche & le bord de la couche, parce que si elle étoit trop près du bord, la gelée pénétreroit jusqu'aux semis ; de sorte qu'on ne doit mettre que deux rangs de cloches ordinaires sur une couche de quatre ou cinq pieds de largeur.

Pour empêcher l'effet de la gelée, & ranimer la chaleur de la couche, il est nécessaire de mettre de temps en temps tout autour, une épaisseur de fumier chaud; c'est ce que les Jardiniers appellent des *réchauds*.

On fait les semis dans les ronds que l'on a tracés, & on les recouvre avec des cloches. C'est ainsi qu'on fait les semis des plantes potageres, telles que les laitues, les raves, les melons, &c.

On peut de même y faire des semis de plantes précieuses & d'arbres rares, dont on veut assurer la germination & accélérer les productions. J'ai fait ainsi des semis d'orangers & de citronniers, qui ont si bien réussi & poussé si vigoureusement, que plusieurs se sont trouvés en état d'être écussonnés au mois de Septembre suivant.

Il faut avoir soin de couvrir les cloches pendant la nuit avec des paillassons; & quand les gelées sont fortes, il est bon de recouvrir les paillassons avec un lit de paille plus ou moins épais, selon la rigeur du froid.

L'effet des couches est d'entretenir sous les cloches un air chaud & chargé d'humidité; dans le temps que cet air vient à se condenser, on voit l'intérieur des cloches plein de gouttes d'eau, qui ruisselent même quelquefois contre les parois: on voit les jeunes plantes couvertes de gouttes de rosées, comme elles le sont après les nuits du mois de Mai.

Cette humidité leur est funeste, lorsqu'elle

eſt trop abondante ; c'eſt pourquoi il faut ſaiſir des circonſtances favorables pour la diſſiper, ſoit en levant les paillaſſons & laiſſant les cloches à découvert pendant quelques heures de ſoleil, ſoit même en les levant à demi ou même tout à fait, mais pendant peu de temps, lorſque l'air eſt aſſez tempéré pour ne pouvoir nuire aux jeunes plantes.

Ces précautions ſont abſolument néceſſaires pour la conſervation des plantes ſous les cloches ; & faute de ce ſoin, j'en ai beaucoup perdu, que j'ai trouvées moiſies & pourries par une trop grande & très-conſtante humidité.

Il n'y a guere de méthode, quelque bonne qu'elle ſoit, où l'on ne trouve quelques inconvénients à la ſuite de ſes avantages.

Dans les couches ſi favorables à la végétation, il ſe trouve une quantité d'ovations de différents inſectes, que la chaleur fait éclorre, de même qu'elle en attire pluſieurs de la terre. Les inſectes qui dévorent les jeunes plantes font de grands ravages ſur les couches, ſi on n'a pas ſoin d'y veiller : telle eſt une petite eſpece de limaçon ſans coque, nommés *mollets* ; ceux-ci, ennemis très-dangereux des jeunes plantes, ſont aiſés à détruire, parce qu'on les voit & on les trouve ſur les plantes mêmes ou contre les parois des cloches ; mais il n'en eſt pas de même de ceux qui, reſtant conſtamment en terre, rongent les racines, tels que les vers blancs du hanneton ou mans, dont nous avons parlé, ou tels que l'insecte nommé courtilliere ou taupe-grillon.

Le ver blanc du hanneton, dont les couches sont ordinairement remplies, reste pendant deux ans sous terre, où il ne donne d'autre marque de son existence que par le dégât, pour ainsi dire invisible, qu'il fait: on voit les plantes se dessécher & périr, sans en appercevoir la cause, & peut-être l'ignoreroit-on encore, si ce n'est qu'en fouillant au pied, on trouve le *coupable* occupé à butiner encore parmi le reste des racines.

Nous avons parlé dans un Chapitre particulier, d'un moyen sûr de se préserver dans les jardins de cet animal dangereux; mais on n'a pu encore trouver aucun moyen de le détruire.

La bienfaisance éclairée de M. le Maréchal de Harcourt, l'avoit porté à faire proposer par la Société d'Agriculture de Rouen, un prix de 300 liv. à l'Auteur d'un Mémoire dans lequel on indiqueroit un moyen de détruire les *Muns* ou vers du hanneton. Je me trouvai à l'assemblée de la Société d'Agriculture, le jour que ce Seigneur bienfaisant proposa ce Programme, qui fut annoncé dans les papiers publics; je ne pus m'empêcher de lui dire qu'il se verroit privé de la satisfaction de donner le prix qu'il proposoit, & effectivement il n'est parvenu aucun Mémoire à ce sujet, & en voilà la raison; c'est qu'il ne paroît nullement possible de donner la chasse à un animal qui est toujours sous terre, que non-seulement on ne voit point, mais dont on n'apperçoit aucune trace.

Il n'en est pas de même de la courtilliere ou taupe-grillon : cet animal laisse ouverts des especes de petits puits, ou d'issues souterraines, par lesquelles il sort de terre & y rentre. Cependant on a essuyé long-temps ses ravages dans les couches, sans avoir trouvé le moyen de le détruire.

Dans une année où les couches des Jardins du Roi à Choisi furent singuliérement ravagées par ces insectes, un homme se présenta à Louis XV, assurant qu'il avoit un secret sûr de les faire périr sur le champ ; il en fit l'épreuve sous les yeux du Roi, qui en fut si satisfait qu'il acheta son secret & le fit publier dans tout le Royaume.

Cet homme n'étoit d'aucune Académie ; mais il avoit trouvé ce qu'aucune Académie n'avoit imaginé : j'en vais parler en faveur de ceux auxquels ce moyen ne seroit pas parvenu.

On sait que les insectes portent les organes de la respiration à la partie moyenne de leur corps, appellée le corcelet ; en bouchant ces organes de la respiration, l'animal doit être suffoqué & périr subitement ; c'est l'effet du secret de notre homme. Pour y parvenir, il s'est servi de moyens bien simples & bien faciles.

Après avoir rempli d'eau les trous des courtillieres, on y répand quelques gouttes d'huile qui forment une nappe grasse sur la surface de l'eau ; l'animal qui se sent inondé dans son terrier, en sort avec précipitation ; mais en sortant la nappe d'huile enveloppe son corcelet, bouche & obstrue les organes de la respiration, & on le voit tomber mort à peu de distance du trou par lequel il est sorti. Voilà un moyen bien simple ; mais il falloit le trouver.

Quant aux autres insectes nuisibles qui se montrent hors de terre, il faut visiter de temps en temps les cloches pour les en purger.

Après avoir parlé des semis faits sur des couches ordinaires & recouverts de cloches, nous allons entrer dans les détails d'une autre méthode plus pratiquée aujourd'hui, & préférable à plusieurs égards pour tirer encore un meilleur parti des couches : c'est l'usage des chassis.

1°. La chaleur de la couche y est plus généralement & plus uniformément entretenue & conservée.

2°. Toute l'étendue possible de la couche est employée ; ce qui ne peut être sur celle couverte de cloches qui laissent nécessairement entr'elles des espaces qui sont à pure perte.

3°. On peut, au moyen des chassis bien disposés, tirer un bien meilleur parti des rayons du soleil.

4°. L'humidité trop abondante sous les cloches & qui est mortelle aux plantes, si on ne prend pas les soins dont nous avons parlé, est bien moins à craindre dans l'espace plus étendu des chassis.

Ces considérations leur ont fait donner avec raison la préférence, & l'expérience prouve qu'ils ont un effet fort actif, sur-tout lorsqu'ils sont bien disposés. La construction des chassis est connue de tout le monde ; mais leur meilleure disposition ne l'est pas apparemment, puisque j'en ai vu très-peu qui soient tels qu'ils doivent être.

On sait qu'après avoir formé une couche qui ait au moins six pieds de largeur, on met dessus une assemblage de bois fort & épais, dont toutes les parties sont jointes le plus parfaitement possible ; que cet assemblage, beaucoup plus élevé par derriere qu'il ne l'est pardevant, est destiné à recevoir des chassis qui doivent être joints & recouverts le plus exactement qu'il se peut. Ces chassis sont garnis de carreaux de verre bien mastiqués. Voilà la construction bien connue des chassis sur couche ; mais comme leur grand effet dépend de leur disposition & de l'inclinaison convenable du vitrage, nous allons en suivre l'examen dans le Chapitre suivant ; examen que je dois regarder comme d'autant plus nécessaire, que cet objet essentiel m'a paru presque par-tout ignoré ou négligé.

CHAPITRE XVIII.

De la disposition & de l'inclinaison des Chassis & des Vitrages.

LEs chassis & vitrages doivent être disposés de maniere à faire face au midi ; mais cette disposition, quoiqu'essentielle, ne suffit pas pour leur faire produire le plus grand effet : leur inclinaison est un point capital pour recevoir avec plus d'efficacité les rayons du soleil, qui font toujours un plus grand effet, à proportion qu'ils sont lancés dans une direction plus perpendiculaire, & jamais moins que dans une direction plus oblique.

Sans répéter ici ce que nous avons dit dans la seconde Partie, de la chaleur du soleil, nous nous en tiendrons à démontrer cette proposition par des citations très-connues.

On sait que la chaleur extrême qui se fait sentir sous la ligne, n'est produite que par la perpendicularité des rayons du soleil. On sait aussi que le froid rigoureux qu'on éprouve vers les pôles, est l'effet de la grande obliquité des rayons du soleil, qui ne peut échauffer l'air.

Enfin, sans sortir de notre climat tempéré, nous éprouvons d'assez vives chaleurs pendant l'Eté, temps auquel l'arc diurne de notre sphere, devenant plus grand, nous approche le plus de la perpendicularité des rayons du soleil, & qu'au contraire nous éprouvons un froid glacial pendant l'Hiver, où l'arc diurne, fort diminué, ne nous fait recevoir que très-obliquement les rayons du soleil.

On sait encore que si, en quelque saison que ce soit, on veut rassembler & rendre brûlants ces rayons du soleil, on n'y parvient qu'autant qu'on y présente le verre ardent dans la direction la plus perpendiculaire; l'effet est d'autant plus foible, que les rayons y portent le plus obliquement.

D'après ces notions, ne devient-il pas évident que lorsque les vitrages seront disposés de maniere que les rayons du soleil les frappent le plus perpendiculairement possible; n'est-il pas évident que dans cette disposition ils feront le plus grand effet?

En partant donc de ce point qui me semble incontestable, il devient facile de connoître & de décider s'il est convenable d'incliner les vitrages des chassis & des serres chaudes, & quelle est la meilleure inclinaison qu'on puisse leur donner.

C'est cependant sur quoi on n'est point d'accord; c'est sur quoi on parle, & on opere si diversement qu'il n'est pas rare de voir des serres chaudes, dont le vitrage antérieur est disposé perpendiculairement, & qui pis est des chassis disposés presque horizontalement.

Cependant tel est le bon usage des verres, que quoique mal disposés, ils ne laissent pas de faire toujours un effet sensiblement bon;

ce qui fait qu'on s'en tient à la position qu'on leur a donnée, ou par hasard, ou par fantaisie, sans prendre en considération l'effet bien supérieur que produiroient ces verres étant mieux disposés.

La meilleure disposition des vitrages est incontestablement celle qui les met en état d'être frappés perpendiculairement des rayons du soleil : comme son cours n'est pas le même dans toutes les saisons de l'année, il semble d'abord qu'il faudroit faire varier cette disposition ; mais cela n'est pas nécessaire, parce que ce n'est que vers la fin de l'Automne, pendant l'Hiver & au commencement du Printemps, temps auquel les rayons du soleil frappent le plus obliquement notre zone tempérée, que les vitrages sont vraiment utiles : ainsi c'est sur l'obliquité du soleil dans ces saisons qu'il convient de se régler.

Nous établirons pour regle générale qu'il faut incliner les vitrages de la quantité des degrés du complément de l'élévation du pôle, ou du degré de latitude du lieu où l'on est.

Par exemple si la latitude est de 48 degrés, telle qu'est à peu près celle de Paris, le complément de cette latitude sera de 42 degrés, inclinaison la meilleure qu'on puisse donner aux vitrages des chassis sur couche & aux vitrages supérieurs d'une serre chaude ; car le passage qui doit rester libre dans la serre, & l'usage de mettre des pots sur la tablette, ne permettroient pas une telle inclinaison au vitrage antérieur, qu'il est toujours bon d'incliner autant que la disposition de la serre peut le permettre.

On voit donc que l'inclinaison de 42 degrés est la meilleure que l'on puisse donner aux vitrages dans la latitude de Paris, pour leur faire recevoir pendant l'Hiver les rayons du soleil le plus perpendiculairement possible : plus on s'éloignera de cette inclinaison donnée, moins les vitrages feront d'effet, parce que les rayons du soleil deviendront d'autant plus obliques que les verres approcheront plus de la ligne horizontale, & pour lors les rayons du soleil ne font plus que glisser dessus.

L'ignorance de plusieurs Jardiniers est cependant telle à ce sujet, qu'il n'est pas rare de voir des chassis posés presqu'horizontalement.

Lorsqu'on met des chassis sur les couches, il faut laisser environ deux pieds de marge de tous côtés, parce que la gelée y pénétreroit si on les mettoit trop près des bords de la couche ; on les couvre avec des paillassons, & on les réchauffe avec du fumier nouveau, comme nous avons dit des couches recouvertes de cloches.

Il y a une autre construction de chassis qui est la plus usitée, comme meilleure & plus durable. La couche est renfermée dans une enceinte de maçonnerie ou de bois assez épaisse, qui porte les chassis ; la construction en est si connue, que je ne m'y arrêterai pas : mais il n'en est pas de même de l'inclinaison des vitrages, qui doit être telle que nous venons de le dire, & de quelques pratiques dont nous allons parler.

Quelques-uns conservent encore l'ancienne maniere de construire les chassis en petits bois qui traversent les vitrages, comme aux croisées des appartements; cette pratique est mauvaise, & elle est abandonnée aujourd'hui par tous ceux qui ont voulu en reconnoître les inconvénients.

1°. Cette quantité de bois employée dans les chassis, rend la surface des verres moins étendue, & absorbe ainsi une partie de la lumiere.

2°. Les eaux qui s'arrêtent & filtrent sur ces bois de traverses les pourrissent en peu de temps, & pénetrent dans l'intérieur, par le défaut des parties de mastic qui viennent à manquer.

Il est beaucoup mieux de ne point mettre de bois de traverses, & de ne former l'assemblage des chassis que de tringles longitudinales, qui supportent suffisamment les carreaux de verre, posés de maniere qu'ils se recouvrent les uns les autres d'un bon pouce d'étendue: ces carreaux arrêtés avec des pointes & une couche de bon mastic, sont suffisamment & solidement fixés.

Il faut avoir attention de choisir de bon bois de chêne bien sec pour faire ces tringles, & de leur donner une épaisseur & une force suffisantes, parce que la chaleur du soleil faisant jouer & déjetter ces bois, il arrive que les carreaux de verre se cassent, ne pouvant se prêter, comme on sait, à un pareil dérangement.

C'eſt pourquoi ceux qui voudront conſerver le plus de jour poſſible aux vitrages, feront très-bien de faire ſupporter les carreaux par des tringles de fer ; la dépenſe en eſt modique, & on eſt bien dédommagé par la ſolidité & la durée des chaſſis.

Il eſt de fait que moins il y a d'eſpace ſous les vitrages, à proportion de l'étendue de leur ſurface ; c'eſt-à-dire, moins le volume d'air eſt conſidérable & plus la chaleur eſt vive & durable. C'eſt pourquoi les ſerres les moins élevées ſont celles qui ſont toujours les plus chaudes, toutes choſes d'ailleurs égales.

Cette obſervation, qu'il ne faut pas perdre de vue par rapport aux chaſſis, ne paroît pas s'accorder avec l'inclinaiſon que nous avons dit qu'il faut leur donner, parce que pour lors il ſe trouveroit vers le fonds des chaſſis un aſſez grand éloignement des plantes au ſommet du vitrage ; mais il eſt aiſé d'y remédier.

Lorſqu'on forme la couche de fumier dans l'enceinte de la maçonnerie, il faut avoir attention d'élever le fumier dans le fonds, de ſorte qu'on l'amene en pente, proportionnée à peu près à l'inclinaiſon du chaſſis, depuis le fond juſqu'au bord antérieur ; cette diſpoſition du fumier & du terreau, dont on le recouvre, forme une eſpece d'ados favorable à l'accès des rayons du ſoleil, & qui rapproche les plantes du vitrage auſſi près qu'on le veut.

Je ne ſais pourquoi eſt ſi peu pratiquée cette

cette méthode très-bonne, & dont j'ai reconnu les excellents effets pour toutes les plantes, & sur-tout pour les melons; on y gagne même du terrain pour les plantes rampantes; en étendant ainsi la surface, ces chassis en maçonnerie ont de plus l'avantage de pouvoir être échauffés par des tuyaux de chaleur que l'on y fait passer: ce sont les plus favorables à la culture & au succès des Ananas.

Un Jardinier de Paris, nommé Mallet, s'est affiché avantageusement pour une nouvelle construction de chassis, qu'il appelloit, je ne sais pourquoi, chassis économiques. Ce seul mot économique, qui excite d'abord l'attention de tout le monde dans notre siecle, que le luxe ne rend cependant point du tout économique, donna une grande célébrité aux chassis de Mallet; ils n'avoient essentiellement rien de différent des autres, si ce n'est que les vitrages, au lieu d'être plats, étoient arrondis & les rapprochoient ainsi de la forme des cloches. Il est certain que les verres dans cette forme arrondie présentent toujours quelques parties qui reçoivent perpendiculairement les rayons du soleil, ce qui est un avantage réel; mais l'emporte-t-il sur la difficulté & les inconvénients de la construction, sur la dépense & les réparations fréquentes auxquelles elle est nécessairement sujette? Il y a apparence que ces considérations n'ont pas porté à adopter cette méthode, puisqu'on ne voit pas qu'elle ait été suivie, malgré les annonces merveilleuses de son auteur.

La lumiere qui paſſe au travers des verres n'en eſt pas moins eſſentielle à la végétation, quoique le ſoleil ne luiſe pas.

J'ai vu des gens qui, ayant mis un poële dans une chambre, prétendoient en faire une ſerre chaude; ils n'ont pas été long-temps à reconnoître leur erreur, puiſque l'expérience prouve que dans une chambre, fût-elle conſtamment plus échauffée que ne l'eſt ordinairement une ſerre vitrée, les plantes y dépériſſent ſenſiblement au lieu d'y végéter; il n'y a que celles que l'on met tout près des vitrages qui s'y ſoutiennent en bon état.

Il faut abſolument pour que les plantes puiſſent végéter, qu'elles ſoient frappées de la lumiere ſupérieure, & plus elles la reçoivent de tous côtés, & mieux elles réuſſiſſent.

En partant de ce principe, une ſerre dont toute la partie antérieure eſt en vitrage, mais qui eſt couverte d'un toit, ſur-tout ſi elle eſt élevée & peu profonde, ſera ſans doute meilleure pour la conſervation des plantes, que celle qui, étant recouverte d'un plancher, n'a que quelques croiſées; mais elle ne fera jamais le même effet que celle dont toute la toiture eſt en vitrage, ou au moins vitrée en grande partie.

J'ai toujours remarqué que dans ces ſerres couvertes en totalité ou en partie d'une toiture opaque, les plantes qui ſe trouvent ſous la partie couverte s'inclinent toutes du côté du vitrage, & cela plus ou moins, ſelon qu'elles en ſont plus ou moins éloignées.

Ces faits bien reconnus, ont déterminé les Cultivateurs, habitants d'une partie de la ſphere encore plus oblique que la nôtre, à conſtruire leurs ſerres tout en vitrage : c'eſt ainſi que j'en ai vu en Angleterre, qui paroiſſent de vaſtes maiſons de verre ; cet édifice lumineux porte ſur une maçonnerie élevée de trois à quatre pieds.

On vient d'en faire conſtruire de pareilles à Navarre, ſur les plans qu'en a donné un habile Jardinier Anglois, que M. le Duc de Bouillon a fait venir. Ces ſerres vaſtes & d'une belle conſtruction, ſont accompagnées d'une double galerie en chaſſis, où les Ananas croiſſent & réuſſiſſent ſi parfaitement & ſi abondamment, que ce Seigneur en voit ſervir pluſieurs ſur ſa table tous les jours de l'année.

Les plantes les plus délicates & originaires des pays les plus chauds, proſperent, fleuriſſent & fructifient dans ces ſerres.

On fait paſſer ſous les vitrages quelques ceps de vignes plantés extérieurement ; les productions en ſont très-précoces.

Puiſque je parle de ces ſerres, je ne peux m'empêcher d'en donner une petite deſcription, qui ne ſera pas inutile à ceux qui voudroient s'en procurer de ſemblables en petit, & pour détromper ceux qui croient qu'on ne peut rien exécuter de pareil qu'à très-grands frais.

On voit à Navarre, ſur la pente d'un terrain à l'expoſition du Midi, s'élever un vaſte bâtiment en vitrage, qui eſt au rez de chauſsée d'un côté, quoiqu'il paroisse fort exaucé de l'autre.

Le long des murs de cet exhaussement, se prolongent des deux côtés, les chassis bas pour la culture des Ananas ; je dis des deux côtés, car il y a au milieu un corps avancé, qui forme une serre chaude dans la forme d'un bâtiment en quarré long, fermé en-dessus & par les côtés uniquement par les verres.

On arrive de plein-pied, par la partie supérieure de ces terres, dans un sallon qui prend son jour par les croisées qui donnent de ce côté, & par les parties latérales qui sont presqu'entiérement en vitrages, qui laissent appercevoir de droite & de gauche deux vastes serres chaudes qui forment deux especes de galeries qui accompagnent ce sallon, & qui n'en sont séparées que par cette clôture transparente, qui donne toute la liberté au coup d'œil.

Les portes vitrées étant ouvertes, le sallon & les galeries ne paroissent plus qu'une continuité d'espace & de promenade.

Ce qui reste de muraille dans ce sallon, est recouvert de glaces qui répetent & semblent multiplier la verdure toujours vive, & l'éclat des fleurs animées & conservées par la douce chaleur qui regne constamment sous ces vitrages, en dépit de la température extérieure.

La plus grande rigueur de l'Hiver inaccessible aux plantes qui sont sous ces vitrages, ne les empêche point de végéter vivement, de produire un feuillage verdoyant & des fleurs brillantes & odorantes.

Le coup d'œil de ce sallon charmant seroit croire qu'on vient d'être transporté subitement dans les Indes, si la terre que l'on voit au travers des croisées, couverte de neige & de frimats, si la Nature languissante dans un athmosphere glacial, si l'aspect de tous les objets extérieurs ne rappelloit qu'on n'a pas changé de climat, & que le Printemps, dont on jouit dans ce lieu délicieux, est pour ainsi dire enchâssé dans le cœur de l'Hiver.

Mais il n'appartient, dira-t-on, qu'à un riche & puissant Seigneur de se procurer de pareils agréments. Cette idée exclusive seroit mortifiante, & je veux ici la détruire.

Qu'on ne croie pas que cette dépense soit si considérable; il est arrivé plus d'une fois qu'un simple particulier a payé plus d'argent pour l'acquisition d'un seul tableau, qu'il n'en faut dépenser pour faire un pareil établissement, dont l'entretien n'est pas aussi cher qu'on le pense.

Mais on peut à bien moindres frais se procurer pareille jouissance, sinon aussi complette & étendue, peu différente pour l'effet: c'est ce que j'eus peine à persuader à un de mes amis qui en jouit aujourd'hui avec beaucoup de satisfaction.

Il a fait construire, selon mes conseils, une serre chaude attenante au sallon qu'il habite, & qui y communique au moyen d'une porte vitrée; de sorte que du coin de son feu il jouit d'un coup d'œil à peu près pareil à celui que je viens de décrire, & qu'il peut visiter sans peine ses plantes verdoyantes & en fleurs pendant les plus fortes gelées, & y trouver une température plus douce que celle de son appartement.

On seroit étonné du peu de dépense qu'a exigé cette construction qui procure autant d'agrément & de satisfaction pendant six mois de l'année, & on se tromperoit si on croyoit que l'entretien en fût dispendieux; il peut même devenir économique, puisque le foyer de l'appartement voisin peut être disposé de maniere que le feu qu'on y fait soit suffisant pour échauffer la serre.

On sait que la construction d'une serre chaude n'est pas d'une grande dépense; mais on est épouvanté par l'idée de son entretien, à cause de la consommation du bois que l'on croit bien plus forte qu'elle ne l'est. En effet, j'en ai une de trente-six pieds de longueur où il ne s'est pas brûlé une corde de bois pendant l'Hiver le plus rigoureux & le plus long.

Loin d'être un objet de dépense pour les Jardiniers, les chassis & les serres chaudes sont pour eux un moyen qui leur vaut beaucoup d'argent, par le produit des éleves, des légumes très-précoces, des roses & autres fleurs qui se vendent très-cher au mois de Mars, sur-tout dans une Ville comme Paris, où l'on compte pour rien la dépense, quand il est question de satisfaire les fantaisies.

CHAPITRE XIX.

Des Semis en terrines.

NOUS avons vu que l'effet de la chaleur des couches eſt ſuffiſant pour faire germer & croître les ſemences couvertes par des cloches ou chaſſis pendant l'Hiver : c'eſt le ſeul moyen de faire opérer la végétation pendant cette ſaiſon.

Au mois de Mars, pluſieurs ſemences germent & levent en pleine terre & en plein air. Mais il en eſt beaucoup d'autres plus délicates qui, ne trouvant pas la terre encore ſuffiſamment échauffée, y pourriſſent ſans faire aucune production.

C'eſt pour cette raiſon & pour pluſieurs autres, que l'on ſeme dans des vaſes les graines les plus fines & les plus précieuſes qui réuſſiſſent toujours bien mieux qu'en pleine terre, où il n'eſt pas poſſible de donner les préparations & les ſoins dont nous allons parler.

Je peux donner comme une très-bonne méthode celle que je vais expliquer, puiſqu'elle me réuſſit parfaitement bien depuis pluſieurs années, même ſur des graines ſi difficiles à faire réuſſir, que je n'avois jamais pu y parvenir par d'autres moyens.

Il faut choiſir des vaſes, ſoit en forme de terrines ou de cuvettes, qui aient au moins quatre ou cinq pouces de profondeur ; on aura foin de les percer de plufieurs trous par le fond pour laiffer libre l'écoulement des eaux.

On emplit ces vafes aux deux tiers de leur profondeur de bonne terre de potager, bien criblée & plus feche qu'humide; on la foule légérement avec la main; on met par-deffus une couche de terreau de bruyere, tamifé à fec; on en remplit la cuvette; on preffe enfuite & on unit bien ce terreau avec la paume de la main; cette opération fait defcendre la terre à environ un pouce du bord de la terrine; on répand la femence fur cette furface de terreau foulé & applati, de maniere qu'elle foit le plus également difperfée qu'il eft poffible; on tamife par-deffus une épaiffeur de ce même terreau plus ou moins forte, felon la groffeur ou la fineffe de la graine, obfervant en cela ce que nous avons dit au Chapitre des Semences.

Il faut enfuite fouler & preffer avec la main cette couche de terreau, afin que les graines fe trouvent bien enveloppées; fi ce font des graines très-fines, il ne faut pas y faire autre chofe; mais fi les graines font affez groffes, il eft bon de tamifer enfuite par-deffus une légere couche de terreau que l'on ne foule pas.

Comme j'ai recommandé d'employer un terreau plus fec qu'humide, il faut lorfque l'on a femé le bien arrofer; ce qui ne peut fe faire qu'à différentes reprifes & avec beaucoup de précaution pour les graines très-fines, & que l'on n'a par conféquent que légérement recouvertes.

Le meilleur moyen pour cet effet, d'où dépend la réussite des graines fines, est d'avoir auprès de soi un petit baquet ou seau plein d'eau dans laquelle on trempe un balai de bouleau; & après l'avoir fait égoutter & secoué au-dessus du seau, on le tient au-dessus de la terrine que l'on a ensemencée; & en donnant avec la main de petites secousses sur le manche, on en fait tomber une espece de petite pluie fine qui en humectant le terreau, n'en dérange point la surface : on réitere cette opération de terrine en terrine, jusqu'à ce qu'on juge qu'elles sont suffisamment mouillées.

Si la grosseur de la graine a permis de la recouvrir de l'épaisseur de plus d'un quart de pouce, on peut se servir d'un moyen plus expéditif & plus facile; c'est de poser vers le milieu de la terrine une petite lame de plomb laminé ou un morceau d'ardoise, & de faire couler de l'eau dessus avec un petit arrosoir; l'eau par sa chûte sur la lame de plomb, ne forme aucunes cavités dans le terreau; & elle se répand sur toute la surface de la terrine, sans aucun inconvénient. Je me suis même servi avec encore plus de facilité & le même succès d'une feuille d'arbre. Il n'en est pas de même si on répand l'eau avec la pomme d'un arrosoir : je n'ai jamais pu réussir à y faire passer l'eau en pluie assez fine. Si l'arrosoir est percé de trous suffisamment gros pour que l'eau y coule par jets, ces jets forment des cavités & dérangent la surface du terreau & les graines.

Si les trous sont très-petits, l'eau, au lieu de sortir par jets, forme le long de la pomme une nappe qui se réunit & tombe en gouttiere qui dérange & gâte tout.

J'ai donc éprouvé que l'usage de l'arrosoir, quel qu'il soit, & quelque précaution que l'on prenne, culbute les semences fines avant leur germination, & déracine après les jeunes plantes ; ce qui n'a point lieu au moyen des pratiques dont je viens de parler, & dont je me suis toujours bien trouvé.

On sent qu'une pluie forte feroit encore plus de mal que l'arrosoir ; c'est pourquoi, si on laisse les terrines exposées aux injures du temps, il faut avoir soin de les couvrir d'un lit de paille longue ou de mousse, pour parer à l'effet des gouttes de pluie ; mais il ne faut pas y laisser cette couverture quand on voit les semences lever, & le mieux est de les mettre sous quelqu'abri lorsqu'il pleut fortement ; car on doit avoir en vue que les semences fines ne restent pas tout à fait à découvert, & que la superficie du terrain battu par les pluies & par les arrosements ne se durcisse pas.

On peut, selon le temps, mettre ces terrines au soleil ou à l'ombre, les mettre à couvert de la gelée, de la grêle, de la neige & autres frimats ; avantage que ne peuvent avoir les semis en pleine terre.

Lorsqu'on veut accélérer la germination & les progrès des semences, on enfonce les terrines dans une couche modérément chaude, & on les couvre avec des cloches : on peut ainſi, ſans danger, faire beaucoup plutôt les ſemis; c'eſt ce que je pratique toutes les années; & pour cet effet, j'ai fait faire des jattes de terre d'environ cinq pouces de profondeur & d'un diametre un peu plus petit que celui des cloches ordinaires qui ainſi les recouvrent aiſément.

Lorſque les jeunes plantes ſont déja un peu fortes & que l'air échauffé & la ſaiſon ne laiſſent plus appréhender de gelées, après avoir ſoulevé de temps en temps les cloches pour les accoutumer à l'air par degrés, on retire les jattes de deſſus les couches, & on les met à l'ombre, car elles périroient ſi on les expoſoit d'abord au ſoleil en ſortant des cloches.

Au moyen de ces précautions, on a dès la premiere année des plantes ſi vigoureuſes & ſi fortes que j'en ai fait paſſer pluſieurs en pleine terre ſans aucune couverture pendant l'Hiver ſuivant.

Nous parlerons de la maniere de conſerver les ſemis pendant la premiere année.

Je ne connois aucune eſpece de terre où les graines germent & réuſſiſſent auſſi bien que dans le terreau de bruyere: comme j'aurai encore occaſion d'en parler, il eſt bon de connoître ſa nature & ſa préparation.

Dans les lieux où la bruyere croît depuis long-temps, on trouve à la ſurface du terrain une couche plus ou moins épaiſſe d'une eſpece de terreau noir qui eſt produit par la décompoſition des racines de bruyere; on leve cette couche par mottes que l'on brise aisément, & en la passant au crible, on obtient un terreau noir dégagé des herbes & des racines dont il étoit rempli : voilà le terreau de bruyere dont nous parlons, qui est excellent pour les semis & pour plusieurs autres productions que nous aurons soin d'indiquer.

Il est d'autant plus nécessaire de tenir les semis dans une position un peu ombragée, que ce terreau, quoique gras, se desseche plutôt que tout autre ; ainsi il faut avoir soin de l'arroser souvent pendant la chaleur de l'Eté.

Nous avons indiqué les précautions qu'il faut prendre dans les commencements ; mais lorsque les jeunes plantes sont un peu fortes, on peut les arroser alors tout simplement avec un petit arrosoir, en faisant tomber l'eau le plus près possible des plantes : c'est toujours un mal de la répandre de fort haut.

Lorsque les chaleurs de l'Eté sont passées, on peut mettre les semis en plein soleil qui alors ne leur est plus nuisible.

On peut transplanter & mettre en pleine terre, dès le commencement de l'Automne, les plantes que l'on jugera assez vigoureuses & assez fortes pour pouvoir résister à la rigueur de l'Hiver : on laissera les autres dans les terrines qu'on mettra dans une serre.

A l'égard des semis qui n'auront pu être faits qu'en Eté, & qui ont fait encore peu de progrès, il est mieux de les renfermer dans une serre vitrée où il y a un poële, dans laquelle on n'entretient qu'un degré de chaleur assez foible, car l'intention n'est pas qu'elles y fassent aucune production pendant qu'elles y séjournent ; on les tient seulement à couvert de la gelée & des frimats ; il ne faut pas que la serre soit humide, elles y moisiroient & pourriroient.

Ce jeune plant sera plus difficile à sauver pendant l'Hiver, s'il n'a encore poussé que ses premieres feuilles ; car toutes les plantes éprouvent une maladie qui leur est plus ou moins funeste, lorsqu'elles commencent à produire leurs secondes feuilles : on perd même encore beaucoup de plantes, lorsqu'elles n'ont que foiblement poussé leurs secondes feuilles vers la fin de l'Automne.

Lorsque l'Hiver est passé & que l'on sort les terrines, sur-tout d'une serre chaude, il ne faut les exposer à l'air que peu à peu, & se bien garder sur-tout de les mettre d'abord au soleil ; il arrive souvent que des plantes qui s'étoient bien soutenues & s'étoient montrées vigoureuses pendant l'Hiver, meurent presque subitement quand on les retire de la serre, si on n'use pas de beaucoup de précautions.

CHAPITRE XX.

Des Semis dans les jardins.

LA saison la plus favorable pour semer les graines en général, est celle du Printemps ou de l'Automne ; en Hiver elles pourriroient sans germer, ou si elles germoient, la gelée en feroit périr la plus grande partie ; en Eté, le desséchement de la terre est contraire à la germination, & la trop grande ardeur du soleil brûle les jeunes plantes : il ne faut donc semer que dans des saisons tempérées, comme en effet on le pratique ordinairement ; à l'exception de quelques plantes potageres dont on veut jouir en tout temps, & que l'on fait réussir en Eté en les ombrageant & les arrosant.

Il y a trois différents procédés pratiqués pour les semis : on répand au hasard les semences sur le terrain, ou on les dépose dans des rigoles tracées à vue ou au cordeau, ou enfin on met les semences dans des trous faits avec un piquet, nommé plantoir : nous allons parler séparément de ces procédés d'usage ordinaire.

1°. On répand au hasard les semences sur le terrain, & ensuite on les recouvre au moyen d'un rateau dans les jardins, & de la herse dans les champs.

Cette méthode, la plus généralement pratiquée, est cependant évidemment la plus défectueuſe, puiſque les ſemences ne ſont pas répandues & diſperſées également; il eſt impoſſible que toutes les graines ſoient recouvertes, & elles ne peuvent l'être à même profondeur ; il en périt beaucoup, ſoit par les gelées, ſoit par les oiſeaux qui mangent celles qui ſont reſtées ſur terre, avant ou après leur germination, lorſqu'elles n'ont pas été ſuffiſamment recouvertes.

Il eſt ſans doute plus aiſé de parer à ces inconvénients dans la culture des jardins que dans celle des champs où l'étendue du terrain & les grands ſémis exigent des procédés expéditifs ; il eſt connu que les inſtruments aratoires dont on fait uſage laiſſent néceſſairement bien des défauts dans la culture : nous en parlerons dans le Chapitre ſuivant.

Lorſque le terrain a été bien préparé & foui profondément, comme nous l'avons recommandé, on le diviſe en quarré long ou planches ſur leſquelles on ſeme, à la main, des graines potageres, telles que l'oignon, la laitue, les choux, &c., en obſervant de les répandre le plus également poſſible & en quantité ſuffiſante ; il eſt bon, ſur-tout lorſque les graines ne ſont pas très-fines, de commencer par frapper la terre avec les dents du rateau, à petits coups, dans toute l'étendue de la planche ; enſuite il faut battre fortement la terre avec le dos du rateau ou même avec l'inſtrument dont nous avons parlé ; après quoi on ratelle légérement la ſuperficie du terrain.

Une méthode que les Jardiniers ſoigneux

ne doivent jamais manquer de pratiquer dans les terres légeres & seches, c'est de disposer leurs planches de maniere que le milieu soit un peu plus enfoncé & les bords du quarré plus élevés, afin que les eaux de pluie & des arrosements ne s'écoulent point à pure perte dans les allées ; & qu'elles soient retenues dans la planche au profit des plantes.

On doit pratiquer tout le contraire dans des terres naturellement trop fraîches & trop humides ; c'est-à-dire qu'il faut élever le milieu de la planche en dos de bahut, afin de donner l'écoulement aux eaux qui pour lors pourroient devenir nuisibles.

C'est ainsi qu'on peut faire dans les jardins des semis de plusieurs arbres qui fournissent abondamment du jeune plant pour mettre en pepiniere la seconde ou la troisieme année : on peut même faire ces semis sans rien prendre sur les quarrés des potagers, & sans rien retrancher du terrain réservé pour les plantes d'usage dans le jardin ; il ne faut pour cela que creuser dans le milieu des allées les moins fréquentées, en laissant un passage libre des deux côtés de l'excavation : si la terre qui s'y trouve est bonne, on se contentera de lui donner quelques amendements avant d'y faire les semis ; mais si elle étoit mauvaise, on fera mieux d'y en rapporter de meilleure. Par ce moyen bien facile & qui ne diminue en rien les récoltes ordinaires du jardin, on peut se procurer beaucoup de jeunes plants de différents arbres.

Il ne faut pas négliger de couvrir pendant l'Hiver

l'Hiver les ſemis faits en Automne, de même que le jeune plant de l'année précédente ; mais il faut bien ſe garder de les couvrir avec du fumier où de la litiere, comme il eſt preſcrit dans pluſieurs Ouvrages d'Agriculture ; cet uſage eſt pernicieux à pluſieurs égards : cette litiere fraîche attire une quantité d'inſectes qui devorent & nuiſent beaucoup aux germes des graines & aux racines du jeune plant, il vaut mieux faire uſage de paille de peu de valeur, comme celle d'orge ou d'avoine ; ce qui n'eſt pas encore ſans inconvénient, parce que ces pailles en s'affaiſſant ſur le terrain empêchent la circulation de l'air, & entretiennent une humidité qui fait moiſir & pourrir les jeunes tiges.

Après n'avoir que trop éprouvé les dangereux effets de ces couvertures de litiere, j'y en ai ſubſtitué une autre dont je fais uſage avec ſuccès depuis pluſieurs années ; je me ſers de rameaux de bruyeres que j'ai reconnu être ſuffiſants pour affoiblir les effets de la gelée & du hâle du commencement du Printemps ; j'en fais une couverture d'environ ſix pouces d'épaiſſeur ſur mes ſemis & mes jeunes plants, & même ſur les planches de fleurs, telles que les anémones, renoncules, hyacinthes & autres plantes délicates.

L'expérience m'a prouvé que cette ſimple couverture les conſerve ſuffiſamment, ſans avoir aucun des inconvénients de la couverture de litiere ; l'air circule au travers de ces rameaux ; il ne s'y trouve point d'humidité pourriſſante, comme ſous la paille ; &

les insectes qui s'y trouvent plus à découvert, ne s'y refugient pas aussi volontiers. Je ne saurois trop recommander ce procédé dont j'éprouve les bons effets depuis plusieurs années. Ceux qui ne seroient point à portée de se procurer des bruyeres, pourroient y suppléer au moyen de fougeres, joncs-marins ou autres menus branchages & broussailles.

Cette espece de couverture est très-bonne pour les artichaux; on sait qu'en les couvrant de fumier, comme on est dans l'usage de le faire, on en fait souvent périr une partie, & qu'on trouve toujours ces plantes, quand on les découvre au Printemps, à demi pourries & en très-mauvais état; ce qui n'arrive point sous le genre de couverture dont je viens de parler, les plantes & leurs feuilles s'y conservent verdoyantes.

2°. Les planches étant préparées & formées comme nous l'avons dit, on y trace à vue ou au cordeau des rayons ou rigoles plus ou moins espacées selon les genres des plantes, & plus ou moins profondes, selon la grosseur des graines; & après y avoir répandu les semences, on les recouvre & on frappe ensuite le terrain, comme nous l'avons recommandé.

Il est à regretter que cette seconde méthode ne convienne pas également à tous les semis; car elle seroit bien préférable à l'autre, parce que les graines sont placées à la même profondeur, & que toutes sont également recouvertes.

De plus, lorsque l'on seme ainsi en rayon, on peut user d'un moyen très-favorable à la germination qui n'est pas pratiquable dans l'autre maniere.

J'ai dit qu'il étoit bon pour hâter la germination, de faire tremper les graines dans une eau préparée ou simplement dans l'eau pure ; mais si on déposoit ces graines dans une terre seche, & qu'il arrivât qu'il ne tombât pas de pluie pendant plusieurs jours, alors les lobes, gonflés par l'introduction de la liqueur dans laquelle on les auroit fait tremper, se dessécheroient, & le germe périroit infailliblement.

Pour prévenir cet accident, il faut avec un arrosoir sans pomme, répandre de l'eau dans les rayons où on a déposé les graines, & on les recouvre avec la terre seche de droite & de gauche du rayon ; ce qui ne fait que mieux battre & serrer les parties du terrain ; & quand toute la planche est ensemencée & battue, comme il a été dit, on arrose bien tout le terrain avec la pomme de l'arrosoir ; ce qu'il ne faut pas négliger de faire tant que le temps continue à être sec.

Il y a encore un avantage à semer ainsi en rayon, c'est qu'on peut sarcler plus aisément les quarrés, & dégager les jeunes plantes des mauvaises herbes ; mais on est obligé de lever plutôt les plantes, parce que les racines qui s'engagent les unes dans les autres, se nuisent réciproquement, & que les tiges trop rassemblées souffrent également.

3°. Après avoir tracé sur le terrain préparé des lignes convenablement espacées, on y fait des trous avec un plantoir, dont le bout doit être obtus, & non pointu; c'eſt dans ces trous, diſtants d'environ quatre pouces les uns des autres, qu'on dépoſe les groſſes ſemences, telles que celles de châtaignes, de noix, de gland, &c.

Il faut avoir ſoin de bien preſſer la terre ſur chaque ſemence avec la même cheville ou plantoir, dont, comme je viens de le dire, l'extrêmité ne doit pas être pointue, parce que la pointe de la cheville ne formant qu'un trou d'un très-petit diametre, la graine ne porteroit pas ſur la terre, & ainſi la radicule courroit riſque de reſter dans le vuide & de périr : mais lorſque la cheville eſt entiérement cylindrique, c'eſt-à-dire d'un égal diametre, la graine porte toujours immédiatement ſur la terre du fond du trou.

Cette maniere de ſemis, outre la ſûreté de la germination, donne la facilité de couvrir les graines d'un bon terreau préparé dont on remplit les trous; ce qui donne aux jeunes plantes plus de vigueur & de force, ſans conſommer beaucoup de terreau.

Comme il arrive que ces ſemis, faits pendant l'Automne, ſont quelquefois ravagés par les taupes & les mulots; ſi on a eu la précaution de faire tremper les ſemences dans une infuſion de colloquinte, ces animaux n'y ſont plus de tort : ce moyen qui ne m'a pas paru nuire d'ailleurs aux graines, m'a très-bien réuſſi pour les préſerver.

Si après avoir fait germer ces groſſes ſemences pendant l'Hiver, comme nous l'avons dit, on ne les met en terre qu'au Printemps, il faut avoir attention de couper la radicule de chaque ſemence avant de la mettre en terre, en obſervant qu'elle porte ſur la terre du fond du trou, & il ne faut pas pour lors preſſer avec la cheville ſi fort ſur celle dont on le remplit.

Si les ſemences qu'on met en terre ſont groſſes, & qu'on les ait fait auparavant germer dans le ſable, on coupera la radicule; & après avoir tracé des raies au cordeau, à deux pieds les unes des autres, on y plantera à la cheville les ſemences à environ un pied de diſtance dans le ſens des rangées, ne les enfonçant en terre que de deux ou trois pouces; au moyen de cette manœuvre, elles peuvent être tout d'un coup miſes en pepiniere, où on les cultivera, comme nous l'expliquerons : mais ſi on n'avoit pas pu rogner leur pivot avant de les mettre en terre, il faudroit les arracher la ſeconde année, comme les ſemences fines dont nous allons parler.

Si les ſemences ſont moins groſſes, comme ſont les pepins de poires & de pommes, les ſemences du frêne, du charme, &c., nous ſuppoſons qu'on leur aura fait paſſer l'Hiver dans du ſable ou de la terre, ſuivant la diſpoſition plus ou moins grande que ces ſemences ont à germer; on les mettra en terre au mois de Mars, lorſque les grandes gelées ſeront paſſées; & alors on fera dans le terrain, préparé pour recevoir ces ſemences, des rigoles d'environ deux pouces de profondeur, & éloignées les unes des autres d'environ ſix pouces ; on ſemera pêle-mêle dans ces rigoles les ſemences & le ſable ou la terre avec laquelle on les aura mêlées, on les recouvrira de l'épaiſſeur d'un pouce de terreau de couche, que l'on preſſera légérement, ſi les graines ſont germées.

Ces rigoles reſteront un peu creuſes, ce qui eſt favorable pour l'humidité & la fraîcheur qui s'y entretient dans les terres légeres qui ſont toujours celles que l'on doit choiſir pour les ſemis, car ſi on étoit obligé de ſemer dans une terre forte & compacte, il faudroit y mêler du ſable pour la diviſer; ſi on n'étoit point à portée d'avoir du ſable, on pourroit faire uſage de démolitions de maçonneries, de vieux plâtreaux, de pierres calcaires, de morceaux de brique que l'on auroit battus & réduits en poudre, ou mieux encore de terreaux de bruyeres, ſi on eſt à portée de s'en procurer.

Voilà les amendements qu'il convient de donner aux terres dans leſquelles on veut faire des ſemis ; mais il faut bien ſe garder d'y mettre des fumiers nouveaux, ils y porteroient préjudice à pluſieurs égards, ſurtout en favoriſant la ponte des hannetons, dont la progéniture en vers blancs rongeroit le jeune plant.

J'ai vu des ſemis qui avoient très-bien levé & réuſſi la premiere année, entiérement ravagés les années ſuivantes par ces vers deſtructeurs, parce qu'on avoit mis du fumier dans le terrain où on avoit fait ces ſemis ;

ce que j'ai déja dit à ce ſujet, ſuffit pour faire connoître qu'on ne doit jamais employer de fumiers, ſur-tout au Printemps, à moins qu'ils ne ſoient entiérement réduits en terreau.

Quand les ſemences ſont très-fines, telles, par exemple, que celles du bouleau, il faut commencer par preſſer & battre la ſuperficie de la terre ſur laquelle on veut ſemer; & après l'avoir unie avec le dos du rateau, on y répandra les ſemences pêle-mêle avec le ſable ou la terre dans laquelle on les aura miſes pendant l'Hiver.

Ces ſemences, répandues ainſi ſur la ſuperficie du terrain, ſeront recouvertes de l'épaiſſeur d'un écu d'un terreau préparé, tel que celui compoſé de moitié terreau de couche, ou mieux de terreau de bruyere, & moitié terre meuble de potager bien mêlés enſemble; on unira enſuite cette couche de terreau répandue le plus également poſſible, & on la preſſera, en la battant avec le dos de la beche; après quoi on peut en gratter le deſſus, mais très-légérement, avec les dents d'un petit rateau: cette opération qui donne au terrain un coup d'œil plus ſatisfaiſant, peut encore favoriſer la circulation de l'air; car d'ailleurs on ne doit point craindre que ce terreau, léger & délié, puiſſe former une croûte qui empêche la ſortie des jeunes tiges, comme il arrive à une terre lourde & compacte.

Cette légere couche de terreau que nous recommandons principalement ſur des graines fines, non-seulement donne aux petites tiges la facilité de percer, mais de plus, les sels lexiviels, que les eaux en font découler, fournissent à la radicule des sucs qui lui sont propres & qui la fortifient ; & comme elle transmet ces sucs à la tige, on voit l'une & l'autre pousser avec vigueur.

Les semences d'orme doivent être traitées comme celles qui sont fort fines ; mais il faut les semer aussi-tôt qu'elles sont tombées des arbres ; c'est la seule semence de grands arbres qui mûrisse d'assez bonne heure au Printemps, pour être semée sur le champ, & qui leve dans l'année même.

Comme ces sortes de semis sont de peu d'étendue, on peut aisément les sarcler ; mais il faut bien prendre garde de ne pas arracher les petits arbres avec les mauvaises herbes ; ce qui arrive souvent en voulant arracher une plante bien enracinée, dont la motte enleve avec elle plusieurs pieds du jeune plant.

Pour éviter cet inconvénient, il vaut mieux couper pour lors, avec des ciseaux ou avec la pointe de la serpette, ces sortes de plantes le plus profondément qu'on le peut en terre ; ce qui pour l'ordinaire est suffisant pour la détruire & ne dérange rien aux semis, qu'il faut avoir soin d'arroser avec précaution dans les temps de sécheresse, sur-tout lorsqu'on vient de les sarcler.

Après avoir semé les graines fines, comme nous venons de le dire, il est bon de couvrir le terrain avec des rameaux d'épine, de jonc-marins, de bruyeres ou autres brouſſailles pour empêcher les oiſeaux & autres animaux d'y faire ravage, & ſur-tout les chats qui viennent volontiers gratter dans les terres nouvellement remuées ; de plus, ces rameaux, répandus ſur le terrain, empêchent, au moins en partie, qu'il ne ſoit battu & dérangé par de fortes ondées de pluie ; ce qui eſt fort à craindre pour les ſemis des graines fines qui ſont légérement recouvertes ; ils ſervent auſſi à entretenir la fraîcheur, en préſervant les ſemis des vents hâleux & ſecs du Printemps & de l'ardeur du ſoleil.

Si ces rameaux étoient diſpoſés de maniere qu'ils ne puſſent nuire au progrès des ſemis, il ſeroit avantageux de les y laiſſer pendant une partie de l'Été ; mais lorſqu'on voit qu'ils s'oppoſent à la ſortie & à l'élévation des tiges, il faut les retirer avec précaution, en choiſiſſant un jour pluvieux, ou du moins un temps ſombre & frais ; car les jeunes plantes qui auroient percé ſous la protection & à l'ombre de ces rameaux, ne manqueroient pas de périr, ſi on les découvroit tout d'un coup dans un temps où l'ardeur du ſoleil les frapperoit vivement.

Quoique nous ne parlions ici que des arbres indigenes & agreſtes qui ſupportent les fortes gelées, la délicateſſe de ce jeune plant, encore bien foible à l'entrée de l'Hiver, le met en danger de n'en pas ſupporter la rigueur, ſi on ne prend pas quelques précautions pour le conſerver, ſans quoi on en perd ordinairement beaucoup la premiere année : ainſi il eſt à propos de le défendre des grandes gelées, en le couvrant avec de la bruyere, fougere ou avec des feuiles ; mais jamais avec de la litiere ou fumier, dont j'ai déja parlé des mauvais effets : on ôtera cette couverture auſſi-tôt après que les grandes gelées feront paſſées.

L'Automne de la ſeconde ou de la troiſieme année on arrachera ces petits arbres pour couper leurs racines pivotantes, & les replanter à quatre pouces les uns des autres dans des rigoles diſtantes entr'elles d'environ un pied & demi, afin de pouvoir donner à la terre de petits labours ; & quand ces arbres auront reſté trois ans dans cette poſition, ils ſeront aſſez forts pour être mis en pépiniere.

Après avoir parlé des méthodes en uſage pour les ſemis dans des petits terrains, je vais en détailler une qui eſt encore peu connue, & qui eſt ſupérieure à tous égards à celles dont nous avons parlé ; je tiens cette méthode, que j'ai pratiquée avec ſuccès, de M. l'Abbé Nolin, Inſpecteur des Pépinieres du Roi. Ce ſavant Naturaliſte, & qui eſt auſſi Cultivateur très-éclairé, a porté l'art des ſemis & de l'éducation des arbres étrangers, au plus haut point de perfection connu : on voit chez lui avec étonnement, par rapport à la quantité & à la vigueur, des ſemis de toutes eſpeces, dont pluſieurs d'arbres exotiques & précieux qu'on a vainement tenté de faire réuſſir, en ſuivant les méthodes ordinaires.

J'ai suivi les bons exemples de cet habile Cultivateur ; je m'en suis très-bien trouvé : j'en vais rendre compte en expliquant les procédés dont il est ici question.

Après avoir creusé trois fosses de la profondeur de trois ou quatre pieds & de quatre pieds de largeur, je fis renduire le fond & les côtés de cette excavation avec de la terre glaise, de l'épaisseur de trois à quatre pouces ; je disposai des canaux vers le milieu du fond de ces fosses, de maniere que ces canaux se communiquant les uns aux autres, recevoient l'eau par le moyen d'un canal d'un plus grand diametre qui s'élevoit en dehors du terrain d'environ trois pieds de hauteur. Tous les tuyaux doivent être bouchés à leurs extrêmités, excepté à celles par où ils se communiquent ; mais il faut qu'ils soient percés de deux pieds en deux pieds de distance, de petits trous, pour laisser écouler l'eau dans toutes les parties de chaque fosse : après cette disposition de canaux souterrains, je fis remplir toutes les fosses d'un terreau composé d'un tiers de terre franche & de deux tiers de terreau de bruyere ; il faut envelopper ensuite tout le pourtour de cette espece de marais factice avec des paillassons, excepté cependant du côté du Nord que l'on laisse ouvert.

Les paillassons qui forment une espece de muraille qui ne doit pas avoir moins de douze pieds de hauteur, peuvent être faits en paille longue & forte ; mais mieux en roseaux, que leur solidité & leur durée doit rendre préférables. Ces paillaſſons doivent être ſoutenus par de groſſes & fortes perches, auxquelles on attache ſolidement d'autres perches de traverſe ; ce qui doit former un bâtis ſolide, auquel on lie & fixe bien les paillaſſons : on ſent la néceſſité des précautions que je recommande, ſans quoi la grande élévation de ces murailles de paille, qui préſentent une grande ſurface, ne pourroit réſiſter à la force des vents.

Comme on a laiſſé entre deux excavations un terrain plein d'environ deux pieds de largeur, les planches ſe trouvent ſéparées par cette partie de terrain ſolide qui forme les allées. Ces planches dont la longueur n'eſt déterminée que par le local ou la volonté du Cultivateur, communiquent du côté du Midi, dans toute leur largeur, avec une plate-bande qui les termine tranſverſalement ; de ſorte que ſuivant cette diſpoſition, il y a trois planches longitudinales, terminées par une autre tranſverſale du côté du Midi.

Mais comme les paillaſſons du côté de l'Orient & de l'Occident ſe trouvent trop diſtants de la planche du milieu pour pouvoir l'ombrager, on donne à cette planche ſept ou huit pieds de largeur, & on la coupe en deux parties égales, par une muraille de paillaſſons, dans toute ſa longueur ; ce qui forme quatre planches ſéparées dans les trois excavations, & une cinquieme en travers.

C'eſt ſur ces plates-bandes ou planches de terreau de bruyere que l'on fait, avec le plus grand ſuccès, toute eſpece de ſemis : les graines les plus fines & les plantes les plus délicates y réussissent à merveilles, parce qu'aux précautions dont nous avons parlé précédemment, se joignent plusieurs circonstances également favorables à la germination des semences & à la prospérité des jeunes plantes.

1°. Les paillassons très-élevés qui les abritent de très-près, les parent des coups de vent, de la grêle & des fortes ondées de pluie, dont les gouttes, poussées par les vents, tombent obliquement.

2°. Ces paillassons protegent & ombragent les plantes contre le hâle du Printemps & l'ardeur du soleil ; ce qui en fait périr beaucoup lorsqu'elles y sont exposées.

3°. Dans l'Eté le plus chaud & le plus sec le terrain de ces planches est toujours frais, & il y regne un athmosphere toujours humide.

J'ai omis de dire qu'il faut faire cet établissement le plus près possible de l'action d'une pompe qui puisse fournir une grande quantité d'eau, au moyen d'un couloir ou espece de gouttiere qui, d'un bout, reçoit l'eau, & de l'autre la verse dans le tuyau ou canal dont j'ai parlé, qui sort de terre extérieurement contre les paillassons. Cette eau suivant la disposition & la communication des canaux souterrains, va se porter & se répandre, par les ouvertures des canaux, dans toutes les parties des planches ; on continue à pomper jusqu'à ce que l'eau, retenue dans les fosses par la couche de glaise dont le fond & les côtés ont été bien renduits, monte dans le terreau très-près de sa superficie ; il n'est même que mieux de faire monter l'eau au-dessus, lorsque les jeunes plantes sont déja un peu fortes.

On voit que ces planches forment alors un espece de marais, mais d'une nature qui n'est point pourrissante ; toutes les plantes, & sur-tout la plupart de celles de l'Amérique Septentrionale qui ne peuvent absolument se passer de fraicheur, y réussissent admirablement bien.

La premiere opération de l'irrigation des fosses est pénible & longue ; elle ne se fait pas en un seul jour ; ce doit être l'ouvrage de deux hommes qui se relevent & pompent alternativement : mais quand ces fosses sont une fois remplies, l'entretien en est facile, & quelques petits arrosements de temps en temps sur la surface du terrain suffisent pour l'entretenir toujours frais, d'autant plus qu'il regne dans les cases, entre les paillassons, une athmosphere humide qui maintient toujours le feuillage des plantes dans la verdure la plus vive, pendant les plus grandes chaleurs, tandis qu'on voit les autres plantes flétries & souffrantes dans les autres parties du jardin.

4°. Les effets de la raréfaction & de la condensation se répetent plus fréquemment & plus efficacement ; au moyen de toutes ces circonstances, les plantes se fortifient & poussent très-promptement. J'en ai vu qui, au bout de six mois, étoient plus fortes &

plus élevées que d'autres qui étoient depuis deux ans dans un terrain ordinaire.

Si je m'étends aussi amplement sur cet excellent procédé, c'est qu'il mérite d'être connu & pratiqué, principalement pour les semis des graines précieuses & pour l'éducation des arbrisseaux rares de l'Amérique Septentrionale, tels que les azalea, kalmia, rhododendron, andromeda, magnolia, tulipier, cléthra, céphalante & autres plantes qui périssent dans un terrain sec, sur-tout si elles sont frappées du soleil, & qui réussissent admirablement bien dans l'espece de marais dont je viens de parler, & dont je ne peux trop recommander l'usage.

On y peut laisser toujours les arbrisseaux à racines fibreuses; mais les arbres qui doivent devenir grands, n'y doivent rester que jusqu'à ce qu'ils aient acquis assez de force pour être transplantés dans une terre forte; car les arbres ne font jamais de grosses racines dans les terreaux légers & déliés.

L'usage du terreau de bruyere est excellent pour les semis & les plantes en général dans les terrains frais & humides; mais ce terreau ayant beaucoup de disposition à se dessécher, ne convient & ne peut être bon dans les terres sableuses & arides, qu'autant qu'on auroit soin d'arroser souvent dans les temps de sécheresse: il est particuliérement très-bon pour la culture des plantes à racines fibreuses; les renoncules y prennent la plus grande vigueur, les hyacinthes & en général tous les oignons y font des merveilles. J'ai vu dans les potagers, où on avoit fait uſage de ce terreau, des oignons & des échalottes qui y avoient acquis une groſſeur ſurprenante : les choux-fleurs & pluſieurs autres légumes y réuſſiſſent auſſi très-bien. C'eſt le meilleur amendement poſſible, ſur-tout pour toute eſpece de terre forte, humide & froide : heureux celui qui eſt à portée de s'en procurer, lorſqu'il a un pareil terrain !

Au défaut du terreau de bruyere, on peut faire uſage de celui de feuilles, dont il faut ramaſſer une grande quantité pendant l'Automne, & les mettre en tas pour pourrir & être réduites en terreau ; mais on ſait que la réduction d'un gros volume de feuilles ne donne qu'une petite quantité de terreau, c'eſt pourquoi on le mêle avec du terreau de couche pour en augmenter la quantité.

Ce que j'ai dit au Chapitre des Semis, joint aux détails que je viens de donner dans celui-ci, eſt bien ſuffiſant pour guider ceux qui ne veulent enſemencer qu'une petite partie de terrain, auquel on peut faire application des différentes méthodes que j'ai expliquées ; mais quand il eſt queſtion de faire de grands ſemis, ces méthodes ne deviennent plus praticables ; il faut avoir recours à d'autres moyens dont nous allons parler dans le Chapitre ſuivant.

CHAPITRE XXI.

CHAPITRE XXI.

Des Semis en grand.

LEs procédés dont nous venons de parler ne peuvent convenir qu'à la culture de petites parties de terrain ; mais lorſqu'on veut entreprendre de faire de grands ſemis dans de vaſtes terrains, il faut néceſſairement avoir recours à d'autres moyens, qui, quoique moins bons, ſont néanmoins préférables, parce qu'ils ſont plus expéditifs & moins diſpendieux. Nous allons examiner les méthodes dont on fait communément uſage ; & après avoir obſervé leurs défauts, nous indiquerons les moyens d'y remédier.

On n'a ordinairement que trois objets pour les ſemis que l'on fait en grand : ou on ſe propoſe de former un grand bois, ou un taillis, ou une futaie. Ces trois différents objets exigent des procédés différents, ſoit pour les ſemis, ſoit pour leur éducation : nous allons en parler ſéparément.

Si on ſe ſert de la charrue, il faut labourer profondément, ſans cela on ne peut s'attendre qu'à de chétives productions de toute eſpece : mais il eſt bien mieux de retourner profondément la terre avec la houe & le pic ; ſeul moyen pratiquable dans un terrain dur & pierreux. Après ce premier labour, ſi le terrain ſe trouve mauvais, on fera bien de l'amender, soit avec de la marne, soit avec des terres rapportées, mais jamais avec du fumier.

Si le terrain a été creusé & retourné avec la pioche ou avec la beche, après avoir tracé des rangées à environ trois pieds les unes des autres, on y fait avec le piquet ou avec la houe des trous peu profonds, éloignés les uns des autres de deux pieds ; & ayant fait mettre dans chaque trou deux ou trois glands, ou deux châtaignes, on les recouvre d'environ deux pouces de terre, qu'on a soin de fouler avec le plantoir ou avec le pied.

Dans les premieres années on ne fait que ratisser la terre, seulement pour faire périr l'herbe ; mais les années suivantes, à mesure que les chênes & les châtaigners prennent de la force, on y donne des labours plus profonds : on continue à cultiver ainsi ce champ, jusqu'à ce que les arbres, devenus assez grands pour étouffer l'herbe, n'ont plus besoin d'aucune culture.

Cette façon de semer un bois est très-bonne ; mais comme les frais en sont considérables, elle ne doit être pratiquée que dans des terrains de peu d'étendue : lorsqu'on desire d'avoir promptement un beau bois, on peut pour s'indemniser en partie des frais des labours, semer entre les rangées de glands, des légumes, telles que des feves, des pois, dont on aura une récolte abondante dans une terre neuve & bien préparée. Cette opération convient particuliérement pour faire une belle futaie ; en ce cas si les semis ont bien réussi, comme les arbres feroient trop proche les uns des autres, il faut, lorfqu'ils ont acquis une certaine hauteur, en lever quelques-uns pour les mettre en pépiniere, & couper à fleur de terre les plus foibles de ceux qui étoient levés dans le même trou, & retrancher à ceux qui reftent les branches qui font mal placées. Si ce n'étoit l'avantage de profiter de ce jeune plant, on pourroit fe difpenfer de faire cet éclairciffement, parce que les plus forts arbres font périr par la fuite ceux qui font plus foibles, & qu'étant ainfi plantés en maffif, ils s'ébranchent bien d'eux-mêmes.

Au moyen des labours dont je viens de parler, il eft certain que les femis profperent beaucoup mieux, & croiffent plus promptement; mais ces labours ne font pas indifpenfables : l'expérience prouve que les chênes croiffent dans l'herbe, fans aucune culture; mais outre qu'ils ne profitent pas auffi-bien fans culture, il arrive fouvent qu'il en manque beaucoup, ce qui laiffe quelquefois de grandes clairieres qui font long-temps à fe regarnir.

Si on prépare le terrain avec la charrue, il faut labourer le plus profondément poffible; & après avoir bien retourné la terre par ces labours profonds, on fait ouvrir avec la charrue des raies de trois ou quatre pouces feulement de profondeur, & on y répand les glands ou les châtaignes, qui fe trouvent recouverts par le renverfement des terres de l'autre raie que la charrue forme à côté de celle-ci. Il faut enfuite pour preffer la terre, faire usage du moyen dont nous parlerons au Chapitre de la culture du bled : on emploie ordinairement 12 boisseaux de gland par arpent.

Voilà les meilleurs procédés pour faire bien réussir les semis, & faire croître promptement les arbres ; on sait que les labours leur sont très-avantageux, ainsi qu'à tous les autres végétaux ; mais comme la dépense de ces labours est considérable pour de vastes terrains, on peut en diminuer beaucoup la dépense, en ne labourant simplement que la ligne de terrain où on dépose les semences : pour cet effet on fait ouvrir avec la charrue des raies espacées de quatre pieds en quatre pieds, dans lesquelles on répand les glands, que l'on recouvre en formant une autre raie à côté de celle-ci ; par cette méthode, en diminuant considérablement les frais des labours, on peut se procurer d'assez beaux taillis, en faisant recéper plusieurs fois les jeunes arbres.

Lorsqu'on veut mettre en bois un pré ou un patis, il faut, après avoir renversé le gazon par un bon labour, avec une charrue à versoir, donner plusieurs labours d'Eté dans les plus grandes chaleurs, afin de briser les mottes & de détruire toutes les racines, qu'il faut ramasser & enlever avec des rateaux ou des herses à dents de fer ; ce qui demande beaucoup de précaution & de temps.

Cette opération est toujours meilleure, & souvent moins dispendieuse en la faisant avec la houe : cette espece de défrichement doit se faire avant l'Hiver ; on donne au Printemps ſuivant un autre labour à la terre, où on peut tout de ſuite ſemer de l'avoine pour s'indemniſer des frais de ces labours.

Immédiatement après la récolte de l'avoine, on labourera la terre, & on pourra finir cette culture par le binage qui ſervira à enterrer le gland.

Si on vouloit cependant continuer les labours & ne répandre la ſemence qu'à la fin de la ſeconde année, & dans cet intervalle faire une récolte de veſce ou de pois, on ſeroit plus aſſuré d'avoir détruit toutes les mauvaiſes herbes.

Quelque bien labourées qu'aient été ces terres, on y voit paroître beaucoup d'herbes, peu de temps après qu'on a ſemé le gland ; mais ce ne ſont ordinairement que des plantes annuelles, qui, quoiqu'elles ſe montrent fort grandes, ne font pas au jeune bois le même tort que les racines des gramens & ſur-tout du chiendent, dont une terre de pré ne peut être purgée qu'après bien des labours & des travaux pénibles & très-diſpendieux, comme je l'ai éprouvé.

Une méthode préférable à pluſieurs égards, eſt de brûler les herbes ; pour cet effet on fait peler les gazons, on en forme des fourneaux & on y met le feu, comme on fait aux terres à grain en Bretagne. Quand on en aura répandu les cendres, on donnera un bon labour avant l'Hiver, & enſuite un binage pour ſemer le gland avec du froment ou du ſeigle.

Cette méthode eſt d'autant meilleure, que

l'on fait périr les mauvaises herbes & la plus grande partie de leurs semences, & qu'on mêle avec le terrain une terre cuite, ou une cendre qui en augmente la fertilité.

S'il se forme des mares dans quelques endroits, on les desséchera par des saignées, ou on y mettroit des arbres de marais ; les aunes, les saules, &c. réussissent très-bien dans ces bas-fonds inondés.

C'est une regle générale que dans les terrains qui retiennent l'eau, & que l'on nomme *creux*, il faut labourer par billons, semer sur le billon, & diriger les sillons suivant la pente du terrain.

On doit faire tout le contraire dans les terrains secs, c'est-à-dire planter dans les sillons, & les diriger de façon qu'ils puissent retenir l'eau des pluies.

Si les places vuides paroissoient être des veines de mauvaises terres, on y planteroit du bouleau, sous lequel on peut ordinairement élever des chênes, du châtaigner, du pin, &c. Il faut éviter le plus qu'il est possible les cultures générales, parce qu'elles occasionnent trop de dépense, & qu'elles sont impraticables pour la plus grande partie des Propriétaires, lorsqu'il s'agit de grands objets.

Lorsque l'on entreprend de mettre un terrain en semis, pour le peu qu'il ait d'étendue il s'y trouve toujours des parties fort différentes, tant par la nature du sol, que par sa situation & son exposition. Telle partie qui n'est pas propre à un genre d'arbres, convient très-bien à un autre ; un Cultivateur éclairé ne manquera pas de mettre chacun à sa place : c'est le moyen de voir tout prospérer.

Si le terrain où l'on fait des semis étoit précédemment un pâturage où les bestiaux venoient habituellement, il est bien à craindre qu'il ne soit rempli de *mans* ou vers blancs qui détruiroient infailliblement les semis, soit la premiere ou la seconde année. Rien ne peut purger le terrain de ces vers destructeurs, que leur transformation en hannetons; c'est pourquoi il faut choisir l'année où ces insectes sortent abondamment de terre, & interdire l'entrée du terrain au gros bétail pendant le Printemps & l'Eté, & on fera les semis l'Automne suivante.

Je dois parler de la maniere de lever les gazons, ce qu'on appelle *égobuer* les terres ; on leve le gazon à la houe ; on appuie l'un contre l'autre deux gazons en forme de faîtiere, mettant l'herbe en dedans, pour les laisser secher pendant les chaleurs de l'Eté ; ensuite on en forme de petits fourneaux, dans lesquels on fourre quelques brouffailles seches.

Pour former ces fourneaux, on commence par élever une espece de tour cylindrique d'environ un pied de diametre dans œuvre ; l'épaisseur des parois est déterminée par la largeur des gazons ; mais on a l'attention de mettre toujours l'herbe en bas, & l'on ménage une porte d'environ dix pouces d'ouverture du côté où le vent regne le plus ordinairement pendant l'Eté. Au-dessus de cette porte on met un bout de planche ou un morceau de bois qui sert de linteau, & on acheve la construction de ce fourneau, en faisant avec les mêmes gazons une voûte semblable à celle d'un four à cuire le pain, excepté qu'on ménage une ouverture au centre de la voûte.

On place ces fourneaux à quatre pas les uns des autres ; ils couvrent ainsi, en grande partie, tout le terrain : on y met le feu dans un temps sec & chaud ; & lorsque le vent donne dans la bouche des fourneaux, ces gazons se consument & s'affaissent sur eux-mêmes, & pour empêcher le feu de consumer trop vîte les broussailles, on ferme la porte & une partie de l'ouverture d'en haut : lorsque le feu est entiérement éteint, on répand la cendre sur le terrain, qu'on laboure sur le champ. On peut compter sur une bonne récolte de bled ou autres grains qu'on aura semés en même temps que les glands dans cette terre ainsi *égobuée*, & on ne tardera pas d'avoir une grande quantité de jeune plant de chêne que l'on mettra en pépiniere, en ne laissant sur le terrain que la quantité qui y sera nécessaire.

CHAPITRE XXII.

Des Semis dans les landes ou bruyeres, en plaine ou sur des côteaux.

IL arrive quelquefois que l'on veut mettre en bois des terres remplies de bruyères, de genêts, de landes, &c. Comme la bruyere est sur-tout pernicieuse pour les jeunes arbres, il faut la détruire au moins en grande partie; dans ce cas le mieux est de commencer par y mettre le feu, & ensuite de labourer le terrain.

Le commencement de l'Automne est la vraie saison de brûler les bruyeres qui se trouvent desséchées par la chaleur de l'Eté ; mais il faut prendre bien des précautions pour ne pas incendier les bois voisins. Voici comment on peut éviter tout accident.

Je suppose qu'on veuille mettre le feu à des bruyeres lorsque le vent sera au Nord, il faudra faire du côté du Sud une tranchée peu profonde, ou un fossé de 3 ou 4 toises de largeur, sur un pied seulement de profondeur, & répandre la terre en ados du côté de la bruyere; ce qui augmentera la largeur de l'espace sur lequel il ne se trouvera pas de bruyeres, & qui sera suffisant pour arrêter les progrès du feu.

Lorsque par un beau jour le vent a la direction que l'on juge être la plus avantageuse, on met le feu aux bruyeres avec des torches de paille, & quelques Ouvriers ſuivent le feu pour allumer la bruyere aux endroits où il ne fera pas aſſez de progrès ; mais quand le feu s'approche de la tranchée, comme c'eſt de ce côté-là qu'on doit l'arrêter, il faut diſtribuer des hommes de diſtance en diſtance pour jetter promptement de la terre par-tout où il tomberoit de groſſes flammeches.

Le mieux ſera toujours de mettre le feu par le côté où on aura le plus à craindre qu'il ne s'étende, afin que le vent pouſſe la flamme & les flammeches ſur la partie où il y aura le moins de danger.

Enfin, il faut veiller tant que le feu ſubſiſte ; car les accidents qu'il produit dans les forêts ſont terribles, & il ne faut négliger aucune attention pour les prévenir. Quand le feu eſt éteint, il faut mettre la charrue dans le champ, donner les mêmes cultures que pour le défrichement des pâtis, & s'il ſe peut ne répandre la ſemence que quand la bruyere aura été détruite ; car cette plante ne meurt pas toujours, quoiqu'elle ait été brûlée.

Quelque contraire que ſoit la bruyere aux jeunes arbres, on ne laiſſe pas d'y voir des bouleaux, des pins, & même des chênes qui y croiſſent aſſez bien & qui parviendroient à l'étouffer, s'ils n'étoient pas mutilés par les hommes & mangés par les beſtiaux.

Quand on ne veut pas faire les frais d'eſſarter & de labourer une grande étendue de bruyeres pour la mettre en bois, on ne le fait qu'en partie, ce qui ne laiſſe pas de réuſſir.

On fait ouvrir la terre avec une forte charrue, faiſant deux traits qui ſe joignent comme quand on commence une enrayure : on laiſſe enſuite une bande de terre non labourée, d'environ trois pieds de largeur, & on fait ſucceſſivement d'autres raies ſemblables aux premieres dans toute l'étendue du champ, de ſorte qu'il y ait alternativement une petite bande de terre labourée de la largeur de deux raies, & une bande de trois pieds non labourée.

On laiſſe la terre en cet état pendant tout l'Hiver, afin qu'elle ſoit ameublie & améliorée par les pluies & les gelées de cette ſaiſon.

Quand au Printemps on veut ſemer le gland & les châtaignes, on les répand dans les petits ſillons qui ſont entre les deux traits de charrue, & on recouvre ces ſemences avec une charrue légere : mais ſi on y répandoit des ſemences fines, comme des faines & autres, on les feroit recouvrir légérement avec le rateau.

Au moyen de ce procédé bien ſimple & très-économique, puiſqu'on ne laboure qu'une ſeule fois environ le tiers de ſa terre, on peut former d'aſſez beaux taillis, leſquels, lorſqu'ils réuſſiſſent de maniere à couvrir le terrain, étouffent par la ſuite & ſont périr la bruyere.

Si le terrain que l'on veut défricher pour le mettre en ſemis eſt rempli de landes, de genevriers, de genêts, &c., il faut commencer par les faire arracher au moins dans la partie que l'on veut ſemer, c'eſt-à-dire par tranchées d'environ deux pieds de largeur, & de quatre à cinq pieds de diſtance les unes des autres; après avoir bien purgé ces tranchées des racines qui s'y trouveront, & retourné le terrain, opération qui ne peut bien ſe faire qu'à la pioche, ſur-tout ſi la terre eſt dure & pierreuſe, on ouvre une rigole peu profonde au milieu de cette bande labourée, dans laquelle on dépoſe les ſemences, que l'on recouvre comme nous l'avons dit.

Cette maniere de faire des ſemis à la houe dans un terrain où les landes & autres arbuſtes ſont grands & fortement enracinés, eſt la ſeule praticable dans des côteaux pierreux, dont la pente rapide ne permettroit pas l'uſage de la charrue; elle ſe fait de même par tranchées, que l'on ne doit jamais faire dans la direction de la pente du côteau, mais toujours tranſverſalement, parce que dans cette diſpoſition les eaux ſont reçues dans les tranchées qui en ſont abreuvées, & il ne ſe forme point de ces courants rapides qui dégradent & emportent les meilleures terres au pied du côteau.

Cette maniere de ſemer des bois, ſoit en plaine, ſoit ſur des côteaux, eſt très-économique, puiſqu'on ne laboure qu'une très-petite partie du terrain : cependant elle n'eſt pas la moins favorable au ſuccès des jeunes arbres qui ſe trouvent ainſi abrités & protégés par les landes qui remplissent l'espace non cultivé, & qui leur font moins de tort, excepté cependant la bruyere, que les mauvaises herbes qu'ils empêchent de croître ; & à mesure que les arbres prennent de la croissance, & qu'ils couvrent de plus en plus le terrain, les arbrisseaux périssent sous leurs rameaux étendus.

Mais jusqu'à ce temps, c'est-à-dire pendant la jeunesse des arbres, la lande leur est très-favorable ; elle leur laisse suffisamment d'air, & les feuilles dont elle se dépouille pendant l'Hiver, réchauffent le jeune plant & lui fournissent un engrais.

L'expérience a fait connoître qu'on fait beaucoup de tort à de jeunes chênes qui croissent bien, lorsque l'on coupe cette lande, & qu'il s'est élevé de beaux arbres sous des landes fort hautes.

On observe que le genêt n'est pas si favorable à l'accroissement du bois que la lande ; néanmoins comme les chênes ne laissent pas de réussir entre les genêts, lorsque ces arbustes ne sont pas trop drus, il est bon d'en laisser à une distance, telle qu'ils ne portent pas de préjudice au jeune plant, & de couper tous ceux qui, en étant trop proches, pourroient lui nuire.

Dans l'opération d'*égobuer* un champ, comme nous l'avons dit, on doit compter pour beaucoup l'avantage de détruire presque toute la bruyere, & à la place de cette plante qui est pernicieuse aux arbres, le champ se garnit quelquefois en genêts, d'autres fois en landes, ou souvent l'un & l'autre, ce qui est favorable aux semis des bois : l'abri salutaire que donnent ces plantes aux jeunes arbres, a engagé des Cultivateurs à en semer sur des terrains où il n'y en avoit pas.

Quand on a répandu le gland ou les châtaignes, on seme la lande avec le froment ou l'orge, & on enterre l'une & l'autre avec la herse.

S'il se trouve aux environs des terres *égobuées* de grands bouleaux, leur semence que le vent porte fort loin y leve d'elle-même; cet arbre qui favorise l'accroissemenr du chêne & du châtaignier, peut être supprimé, s'il leur devenoit nuisible; mais par la suite les chênes étouffent les bouleaux.

J'ai vu de beaux taillis qui avoient été semés de cette maniere, dans lesquels on avoit laissé croître des baliveaux disposés à former de beaux arbres, & il ne restoit plus aucune apparence de landes, ni de bruyeres, sur-tout dans les parties qui étoient bien garnies.

Enfin, il y en a qui, pour diminuer encore la dépense, se contentent de faire piocher des trous dans tous les espaces qui se trouvent dans les landes & d'y répandre les semences; cette maniere très-abrégée a réussi dans des circonstances où il s'est trouvé assez de parties de terrain libres & bonnes, entre des genêts, des joncs-marins, ou des genevriers; mais il ne faudroit en attendre rien de bon, si on semoit ainsi dans des bruyeres qui couvriroient le terrain.

D'autres se sont contentés de lever des

mottes de gazon & de les remettre simplement à leur place, après avoir déposé dessous quelques semences; mais quelques personnes qui m'ont dit avoir essayé ces moyens, avouent s'en être si mal trouvées, que je n'en parle que pour avertir de ne pas faire de même.

Parmi les différents procédés que je viens d'expliquer, chacun pourra choisir celui qui lui conviendra le mieux, selon la nature & la situation de son terrain, & selon sa convenance & la dépense qu'il veut & peut faire; tous peuvent réussir, mais non pas également. Il est certain qu'une culture négligée est bien moins dispendieuse; mais elle peut devenir plus chere, parce qu'il faut quelquefois recommencer entiérement, ou travailler annuellement à la réparer & à l'entretenir, encore souvent n'en a-t-on que du désagrément; car dans toute espece de terrain, & pour toute espece de productions, il ne faut jamais attendre le même succès d'une culture négligée, que de celle qui aura été bien faite & bien entretenue. C'est pourquoi je crois n'avoir rien de mieux à conseiller que de faire toujours bien, & de moins faire chaque année, si on ne peut pas faire plus de dépense; car j'ai reconnu, en tout pays & en tout genre, que la plus mauvaise économie est celle d'une mauvaise culture; on y perd son argent, ses peines & son temps.

J'ai presque toujours vu qu'après bien des désagréments de la dépense en pure perte, parce qu'elle avoit été insuffisante, on étoit obligé de finir par où on auroit dû commencer, c'est-à-dire par bien préparer son terrain par de bons & profonds labours, & par les amendements qui lui sont nécessaires.

L'objet que nous avons actuellement en vue n'est pas susceptible d'une culture parfaite, elle seroit trop dispendieuse & peu praticable dans de vastes terrains ; mais on a toujours tort de se refuser à une petite dépense de plus, lorsqu'elle doit décider du bon ou du mauvais succès.

Il y a des terrains d'une nature si mauvaise & si ingrate, que rien n'y peut venir ; tels sont des côteaux ou monticules, où l'on ne trouve, sous quelques pouces d'une terre assez aride, que de la craie ou un tuf blanc : on ne peut pas penser à creuser profondément, ni à faire aucuns amendements dans un pareil terrain. J'ai vu cependant qu'avec le temps & de la patience on est parvenu à y former des taillis de bouleaux, de coudres, de marceaux, de chênes & de hêtres ; voilà comme on peut y réussir sans une grande dépense.

On trace à la houe, sur la pente d'un côteau, de petites tranchées ou raies d'environ un pied de largeur, parallélement à la base du côteau, afin que l'eau des pluies, s'arrêtant dans ces tranchées, ne forme point de ravines ni de dégradations, & y entretienne de la fraîcheur.

La terre que l'on a tirée de cette petite excavation & que l'on a amoncelée sur le bord de la tranchée du côté du Nord, forme me une berge, ſur laquelle on ſeme à la houe des glands, des fênes, des châtaignes ou des noiſettes ; en creuſant une rigole dans laquelle on enterre ces ſemences, on plante auſſi à la pioche dans le fond de la tranchée, du jeune plant de bouleau, de marceau, de coudre, &c. : mais ſi le terrain n'étoit abſolument que du tuf ou de la marne, il faudroit creuſer des trous avec la pioche ; & en mettant le jeune plant dans ces trous, on les rempliroit avec quelques parties de la meilleure terre que l'on trouveroit ſur le bord de la tranchée, oppoſé à celui ſur lequel on a formé la berge, pour faciliter la radication des jeunes plantes.

Il ne ſeroit que mieux de jetter enſuite dans la tranchée les cailloux qu'on auroit tirés de l'excavation, pour y former une couche pierreuſe qui y entretient de la fraîcheur, comme nous l'expliquerons plus amplement en parlant des plantations.

CHAPITRE XXIII.

Des Semis de pins & autres arbres verds.

Il eſt étonnant que les ſemis & plantations d'arbres verds, tels que les pins, ſapins, thuya, cyprès, cedres ſoient auſſi négligés. Ces arbres qui réuſſiſſent bien dans des ſables arides & dans des terrains où le chêne &

autres refusent de croître, offrent plusieurs avantages que l'on ignore apparemment, ou auxquels on ne veut pas faire assez d'attention.

1°. Pendant l'Hiver où tous les autres arbres sont dépouillés de verdure & paroissent comme morts, ceux-là ont toujours un air vivant; mais, dit-on, leur verdure est triste, car c'est là le mot ordinaire, la grande objection. Eh, pourquoi cette verdure paroît-elle triste? C'est qu'on ne juge de tout que par comparaison, & que la verdure d'un rosier, par exemple, étant véritablement plus vive & plus gaie, celle des arbres verds nous paroît sombre; mais comme ce point de comparaison n'a point lieu pendant l'Hiver, l'objection n'est plus fondée, & on ne se plaint plus qu'ils soient disgracieux à la vue. Je ferai voir, en parlant des bosquets, que quand ces arbres y sont répandus & placés avec art, ils y forment pendant l'Eté des nuances, des points d'ombre très-favorables au tableau.

2°. Ces arbres plantés en avenues ou en ceinture autour des habitations, des fermes, donnent une grande protection aux parties qu'ils enveloppent; ils abritent les cours & les vergers; ils protegent les bâtiments contre le ravage des vents; & ce seul objet est d'une grande considération.

3°. Tandis qu'ils sont sur pied, on en peut tirer de la thérébentine, du brai, du goudron, de la résine, substances, comme on sait, très-utiles; & lorsqu'on les abat, ils fournissent à la Marine des mâts & autres pieces de construction ; on les débite en planches, dont l'usage est si nécessaire & si étendu que, n'en ayant pas suffisamment chez nous, on est obligé d'en faire venir des pays étrangers.

Bien des gens confondent mal à propos le bois de pin & de sapin avec les autres bois blancs ; il y a assurément bien de la différence pour la solidité & la durée : la résine, dont ils sont remplis, les rend d'une bien plus longue conservation, & cela selon qu'elle y est plus abondante.

Le bois de pin & de sapin se conserve très-long-temps exposé aux injures de l'air, lorsqu'il a été peint, c'est-à-dire imprégné d'huile. J'ai dans mon jardin des treillages d'espaliers, faits de ces bois résineux, qui y sont depuis soixante ans ; ils se sont conservés si sains qu'on en emploie quelquefois pour faire des manches de rateau & de ratissoirs.

Mais ce qui est encore plus singulier & plus étonnant, c'est que parmi les arbres verds, ceux qui sont du plus excellent usage sont ceux dont les plantations sont les plus négligées, & on peut dire même presque nulles. On sait que le bois de thuya, de cedre, de cyprès, a l'inestimable avantage d'être presqu'incorruptible ; ces arbres qui ne sont pas délicats sur le choix du terrain, viennent très-bien dans notre climat : j'ai des cyprès très-beaux, & qui croissent vigoureusement dans un terrain qui a si peu de fond que plusieurs autres arbres y ont péri ; & cependant on néglige d'en faire des plantations : feroit-ce parce que les Poëtes les ont chantés comme des arbres funéraires, qu'on ne veut point en voir ? Je ne parlerai que des deux efpeces de cyprès dont la culture nous convient ; l'un du Canada étend beaucoup fes rameaux ; l'autre, mal à propos nommé cyprès mâle, porte fes branches en balai, & eft d'une forme pittorefque qui figure très-bien dans les bofquets, & le rend fufceptible de plantations d'alignement très-agréables; il porte peu d'ombrage, & ne nuit guere aux productions du terrain qui l'environne, d'autant plus qu'il n'étend pas fort loin fes racines. Il fuffit de lui donner un petit ébranchage dans le bas à mefure qu'il croît; il s'éleve très-haut, en portant toujours fes branches droites & en forme pyramidale, ce qui difpenfe de l'élaguer.

Il y a peu d'arbres dont on puiffe tirer autant d'utilité : fon bois eft d'une bonne odeur & peut être employé par les Tourneurs, comme celui du cedre : comme il fe conferve très-long-temps à l'air, à la pluie, dans l'humidité de la terre où tout autre bois pourrit en peu de temps, il eft très-propre à faire des treillages d'efpalier, des échalas, des poteaux, des paliffades de chemin couvert, &c.

Tant de bons fervices que l'on peut tirer de ces arbres devroient bien engager à en multiplier les plantations; il eft très-aifé d'en faire des pepinieres pour en avoir du plant & le mettre en place au Printemps, comme nous le dirons.

Il faut dans les mois de Mars & d'Avril chercher sur les cyprès les noix qui commencent à s'ouvrir; on les met dans une boîte au soleil jusqu'à ce que les noix s'ouvrent d'elles-mêmes, pour lors, en les agitant dans la boîte, les graines tombent au fond.

Il est mieux de les semer dans des terrines, dans le terreau de bruyere, comme nous l'avons dit, elles levent très-bien & en peu de temps; & au Printemps suivant, on repique le jeune plant en pepiniere : j'ai éprouvé qu'il est aisé de s'en procurer ainsi une très-grande quantité qui pousse & réussit très-bien. Puissent les vérités que je viens de rendre engager les Cultivateurs à suivre cette utile culture.

4°. C'est une erreur de dire & de croire qu'il ne faut point ébrancher les arbres verds; l'expérience m'a fait voir qu'ils ne souffrent pas plus de l'ébranchage que tous les autres, & qu'il leur est aussi nécessaire, afin qu'ils puissent s'élever & former un beau tronc; mais il faut le faire sur de jeunes branches; car si on attend qu'elles soient devenues grosses, il s'y forme nécessairement des nœuds qui portent beaucoup de préjudice au bois.

Le Socrate rustique de la Suisse nous a appris qu'on peut tirer un parti très-avantageux des jeunes branches de pin, de sapin, cyprès & autres arbres verds; on nous a dit que c'étoit le principal moyen dont il se servoit pour porter ses terres à bled au degré de fertilité qui faisoit l'étonnement & l'admiration de tous ses voisins.

Un petit bois d'arbres verds qu'il avoit mis en espèce de taillis, étoit devenu la source des richesses de cet habile économe ; l'élagage des jeunes rameaux de ce taillis lui fournissoit une bonne litiere pour ses bestiaux ; ce qui, suppléant à la paille, lui donnoit abondamment des engrais pour ses terres : on nous dit comment, en se chauffant le soir avec les plus grosses branches, il s'amusoit avec ses enfants, à en séparer les plus petits rameaux pour cet usage. Une fosse, pratiquée proche de ses étables, recevoit cette litiere ; elle achevoit de s'y consommer, de s'y pourrir ; & tandis que les nouvelles litieres se façonnoient dans une autre fosse, il tiroit de l'ancienne d'excellents fumiers qu'il portoit sur ses terres : ne voilà-t-il pas un moyen facile de faire disparoître l'usage meurtrier des jacheres, puisqu'il ne tient qu'au défaut & à l'insuffisance des engrais ?

Ce qui s'est fait avec tant de succès en Suisse, ne peut-il pas se faire de même chez nous, si on veut renoncer à cet axiôme aussi fatal que ridicule : ce n'est pas notre coutume ; nos peres n'ont pas fait cela, donc nous ne devons pas le faire. On ne connoît que l'usage de la paille dans notre pays ; si on en manque, les chevaux, les vaches, les moutons n'ont point de litiere, & il ne se fait point de fumiers : eh, pourquoi ne pas y suppléer par des herbes, de la mousse, des fougeres, des bruyeres, des genêts, &c., par des élagages de rameaux dans les bois pendant l'Eté, dont la suppression est si utile

& même néceſſaire aux arbres, & enfin en tout temps par la coupe des rameaux des arbres verds, dont notre Suiſſe nous a appris à faire un ſi bon uſage. Quelques arpents des plus mauvaiſes terres, ou même quelques côteaux employés à un taillis de cette eſpece, fourniroient un ſupplément conſidérable à la litiere de paille, & par conſéquent beaucoup de fumiers.

L'agrément, le produit & les reſſources que peut procurer la culture des arbres verds devroient bien engager à l'étendre & à la multiplier : les moyens en ſont faciles, & des terrains médiocres y peuvent être employés ; les pins particuliérement réuſſiſſent bien dans des ſables où d'autres arbres ne font que languir.

Les pins peuvent être tranſplantés avec ſuccès lorſqu'ils ſont encore jeunes, ſur-tout ſi on les leve en motte ; mais il n'en eſt pas de même lorſqu'ils ſont grands, pour lors il en périt beaucoup dans la tranſplantation ; c'eſt pourquoi rien n'eſt mieux que de les ſemer & de les élever en place.

Les graines de pin germent & levent aſſez bien dans les terrains les plus arides, pourvu que les ſemences ne ſoient pas trop recouvertes ; mais ſi le jeune plant eſt expoſé au plein ſoleil pendant un Eté ſec, on en perd beaucoup la premiere année : nous allons parler de différents moyens de les parer du grand ſoleil.

D'abord le terrain dans lequel on a ſemé ne manque guere de produire des herbes qui suffisent pour protéger les jeunes pins qui poussent bien dans l'herbe, pourvu cependant qu'elle ne soit pas assez forte pour les étouffer; c'est pourquoi il faut bien se garder de sarcler totalement un champ où on a fait des semis de pins, principalement pendant un temps chaud.

Dans des terrains si arides que l'herbe n'y pousse pas, il faut user d'autres moyens; je ne crois pas pouvoir en proposer de meilleurs pour des semis très-étendus dans de mauvaises terres, que ceux qui ont été pratiqués dans la forêt de Rouvrai, proche Rouen, puisque ces procédés ont été justifiés par un plein succès.

Dans un espace de trois à quatre mille arpents de terres vagues, ne produisant que de petites bruyeres & qui se trouvoient ainsi à pure perte, proche la ville de Rouen, on forma le projet, en 1756, de mettre ces terrains en bois, & de repeupler ainsi cette forêt.

On a commencé à exécuter ce projet, en faisant planter quatre cents arpents en bouleaux, & l'on comptoit continuer ainsi tous les ans la plantation de trois cents arpents: mais quoiqu'en général la réussite de ces plantations ait surpassé ce qu'on devoit en attendre, il est cependant arrivé que par le changement des Officiers de la Maîtrise, on en est resté là, & on a laissé les petites bruyeres toujours en possession de ce vaste terrain.

Cette premiere opération qui, malheureuſement n'a point eu de ſuite, mérite bien d'être connue, & peut être un modele de grands ſemis faits avec autant d'habileté & d'économie que de ſuccès.

La nature du terrain eſt en général un ſable aſſez aride, ſous lequel ſe trouve un gros gravier mêlé de ſable ; cette terre ne produit preſque point d'herbe, mais ſeulement des bruyeres fort baſſes.

On a commencé par entourer d'un petit foſſé la totalité du terrain qu'on vouloit ſemer ; & pour faire ce foſſé à peu de frais, on a attelé quatre chevaux ſur une forte charrue, & en repaſſant quatre ou cinq fois dans le même ſillon pour l'approfondir de plus en plus, on eſt parvenu à le creuſer aſſez profondément pour en former une eſpece de foſſé qu'on a jugé ſuffiſant pour le but qu'on ſe propoſoit ; enſuite par un beau jour, on a mis le feu aux bruyeres, vers la fin de l'Eté, en prenant des précautions pour que l'incendie ne ſe communiquât pas aux bois voiſins.

On a labouré tout le terrain & fait paſſer la charrue deux fois dans chaque raie pour qu'elles fuſſent très-profondes.

Lorſque le Laboureur avoit achevé d'approfondir un ſillon, on faiſoit auſſi-tôt des trous avec des houlettes dans le fond de ces ſillons, (l'inſtrument dont nous allons parler auroit bien mieux valu), & on y plantoit de petits bouleaux à environ deux pieds de diſtance les uns des autres ; on ne faiſoit que légérement recouvrir les racines de ces bouleaux ; mais ils ſe trouvoient ſuffiſamment enterrés par le retour de la charrue qui formoit de nouveaux sillons à droite & à gauche.

En continuant de labourer le champ, on laissoit quatre raies, c'est-à-dire environ trois pieds, sans mettre de bouleau; & on plantoit le sillon suivant, comme nous venons de l'expliquer.

Quoique les bouleaux qui avoient été arrachés dans les bois fussent pour la plupart mal enracinés, ils ont assez bien repris & bien poussé, puisqu'au bout de cinq ou six ans qu'on les a recépés, ils avoient depuis cinq jusqu'à huit pouces de circonférence, & douze à quinze pieds de hauteur; & ils ont produit de si beaux rejets, qu'au bout de quatre ans le recru se trouvoit avoir cinq à six pieds de hauteur; il est vrai qu'il y avoit quelques endroits où quelques-uns avoient manqué, & d'autres étoient restés languissants.

Sur ce terrain sablonneux & même pierreux qui avoit été labouré & planté en bouleaux en Automne, on a répandu au mois de Mars suivant de la graine de pin assez clair semée; & comme cette graine n'est pas grosse, & qu'elle ne doit être que légérement recouverte, on s'est contenté de faire passer la herse dessus; entre les rangées de bouleaux, le terrain s'est applani, sans que la herse ait arraché le jeune plant qui, par la méthode que nous avons détaillée, est planté assez profondément en terre. On a semé & enterré à la herse la faine, comme le pignon dans quelques endroits où la terre a paru moins mauvaise, on a essayé d'y semer du gland & de la châtaigne ; mais comme ces graines, plus grosses, doivent être plus recouvertes, on les a semées à la pioche, comme des feves, entre les rangées de bouleaux.

Cette pratique de planter les bouleaux & de semer, sous leur protection, d'autres bois, est très-économique : les semis faits de cette maniere ont mieux réussi qu'on n'avoit lieu de l'espérer dans un si mauvais terrain ; les pins y ont poussé fort vîte & sont devenus très-beaux : on auroit dû les éclaircir, car ils sont trop près les uns des autres en plusieurs endroits, & ils se nuisent ; mais ils sont très-grands & très-beaux par-tout où ils se sont trouvés suffisamment espacés ; & comme ils couvrent le terrain, ils ont étouffé les bouleaux qui n'ont subsisté que dans quelques clairieres.

Les chênes & les châtaigniers sont devenus beaux en plusieurs endroits ; le hêtre est le seul qui ait poussé foiblement : comment peut-il se faire qu'un aussi heureux essai n'ait pas déterminé à mettre en même valeur quatre mille arpents du même terrain qui restent toujours en friche à la porte d'une grande Ville où l'on est tous les jours à la veille de manquer de bois, par la grande consommation qui s'en fait dans les maisons & dans les manufactures ?

CHAPITRE XXIV.

Description & usage d'un outil très-utile pour les semis & les plantations.

LES opérations dont nous venons de parler peuvent être très-abrégées par le moyen d'un outil bien simple ; je vais en faire connoître la forme & l'usage qui épargnent bien du temps & de la peine ; on peut s'en servir pour repiquer & planter dans toute espece de terrains, mais sur-tout dans ceux qui sont pleins de cailloux, dont on ne pourroit les purger qu'à grands frais. Cet instrument mérite d'être connu, puisqu'à son moyen on peut faire, à peu de frais, des plantations, des boutures, des semis & des garnitures de jeunes plants dans les terrains les plus ingrats & les plus difficiles : on en voit la représentation, fig. 1ere., planche 2 ; sa hauteur totale est d'environ quatre pieds : A, est un morceau de bois de chêne arrondi, qui a dix-huit lignes de diametre ; il est armé en bas d'une piece de fer de forme conique & pointue, dans laquelle la piece de bois est fortement & solidement emmanchée, & fixée par deux forts clous en B & en C ; ce fer doit avoir huit à dix pouces de longueur : on voit vers le haut, en D, une espece de cheville de fer qui doit y être fortement soudée & fixée à angles droits ; cette cheville de forme quarrée doit avoir environ quatre pouces de longueur & environ un pouce de face ; l'extrêmité supérieure de la piece de bois, est terminée par un manche qui la croise, comme une tarriere, en E. ; ce manche d'un bois dur, très-renforcé au milieu, y est percé d'une mortaise qui doit avoir au moins un pouce en quarré. On pratique à l'extrêmité de la piece un tenon en quarré qui entre de force dans la mortaise de la piece principale, dans laquelle on le fixe fermement, au moyen des coins chassés & enfoncés en dessus ; & pour l'y mieux fixer encore, on perce un trou dans lequel on fait passer un clou : il faut avoir attention de disposer l'armure de fer, de maniere que la cheville qui y tient soit dans la direction du manche, du côté droit.

L'explication de cet outil bien simple, donnée & entendue, on en voit d'abord l'usage. Un homme tient des deux mains chaque côté du manche, il souleve & pose la pointe de l'outil à la place où l'on veut planter, & appuyant du pied droit sur la cheville de fer, il commence un trou, qu'il élargit en agitant l'outil ; ensuite, appuyant de nouveau le pied sur la cheville, il acheve le trou dans lequel on jette de la meilleure terre que l'on trouve à portée, jusqu'à la hauteur d'environ deux pouces de l'orifice, si c'est pour de grosse semence, ou moins si elle est fine ; on jette sur cette terre le gland, la châtaigne ou la noisette, & on acheve de remplir entiérement le trou. On peut planter ainsi en ligne & même au cordeau, selon les espaces &

les intervalles qu'il conviendra de donner au ſemis.

Si on veut repiquer du jeune plant, ſoit pour former un taillis, ſoit pour repeupler celui qui eſt dégarni, le trou étant fait, en un inſtant, aſſez profond & aſſez large, au moyen de cet inſtrument, même dans des terrains pierreux, il ne faut que jetter un peu de terre déliée dans le fonds du trou, poſer enſuite deſſus la jeune plante, remplir enſuite de terre le trou, en la preſſant contre la racine; cette opération qui ſe fait par deux enfants ou deux femmes qui ſuivent celui qui fait les trous, eſt très-expéditive & ſe fait à peu de frais.

S'il n'eſt queſtion que de planter des boutures ou jeune plant peu enraciné, on peut ſe paſſer de mettre de la terre dans les trous, ſur-tout ſi le terrain eſt bon; il ſuffit d'enfoncer la bouture dans le trou, & de frapper au pied avec un marteau pour fermer le trou, en preſſant la terre.

L'opération de faire les trous qui, ſuivant tout autre procédé, eſt la plus longue, eſt celle qui ſe fait ici le plus promptement: un homme les fait, tout en marchant, d'un ſeul coup de pied & ſans peine dans un terrain facile; mais c'eſt ſur-tout dans des côteaux, dans des terrains durs & pierreux qu'on en éprouve l'utilité, puiſqu'on peut faire des ſemis & des plantations où il ſeroit impoſſible à la charrue, & très-difficile à la houe d'opérer, & cela ſans faire aucuns frais pour préparer le terrain.

Je n'ai garde de vouloir faire espérer que les arbres continueront de réussir aussi-bien qu'ils le feroient dans une terre bien remuée & profondément labourée; mais n'est-ce pas beaucoup de pouvoir faire aussi facilement des remplacements ou des taillis entiers sur des côteaux intraitables par tout autre moyen?

Il ne faut pas croire que les semis & les plantations réussissent d'abord dans un pareil sol & sans aucun abri; mais si on parvient à faire croître quelques arbres de distance en distance, il deviendra plus facile d'en faire pousser d'autres sous l'abri de ces premiers; & plus les plantes se multiplieront, & mieux elles prospéreront toutes en s'ombrageant réciproquement.

Outre l'utilité de cet outil pour semer & mettre en terre du jeune plant, il fournit le moyen le plus facile & le plus expéditif pour planter des boutures, comme je viens de l'expliquer.

Je puis préconiser cette méthode, parce que je l'ai beaucoup pratiquée, & je m'en suis toujours bien trouvé: l'expérience s'accorde à ce sujet avec le raisonnement.

En effet, la bouture que l'on enfonce sans résistance dans la terre, ne court point risque d'être écorcée, comme il arrive à celle qui trouve de la résistance, soit par des pierres, soit par des blocs qu'elle rencontre dans le terrain où on l'enfonce de force; & on ne doit guere espérer de succès d'une bouture qui est écorcée & laciniée à son extrêmité, puisque c'est là principalement, comme nous l'expliquerons plus amplement, que se doit former une espece de calus d'où doivent partir les racines.

CHAPITRE XXV.

De la culture du bled.

QUOIQU'IL ne soit pas de mon sujet de parler de la culture du bled, l'importance de l'objet m'a engagé à faire l'application de mes principes à cette précieuse plante; les observations que je vais faire m'ont paru d'autant plus utiles qu'on les prend rarement en considération : les gens de la campagne ne connoissent & ne suivent que la routine; ils n'imaginent pas qu'on puisse faire autre chose que ce qu'ils ont vu faire & ce qu'ils ont toujours fait. Eh, laissons-les faire, disent des hommes qui n'en savent pas davantage; ils ont un bon guide; leur intérêt les portera à faire toujours pour le mieux; c'est leur métier, ils le savent mieux que nous. Mais ce beau raisonnement pourroit s'appliquer à tous les Artistes en général; & on sait cependant que les arts ne seroient certainement pas portés au point de perfection où ils sont pour la plupart actuellement, si, abandonnés à ceux qui les professent, ils n'avoient été éclairés par des Savants : il est même à remarquer que presque toutes les découvertes n'ont été faites que par des hommes étrangers aux arts

arts qu'ils ont enrichis & perfectionnés.

Il est vrai que si l'esprit de calcul d'un Géometre, ou la théorie éclairée d'un Méchanicien peut le mettre en état de perfectionner plusieurs arts, sans sortir de son cabinet, il n'en est pas de même de l'Agriculture, art le plus utile & qui est encore le moins approfondi & perfectionné, parce qu'il ne peut faire de progrès qu'au moyen d'une théorie éclairée par une saine physique, & soumise à des expériences répetées & des observations suivies.

Il faut des connoissances préliminaires, qui manquent aux gens de la campagne ; il faut en même temps un cours de connoissances rurales, que ne peuvent avoir acquises ceux qui ont presque toujours habité les villes : de là, les premiers operent presque toujours sans principes, bornés à leurs usages ; & les autres font des applications hasardées d'une théorie qui n'a pu être dirigée par l'expérience ; de là, des Traités d'Agriculture qui, loin de mériter la confiance des Agriculteurs, n'ont fait que les éloigner de l'instruction, parce qu'ayant été trompés, comme ils le disent, par les Livres, ils sont toujours dans la méfiance, & ne veulent rien croire de tout ce qu'on leur dit.

Je sais cependant que si dans la classe des hommes que l'on appelle Laboureurs, il y en a un grand nombre si grossiers, si ignorants & si entêtés de la routine, qu'il est bien difficile de les faire revenir des abus qu'ils ne veulent pas voir, & de les porter à suivre de meilleures pratiques, il s'en trouve quelques-uns qui ont beaucoup de bon ſens, & qui ſavent diſcerner le vrai du faux quand on les aide à le reconnoître : c'eſt pour ceux-là que j'écris, perſuadé que leur bon exemple & leurs ſuccès engageront les autres à les imiter.

J'aime à raiſonner avec ces hommes inſtruits & eſtimables, & nous nous ſommes ordinairement quittés contents l'un de l'autre. S'ils ont paru ſenſibles & reconnoiſſants des principes que je leur ai expliqués, des moyens que je leur ai donnés, j'en ai ſouvent tiré de très-bonnes connoiſſances.

Ce ne ſont pas ces Laboureurs inſtruits qui diſent, comme ceux qui ne ſavent pas voir, que l'Agriculture eſt portée au plus haut degré de perfection ; pluſieurs m'ont dit & prouvé par des détails fort juſtes, qu'il ſeroit poſſible, au moyen d'une meilleure culture, de porter les récoltes à un grand tiers de plus : on va voir les cauſes principales de ces pertes annuelles.

Avant d'entrer dans les détails de la culture du bled, qui doit être regardé comme le premier objet de l'économie rurale, objet de la plus grande importance pour l'Etat, je crois néceſſaire de commencer par décrire & expliquer les parties intérieures de ce précieux grain, ſa germination, les progrès ſucceſſifs de la plante qu'il produit, & l'ordre que la Nature obſerve en le faiſant croître & fructifier.

Je crois hors de doute que lorſqu'on eſt

instruit de ce que cette semence est en elle-même, & de quelle maniere elle doit végéter, on est plus disposé à réfléchir sur ce qui peut lui nuire ou lui profiter ; on est plus préparé contre l'un & plus attentif à l'autre : ainsi j'ai lieu d'espérer que la description que je vais donner pourra être fort utile.

Le grain du bled contient, 1°. une substance farineuse ; 2°. une ou plusieurs pellicules qui enveloppent la farine ; 3°. le germe où réside toute la vertu multiplicative du grain.

La substance farineuse est un composé de petites vésicules ; étant humectée dans la terre, elle sert de nourriture au germe, jusqu'à ce que trois feuilles vertes paroissent, & alors la plante commence à tirer son suc nourricier par la racine : comme la farine humectée lui donne sa premiere nourriture ; c'est avec raison qu'on l'appelle le lait de la plante.

Le corps farineux dans tous les bleds, est enveloppé de deux membranes ou pellicules brunes, entre lesquelles il y a des faisceaux fibreux qui se prolongent jusqu'au germe ; en haut, où le grain dans l'épi a été en plein air, on voit au seigle & au froment une espece de petite platte-forme, criblée de plusieurs petits trous ou pores par lesquels l'humidité entre dans la farine & la change en une substance qui ressemble à du lait.

Dans l'orge & dans l'avoine les deux pellicules brunes y sont encore couvertes d'une croûte dure que l'on peut aisément séparer, & en devant, du côté de la fente, d'une autre pellicule assez roide.

Le germe eſt ſitué dans l'extrêmité du grain qui eſt renfermé dans l'épi ; on le reconnoît diſtinctement, lorſqu'avec un canif on coupe le grain le long de la fente.

Voilà le deſſin d'un grain de bled ouvert, vu au microſcope, mais réduit au quart de ce qu'il a paru : A, eſt le corps farineux ; B, la premiere des pellicules qui enveloppent la farine ; C, le germe ; D, naiſſance des trois premieres feuilles, figure 1, Planche 2.

On peut découvrir le germe de pluſieurs manieres : en ôtant de l'épi un gros grain de ſeigle dans le temps où il eſt encore verd, quoique parfait ; en enlevant légérement la pellicule de la pointe, le germe, vu au microſcope, fait appercevoir, au bas de la pointe, une eſpece de bouclier arrondi, ayant trois ou quatre petites boſſes d'où ſortent les racines. Il eſt bon de remarquer en paſſant, que lorſqu'en battant le bled dans la grange, cette petite partie eſt bleſſée, les ſemences pourriſſent ſans germer dans la terre ; c'eſt une vérité éprouvée : c'eſt pourquoi de bons économes ne battent jamais au fléau les grains qu'ils deſtinent à la ſemence ; mais ils les frappent ſur des tonneaux ou autrement, comme on fait le ſeigle dont on veut conſerver la paille ſans être briſée, pour faire des liens, des couvertures, &c.

L'endroit où eſt l'œil eſt un peu recourbé, & les feuilles montent en pointe comme une flamme.

Lorſqu'on prend le germe avec la pointe d'une épingle ou d'un canif, il ſe détache aiſément de ſa matrice ; il eſt de forme ovale : ſi l'on coupe, comme nous l'avons déja dit, le grain de bled ſelon la direction de ſa fente, on voit de part & d'autre les bords de la capſule qui logeoit le germe, lequel ſe trouve partagé en deux.

Si on épluche une plante de bled qui a pouſſé quelques feuilles, enſorte que l'étui de ſemence reſte encore attaché à la racine ; ſi on ôte alors cet étui, on voit la capſule de la forme & de la groſſeur d'une petite lentille.

D'abord cette deſcription du grain de bled fait connoître ſenſiblement la raiſon qui empêche les grains offenſés, gâtés par les inſectes ou autrement, de germer & de pouſſer, dès que leur diſpoſition intérieure eſt dérangée, & que l'humidité qui s'eſt introduite dans les lobes ne peut point pénétrer juſqu'au germe, parce que ſes conduits étant interrompus, il eſt impoſſible que le germe ſe développe & profite.

Mais lorſque l'œil où il eſt renfermé, eſt ſain & entier, & que l'organiſation fibreuſe n'eſt pas dérangée, quand même le corps farineux auroit ſouffert, le germe n'en pouſſe pas moins ſa racine : mais il vaut toujours mieux n'employer, autant qu'on le peut, que des grains très-ſains.

Lorſque la ſemence eſt jettée en terre, l'humidité la pénetre ; elle ſe gonfle, & le germe commence à ſortir. La partie du germe qui regarde la pointe du grain dans l'extrêmité où il eſt placé, produit la racine de la plante, & la tige s'éleve de la partie qui est tournée vers l'intérieur du grain.

De là vient que lorsque la terre a peu d'humidité, la semence tarde à lever; mais la racine qui sort la premiere, & dont la chevelure s'attache aussi-tôt à la terre, ne laisse pas de profiter, & ces bleds sont ordinairement plus beaux que ceux dont la tige s'est formée presqu'en même temps que la racine a poussé, parce que la racine qui s'est étendue & multipliée, est en état de fournir à la plante une plus grande quantité de sucs & d'aliments que celle dont la tige a épuisé trop tôt ses forces, en s'élevant trop promptement, & dans ce cas toujours foiblement.

Il ne sort immédiatement du grain qu'un seul tuyau; à côté de ce tuyau principal, vers les nœuds les plus bas, naissent plusieurs tuyaux latéraux qu'on voit ou près ou en dedans de la terre; quelques-uns d'entr'eux poussent des racines, & il en peut sortir un ou plusieurs autres tuyaux, selon qu'ils se forment de bonne heure, que le terrain est gras & mou, & que le temps est favorable.

Chaque tuyau est composé de trois parties principales; savoir, de la racine, de plusieurs bouts de tuyaux & de l'epi. La racine est d'abord enveloppée d'une bourse, qu'elle creve lorsque le lait renfermé dans le grain est épuisé, & qu'il faut à la jeune plante une nourriture plus solide; deux autres racines, quelques jours après, s'échappent de côté & d'autre, & s'attachent à la terre. Cependant le premier bourgeon se forme enveloppé d'une feuille brunâtre, & il est bientôt suivi de plusieurs autres; entre ces bourgeons se forment les différentes parties de tuyau, arrêtées par des nœuds ou boutons auxquels tiennent les feuilles qui préparent le suc nourricier pour l'alongement du tuyau & pour l'épi, jusqu'à ce que la plante fleurisse.

On voit en dedans, presque par-tout, aux côtés des parties du tuyau, mais principalement vers les nœuds, une substance blanche & spongieuse, qui paroît être la moëlle de la plante.

Dans l'épi, les nœuds sont très-serrés; & c'est de ces nœuds & des capsules de semences qui s'en forment, qu'on voit à la fin sortir la fleur & le fruit.

On doit particuliérement observer, à l'égard des capsules de semences, qu'elles sont formées par deux petites feuilles, & qu'elles servent à trois différents usages, à aspirer & préparer le suc, comme les feuilles qui sont aux nœuds, à former & nourrir le fruit dont elles sont le moule, & à le défendre contre le vent & les injures de l'air. Mais il est bon d'entrer dans un plus grand détail, & d'examiner successivement tout ce qui se passe dans cette admirable production de la Nature.

Lorsque le germe commence à pousser, les racines paroissent comme de petits filets blancs attachés à la pointe du grain; la petite feuille brunâtre qui enveloppe le premier œil ou bourgeon, s'étend & devient plus grande; & pour peu que le grain ne soit pas trop enfoncé & que le terrain soit bon, un second bourgeon ne tarde pas à paroître, revêtu d'une feuille verte; la feuille du premier bourgeon se fane aussi-tôt que le second tire assez de nourriture de sa feuille verte pour pousser un troisieme bourgeon, enveloppé pareillement d'une feuille verte; c'est jusqu'à ce point que le lait suffit dans le grain, pendant que la racine commence à devenir un peu brune, & qu'elle fournit assez de nourriture à la plante pour que le premier nœud puisse se former entre la feuille brune & le premier tuyau latéral.

Le germe est devenu passablement fort avant que la racine paroisse sous la feuille brunâtre, & cette racine nourrit en particulier le tuyau latéral; ensorte qu'il n'a aucune communication avec le tuyau principal: il en est de même des autres tuyaux latéraux.

Il faut remarquer que deux feuilles renferment toujours deux bourgeons, qui ne paroissent en former qu'un seul, tant qu'ils sont proche l'un de l'autre; aussi-tôt que ceux d'en bas se sont séparés, il s'éleve entr'eux une partie de tuyau qui a deux nœuds & une racine; alors la feuille de dessous se fane & périt, n'étant plus utile depuis que les racines sont en état de nourrir la plante par elles-mêmes.

Ce que nous venons de dire regarde le grain qui n'est pas trop avant en terre; lorsqu'il y est profondément enfoncé, voilà de quelle maniere se fait la végétation.

Le premier nœud a très-peu de racines,

& elles sont fort tendres; il pousse un tuyau souvent assez long, mais foible, au haut duquel paroît l'autre bourgeon avec sa feuille qui périt dans la terre. Si le terrain est gras & léger, la plante ou le buisson commence à se former au deuxieme bourgeon, & pousse dans le tuyau principal le troisieme, quatrieme, cinquieme bourgeon, &c.

Il arrive alors ce qu'on auroit peine à croire, si l'on ne pouvoit le vérifier de ses propres yeux; c'est qu'un seul grain de semence enfoncé dans un terrain gras & léger, produit quelquefois jusqu'à deux & trois plantes; car le premier bourgeon ayant poussé un tuyau gros & court, il se forme une plante du second bourgeon; & comme ce second bourgeon est encore assez avant en terre, & que le petit tuyau gros qu'il pousse est assez court, la même chose arrive au troisieme bourgeon, & ainsi de suite, tant que les bourgeons restent sous terre. On a même reconnu que dans des terrains gras & mous, le germe avoit formé une plante en même temps qu'il avoit poussé son premier tuyau; ce qui nous découvre dans le bled une fécondité inconcevable, qui n'attend pour enrichir l'homme que son intelligence & ses soins.

La plante ou buisson de bled est composée du tuyau principal, des tuyaux latéraux, & des autres que ceux-ci ont poussé à leur tour; elle commence à se former aussi-tôt que l'on voit paroître quatre feuilles vertes.

Si pour lors on leve de terre une plante de bled, & que l'on baisse ou emporte la feuille baſſe, on voit pour l'ordinaire, entre cette feuille, une petite pointe blanchâtre qui ſe forme ſucceſſivement en tuyau, & ſa racine ſous la premiere feuille qui paroît enſuite. Cette petite pointe vient de la moëlle d'un nœud ; & s'étant développée en feuilles vertes, quand la ſemaille a été faite de bonne heure, elle en pouſſe un autre à côté, enſorte que dans les Automnes chaudes & ſeches, il s'en forme un bon nombre qui ſe ſoutiennent & profitent preſque toutes pendant l'Hiver, & qui ſe multiplient conſidérablement au Printemps ; & cela d'autant mieux lorſqu'il fait chaud, que le temps eſt favorable, & le terrain bien labouré, amendé & purgé de mauvaiſes herbes.

Cependant toutes ces pointes, ou les tuyaux qui s'en forment, ne parviennent pas à porter du fruit ; on en voit ordinairement pluſieurs reſter en arriere, & ſe flétrir en Juin & Juillet ; ce qui n'arrive que par le défaut de ſucs nourriciers dont manque la plante ; & voilà la différence de récoltes qu'occaſionne une bonne ou mauvaiſe culture.

Lorſque le tuyau principal monte en graine, il ſe fait une grande révolution dans la plante ; tout paroît concourir alors à la formation & à l'entretien des fleurs & des fruits.

Mais avant que ceci arrive, & lorſque la plante prend ſa premiere croiſſance, on voit les feuilles des nœuds élevés au-deſſus de la terre, s'étendre conſidérablement au nombre de quatre, cinq & ſix ; elles pompent & préparent le ſuc nourricier pour l'épi qu'on trouve déja formé en petit, lorſque dans le Printemps on fend le tuyau avant qu'il monte en graine; on le voit même dès l'Automne en forme d'une petite grappe, dans le temps que les nœuds ſont encore voiſins les uns des autres.

L'extention qui ſe fait entre les nœuds, c'eſt-à-dire l'alongement de la tige, s'opere par le développement ſucceſſif des parties ſolides, qui ſont dans les gramens les parties ligneuſes, qui, comme dans les arbres, ſont pliées en ſpirales, qu'on avoit appellé trachées. Il eſt aiſé de les y voir quand les parties de la tige entre les nœuds, n'ont pas encore pris toute leur extenſion; mais après on n'y voit plus que des fibres longitudinales, comme dans les arbres.

Quand la végétation de la plante ſe fait heureuſement par un temps favorable, les feuilles ſont d'un verd noirâtre; elles deviennent graſſes & remplies de ſuc: les nœuds inférieurs deviennent d'un verd tirant ſur le jaune & ſe durciſſant peu à peu, pendant qu'au milieu & en haut ils reſtent tendres, juſqu'à ce que l'enveloppe de l'épi paroiſſe. C'eſt au contraire un mauvais ſigne lorſque ces nœuds inférieurs rougiſſent & ſe durciſſent trop tôt, lorſque les feuilles jauniſſent avant le temps, qu'elles ont un air chétif, & que l'on y voit beaucoup de tâches ferrugineuſes, ſemblables à la rouille de fer; ces accidents ont pour cauſes, ou trop d'humidité, ou trop de ſéchereſſe; ils proviennent encore de la maigreur du terrain, ou des mauvaises herbes qui dominent, ou des gelées blanches qui continuent trop avant dans la saison, quelquefois aussi on peut les attribuer à la quantité d'insectes qui rongent ces feuilles & les racines, & en dérangent l'organisation.

Lorsque la plante monte en graine, les deux feuilles supérieures de la tige sont exactement serrées l'une contre l'autre, & conservent précieusement l'épi, jusqu'à ce qu'il soit parvenu à une certaine grosseur ; jusques là tous les nœuds sont peu distants entr'eux, sur-tout les deux derniers qui sont encore entiérement mous : mais aussi-tôt que l'épi a percé son enveloppe, toutes les parties du tuyau s'alongent & se trouvent nourries par les feuilles qui y sont attachées ; cela est si vrai, que si on supprime ces feuilles, la tige ne fait plus que languir, & périt.

Lorsque les parties de la tige comprises entre chaque naud ont pris toute leur extension, ces nœuds se durcissent, & les feuilles qui y tiennent, devenues pour lors inutiles, jaunissent & se flétrissent.

Comme les parties de la tige comprises entre les nœuds s'étendent, se forment & se durcissent successivement, à mesure que les fibres pliées en spirales se développent, (*voyez ce que nous avons dit au Chapitre des Trachées*), les feuilles qui tiennent aux nœuds se flétrissent aussi successivement, en commençant par celles d'en-bas ; de sorte que les feuilles du tuyau sont presque toutes fanées, & que les deux feuilles les plus élevées, qui ont formé l'enveloppe de l'épi, ſont encore très-vertes & pleines de ſuc, & leurs nœuds ſont tendres & encore peu diſtants l'un de l'autre. Mais lorſque l'épi eſt tout à fait ſorti & qu'il a acquis à peu près toute ſa longueur, ce qui ſe fait ſouvent dans ſix ou huit jours, ces feuilles alors changent de couleur & conſervent peu de ſuc, de même que les deux nœuds ſupérieurs qui durciſſent les derniers.

L'examen de la plante dans cet état, ne laiſſe point douter que ce ne ſoit la ſeve aérienne qui fourniſſe à la formation de la fleur & du fruit. Ainſi il paroît que la ſageſſe du Créateur a ordonné les feuilles à l'extérieur, & la moëlle dans l'intérieur du tuyau, comme un Architecte éleve des échafauds qu'il abat dès que l'édifice eſt achevé; car auſſitôt que le tuyau a acquis toute ſa longueur & la conſiſtance néceſſaire, les feuilles & la moëlle ſe deſſechent & diſparoiſſent.

Pluſieurs mois s'écoulent avant que l'épi ſoit en état de paroître; mais toutes les diſpoſitions étant faites pour la formation de la fleur & du grain, en peu de jours il ſe montre tout entier, ſur-tout lorſque les circonſtances ſont favorables aux effets de la raréfaction & de la condenſation, c'eſt-à-dire lorſqu'à des jours chauds ſuccedent des nuits fraîches, des roſées ou des pluies douces; car dans des temps contraires l'humidité & la fraîcheur trop conſtante, ou la trop grande chaleur & ſécheresſe, deviennent très-défavorables au développement de l'épi ; il ſe tient caché dans ſon enveloppe ; le tuyau prend peu de croiſſance ; le fruit devient foible, & les grains reſtant plats, n'acquierent point la groſſeur convenable.

Enfin, toutes ces préparations que nous venons de marquer étant achevées, la fleur paroît, & elle commence à donner au fruit ſa nourriture la plus délicate apportée par la ſeve aérienne. Cette fleur dans le bled n'eſt qu'un tuyau très-délié & blanc, qui ſort de la capſule de la ſemence ; cette capſule eſt environnée de quelques faiſceaux, d'autres tuyaux, qui d'abord ſont jaunâtres, puis tirant ſur le brun, & enfin noirciſſent ; peu auparavant qu'ils ſe flétriſſent & qu'ils tombent, ces petits tuyaux ſervent principalement à nourrir dans la capſule de la ſemence un petit plumaçon que l'on y voit.

Lorſque le bled ceſſe de fleurir par un beau temps clair & chaud, ſuivi de nuits fraîches, on a lieu d'eſpérer une bonne moiſſon.

Auſſi-tôt que le bled a achevé de fleurir, les pointes des grains qui contiennent le germe ſe forment dans les capſules de ſemences, & ſe perfectionnent long-temps avant la formation de la farine. La ſubſtance farineuſe vient enſuite peu à peu & s'augmente, pendant que le ſuc ſe porte autour d'une partie fine & délicate qui reſſemble à du duvet : ce duvet qui ſubſiſte après que la fleur eſt paſſée, ſert, entr'autres uſages, à tenir ouvert le grand conduit qui paſſe par la grande fente du grain, & facilite l'introduction des sucs aériens.

L'humidité de l'air, pourvu qu'elle ne soit pas trop constante, n'est point un obstacle à la formation des grains ; elle augmente au contraire la quantité des sucs nourriciers ; mais si elle est trop forte, elle en affoiblit la qualité, comme il arrive par des pluies trop fortes & trop longues, qui d'ailleurs renversent & couchent les bleds.

La maturité du fruit commence après qu'il a pris toute sa grosseur ; alors le tuyau & l'épi jaunissent, & la couleur verdâtre des grains se change en jaune pâle ; cependant ils sont encore mous, & la farine contient beaucoup d'humidité.

Par un temps fort humide l'écorce du grain s'enfle considérablement, ce qui lui fait rendre plus de son & moins de farine. Par un effet contraire, un temps trop sec le desseche trop promptement ; les grains se rident & deviennent de peu de valeur. On a donc besoin d'une alternative de chaleur & de fraîcheur, c'est-à-dire d'un temps chaud, entremêlé de pluies douces ou de fortes rosées, afin que la paille & les grains soient bien nourris, mûrissent par degrés, & acquierent une qualité parfaite.

La connoissance de ces circonstances n'est pas inutile à un Agriculteur, puisqu'elle le met en état de juger d'avance de la qualité de la moisson à laquelle il doit s'attendre, & prendre en conséquence de justes mesures pour la direction de ses affaires.

Enfin lorſque le bled eſt mûr, il ſe ſeche & ſe durcit ; on connoît le point de maturité des grains lorſqu'ils ſortent facilement de l'épi, ce qui ne les expoſe pas à être briſés ſous le fléau quand on les bat dans la grange.

Il ne faut cependant pas attendre pour faire la moiſſon, que le grain tombe ſi facilement de l'épi ; car on s'expoſeroit à en perdre beaucoup. Au ſurplus le temps favorable doit décider de la moiſſon, comme il doit régler les ſemailles.

Mais malheureuſement le défaut d'Ouvriers en pluſieurs endroits, empêche de profiter de ce temps favorable & ſi précieux ; de ſorte que dans une ſaiſon ſeche, le bled paſſé de maturité tombe de l'épi ; dans une ſaiſon humide, il y germe ; & ces retards forcés de récolte, font perdre annuellement plus de grains qu'on ne penſe. Je ne peux m'empêcher d'en citer ici une preuve.

Un Préſident du Parlement de Rouen m'invita à venir à ſa terre, & m'y mena le 15 Août, en me diſant que j'y verrois des Fermiers très-bons Cultivateurs, & des Payſans très-laborieux ; je fus ſurpris de voir preſque tous les bleds encore ſur pied, d'autant plus que le temps avoit été, cette année, chaud & ſec. Le premier examen me fit voir qu'en agitant l'épi, le grain s'en détachoit & tomboit par terre. Sont-ce là, lui dis-je, vos gens ſi bons Cultivateurs, ſi laborieux ? Ils laiſſent perdre leurs bleds. Il fit venir un de ſes Fermiers : pourquoi donc, lui dit-il, ne faites-vous

vous pas votre moiſſon, vos bleds ſe perdent? Il eſt vrai, lui répondit le Fermier; mais nous ne pouvons pas trouver de Moiſſonneurs. Que ſont-ils donc devenus? Ils ſont ſous ces toits que vous voyez, en montrant une Ville voiſine, où les Manufactures de Drap ſe ſont conſidérablement augmentées; quand nous leur donnerions 30 ſols par jour, ils ne ſeroient pas tentés de venir s'expoſer à l'ardeur du ſoleil, & aux fatigues d'un travail pénible, tandis qu'ils gagnent autant & davantage à un ouvrage plus doux & qui les tient à couvert. Mais il y a des Ordonnances, dit le Préſident, qui enjoignent à ces gens-là de quitter les Manufactures, & de venir faire la moiſſon; il faut les faire exécuter. Il eſt vrai, il y a des Ordonnances; mais on ne les excécute pas? Irois-je prendre ces hommes au collet? Le Fabricant veut-il les laiſſer aller? Et quand même je parviendrois à les avoir de force, quel ſervice pourrois-je en attendre? En ſuppoſant qu'ils y miſſent de la volonté, déſaccoutumés des travaux pénibles & en plein ſoleil, ils n'agiront plus que foiblement, & tomberont malades. Il faudroit les empêcher de déſerter des Campagnes, pour aller dans les Manufactures; mais quand ils y ont été quelques années, il n'y a plus d'eſpoir de les ramener à nos travaux champêtres.

Le Préſident citoit les Ordonnances; mais le Fermier qui, en attendant leur effet, auroit tout perdu, fit ſi bien qu'il ſe procura des Moiſſonneurs étrangers, qui vinrent couper sa paille qu'il mit à couvert avec le peu de grain qui y restoit.

Mais on va sans doute se récrier contre moi, en disant que les Manufactures sont utiles. Sans doute ; mais il ne faut pas les laisser trop accroître aux dépens de l'agriculture. Que l'on prenne ces Ouvriers dans les Villes, à la bonne heure ; mais qu'on n'applaudisse pas inconsidérément à la jactance d'un Fabricant qui donne, comme une action très-méritoire, d'entretenir, de nourrir, dit-il, 300 hommes, quand il arrache ces 300 hommes aux campagnes, & qu'il est aisé de prouver que cette soustraction de 300 Ouvriers cultivateurs fait perdre la subsistance pour plus de 1,200 autres : nous aurons bientôt occasion de le démontrer.

Après cette digression qui sera bien ou mal reçue de mes Lecteurs, selon qu'ils seront Agriculteurs ou Manufacturiers, revenons à l'objet de ce Chapitre, qui est la culture du bled. Les détails que je viens de rendre sur la germination de ce grain, & sur les progrès successifs de la plante qu'il produit, sont bien capables d'éclairer le Cultivateur, de lui donner des apperçus, de lui faire naître des idées, de lui fournir des principes : j'en vais faire ici quelques applications.

Ce que j'ai déja dit du terrain, des labours, des amendements, des fumiers, me dispense de parler de la préparation de la terre ; il ne reste plus qu'à parler des semis & de la culture du bled.

On ne peut point établir de principes généraux au sujet des différentes formes que l'on doit donner au terrain ; c'est-à-dire, s'il faut labourer à grandes ou petites arures, s'il faut les former convexes ou applaties, la nature du terrain en doit décider ; ainsi ce labourage est une affaire de local, qui doit varier selon les circonstances.

Ce que j'ai dit en parlant des planches de potagers, est applicable ici : là où les terres sont froides, humides & compactes, il faut diviser le terrain par petites arures convexes & bombées, pour faciliter l'écoulement des eaux : là où les terres sont sablonneuses & seches, il faut former de larges arures applaties, & même creuses au centre, & toujours en conséquence des circonstances qui doivent engager plus ou moins à retenir ou à faire écouler les eaux.

Je ne sais pourquoi on forme des raies dans des terres sableuses & légeres, qui laissent un écoulement & un libre passage à l'eau, où il est si important de n'en point perdre, dans des raies ou rigoles qui ne sont nécessaires que pour la dessécation des terres humides.

C'est donc la nature du terrain qui devroit ordonner les divisions & les formes qui lui conviennent ; mais souvent on ne suit en cela que la coutume du pays, & l'aveugle routine.

J'ai vu dans plusieurs Cantons où les terres humides avoient porté avec raison à labourer à petites arures convexes ; j'ai vu beaucoup de parties de terrain assez seches & même arides, qu'on labouroit tout de même que les autres, quoiqu'elles exigeassent une culture fort différente. Rien n'est si ordinaire que de voir dans chaque pays ce labourage uniforme sur des terres d'une nature très-différente ; & voilà cependant ces Laboureurs instruits, & qui, dit-on, n'ont pas besoin de leçons.

On va voir combien de connoissances peuvent donner sur la culture les détails que je viens de rendre sur la végétation du bled. Outre les observations que nous allons faire à ce sujet, chacun pourra en faire encore beaucoup d'autres.

Pour donner à la culture du bled toute l'attention & l'étendue qu'elle mérite, commençons par examiner une question importante, affirmée & préconisée par plusieurs, & rejetée, peut-être, sans examen, par d'autres : C'est la préparation des semences dans les eaux grasses ou salines.

Quoique pour l'ordinaire une graine ne produise qu'une tige, il est constant qu'un grain de bled mis en terre pousse ordinairement quatre, cinq, six tiges ou tuyaux, & cela plus ou moins, selon les circonstances. Nous venons de voir dans les détails précédents, d'où partent ces tiges, & comment elles se développent ; mais quel est le principe de cette fécondité ? S'il étoit bien reconnu, il pourroit conduire à découvrir les moyens les plus sûrs & les plus faciles pour exciter la fécondité des grains, & la porter aussi loin qu'elle peut s'étendre.

Trois ſentiments partagent à ce ſujet les Naturaliſtes ; les uns penſent que chaque grain ne contient qu'un germe, dans lequel eſt renfermée toute la plante future, avec les fruits qu'elle doit porter ; que chacun de ces fruits contient un germe ſemblable où la même plante ſe retrouve avec les fruits, qui ſont tels que les premiers, c'eſt-à-dire qui ſont pourvus d'un germe renfermant une plante parfaite, & ainſi juſqu'à l'infini ; de ſorte que la production de pluſieurs tiges n'eſt que le développement ſucceſſif de ces germes enchaſſés les uns dans les autres : nous parlerons plus amplement de cette opinion.

Les autres croient qu'il y a dans chaque grain de bled un paquet de germes qui pouſſent en plus ou en moins grand nombre, ſelon que les ſucs nourriciers ſont plus ou moins abondants, ou que les premiers affament les autres, en abſorbant la nourriture que la terre fournit.

Enfin, il y en a qui ſoutiennent que ces grains ſont hermaphrodites, & que n'ayant qu'un ſeul germe qui répand la ſemence, ils ont une infinité de matrices qui peuvent s'ouvrir pour la recevoir.

Auquel de ces trois ſyſtêmes doit-on s'arrêter ? Si le dernier paroît le plus probable, il eſt certain que la préparation des ſemences eſt eſſentielle, afin d'animer le germe, & d'échauffer les matrices qui s'ouvriront en plus grand nombre, les tiges vigoureuſes qu'elles pouſſeront ne pouvant manquer de tirer de la terre & de l'air les ſecours dont elles auront besoin pour parvenir à une entiere perfection. Si on adopte l'un ou l'autre des deux premiers, cette préparation paroît toujours bonne pour fortifier le germe : en effet, n'est-il pas à croire qu'une eau qui contient en elle-même quelques-unes des qualités éminentes, propres au regne végétal, dans laquelle on fera tremper les semences, cette eau leur communiquera, en les pénétrant, les vertus dont elle est impregnée, de sorte que le germe aidé de ce secours, doit agir plus puissamment, & que la plante qu'il produira sera plus belle & plus forte, & tirera plus facilement du ciel & de la terre les sucs qui lui sont nécessaires ?

Pourquoi donc rejeter & négliger une méthode qui ne peut avoir que de bons & jamais de mauvais effets ? Auxquels doit-on donner plus de croyance, ou à ceux qui l'ayant pratiquée, la vantent d'après les bons effets qu'ils en ont vu, ou à ceux qui affectent de la mépriser sans en avoir fait aucun essai ?

J'ai vu en plusieurs pays des productions merveilleuses du bled que l'on avoit fait tremper & gonfler avant de le semer, dans des eaux préparées : plusieurs Agriculteurs habiles m'en ont confirmé les excellents effets. Un entr'autres, M. de Magneville, Gentilhomme de Caen, & Cultivateur très-éclairé, m'a dit que depuis qu'il étoit dans l'usage de faire tremper ses semences dans de l'eau de mer, ses bleds croissoient avec plus de vigueur, donnoient des grains plus abondants & mieux nourris, & qu'ils n'étoient jamais attaqués de la nielle, comme l'étoient ceux de ses voisins, qui n'usoient pas de la même précaution.

Il est malheureux que l'eau de la mer, reconnue si bonne pour la préparation des semences, ne puisse être employée même par ceux qui en sont les plus proches. On sait que l'intérêt des Fermiers-Généraux prive les Habitants des avantages que leur offre la Nature.

Le Cultivateur dont je parle, après avoir rendu compte au Gouvernement des bons effets de l'eau de la mer pour la préparation des semences, avoit proposé un moyen qui, en favorisant le bien public, mettoit hors d'atteinte les revenus des Fermes. C'étoit de mettre dans les tonneaux remplis d'eau de mer, sous les yeux des Commis, de la fiente de cheval ou de vache, mixtion qui eût retiré l'envie d'en faire aucun autre usage que celui auquel elle étoit destinée : ce moyen fut goûté du Ministre ; mais cependant il est resté sans exécution, & cette défense n'a point cessé d'avoir lieu.

Les Livres d'Agriculture parlent de plusieurs compositions de ces eaux composées. Voilà celle que l'expérience a fait reconnoître comme une des meilleures.

Prenez une partie de nitre ou salpêtre, & deux parties de sel commun, mettez-les dans un creuset, & faites-les fondre ensemble ; laissez-les refroidir, & sur une livre de cette matiere versez dix pintes d'eau, les sels s'y diſſoudront, & alors vous y ferez tremper vos ſemences.

La facilité de la préparation de cette eau en rend l'uſage facile. J'en ai vu des effets merveilleux dans l'emploi que j'en ai fait pour arroſer des plantes, auxquelles elle a donné une vigueur & une fécondité ſurprenantes. J'ai remarqué que ces plantes attiroient une roſée abondante dans les nuits aſſez ſeches, pour que les plantes voiſines ne paruſſent point en avoir été humectées.

Mais au défaut d'eaux ſalines pour la préparation des ſemences, on peut faire uſage d'eaux graſſes qui produiſent auſſi un très-bon effet : la déteſtable coutume, ou plutôt l'aveugle négligence où l'on eſt de laiſſer laver les fumiers ſous l'égout des toits, ne procure que trop d'eaux rouſſes & graſſes, par l'écoulement qui s'en fait ordinairement à pure perte. Pourquoi ne pas faire uſage de ces eaux graſſes dans la chaux avec laquelle on a coutume de préparer les ſemences? cette eau ne vaudroit-elle pas mieux que de l'eau pure dont on ſe ſert ?

D'après le rapport de pluſieurs Cultivateurs éclairés & véridiques, après avoir conſulté l'expérience, d'après le peu de ſolidité des raiſonnements & des objections des antagoniſtes, nous ſommes bien en état de juger qu'il n'y a que l'ignorance & la prévention qui combattent les bons effets des préparations des ſemences.

Il n'eſt plus queſtion que de décider ſur la qualité & la mixtion des ſubſtances que l'on emploie, puisque ceux qui déclament contre la préparation des semences, les préparent eux-mêmes dans de l'eau de chaux, usage assez généralement pratiqué, que je ne prétends pas condamner, mais qui n'est certainement suivi que par routine, puisque les Fermiers qui l'observent n'en citent que de faux effets.

Si vous leur demandez à quoi sert la chaux dont ils impregnent la semence, les uns vous diront que c'est pour faire périr les herbes, ce qui est très-faux ; d'autres que c'est pour empêcher les oiseaux d'en manger, ce qui est encore faux ; d'autres que c'est pour faire mourir les insectes, ce qui n'est pas plus vrai, à moins cependant qu'il n'y en eût dans le grain ; d'autres enfin, que c'est pour préserver le bled de la nielle : mais on sait que tous les bleds passés à l'eau de chaux ne sont pas préservés de cette maladie. Voilà les raisons que donnent les Fermiers, & on voit qu'il n'y en a pas une seule de bonne ; & cependant cet usage devenu général dans plusieurs pays, s'y suit constamment.

Nous avons vu qu'il est bon de faire tremper dans l'eau les graines quelconques, avant de les semer, pour hâter la germination ; mais n'est-il pas mieux encore de les faire tremper dans quelques eaux préparées, qui aient la vertu d'animer, de fortifier le germe, & de contribuer à la vigueur de son développement ? Ce ne peut être qu'ainsi qu'opere utilement l'eau de chaux, & je ne prétends pas en nier l'effet; mais le raisonnement

& l'expérience se déclarent en faveur des autres eaux dont j'ai parlé, sur-tout des eaux grasses de fumier, où l'on peut mettre de la chaux.

D'après ces observations préliminaires, qui vont nous guider, passons à la culture du bled.

Après avoir donné le dernier labour à la terre, il est bon de la laisser reposer pendant quelques jours ; il faut choisir autant qu'il est possible un temps favorable pour les semis, qu'il ne faut jamais faire par un temps pluvieux dans les terres fortes & humides.

On aura eu l'attention de faire tremper le soir les semences que l'on veut répandre le lendemain ; il suffit qu'elles aient trempé pendant douze heures : il seroit dangereux de les y laisser beaucoup davantage, sur-tout lorsqu'on fait usage de la chaux ou d'autres substances corrosives.

On répand la semence le plus également qu'il est possible, en plus grande ou plus petite quantité ; c'est sur quoi on ne peut pas donner de regle générale : cet article essentiel ne peut être déterminé que selon la nature du sol, la préparation de la terre, de la semence, & autres circonstances locales qu'il faut savoir examiner. On fait ensuite passer la herse sur ce terrain ensemencé ; voilà à quoi s'en tiennent la plupart des Fermiers.

Le temps de la moisson étant venu, on fait couper & engranger ce qu'une culture imparfaite & négligée a pu produire ; car, telle est heureusement la fécondité admirable de cette précieuse plante, qu'à moins d'événements extraordinaires, elle ne manque jamais de faire des productions : mais que ces productions sont différentes selon le terrain, & sur-tout selon la culture ! que de gradations, que de différences dans les récoltes, & toujours à raison des soins qu'on aura pris !

Chaque Fermier moissonne & engrange des bleds tous les ans ; mais que de différences dans le produit des gerbes & du grain. Ces différences ne sont bien connues que de ceux qui sont assez instruits pour savoir jetter un coup d'œil éclairé sur les champs de bled ; ils paroissent tous à peu près les mêmes à un passant qui ne sait pas les examiner : il y a même des Fermiers assez ignares & stupides pour y faire peu d'attention, ou ils ne savent à quoi s'en prendre ; d'autres plus instruits, qui ne peuvent imputer leur perte qu'à leur négligence, ont soin de la dissimuler ; d'autres qui avec connoissance de cause jouissent, par des récoltes abondantes, du fruit de leurs soins & de leurs travaux, n'osent s'en vanter, dans la crainte d'exciter de la jalousie & des augmentations de Taille. Mais enfin il reste certain que celui qui a bien labouré & bien amendé sa terre, qui a fait ses semailles avec les précautions dont nous allons parler, qui a eu soin de purger à temps ses bleds des mauvaises herbes, en sera bien récompensé par des récoltes bien supérieures à celles du Fermier qui aura négligé de prendre ces soins, quand bien même les terres de ce dernier seroient d'une meilleure qualité que les siennes.

Il n'y a point de Cultivateur qui ne sache qu'il est très-essentiel de sarcler les bleds, & de les purger des mauvaises herbes. Cependant cette opération importante, ou ne se fait point du tout, ou se fait mal presque par-tout : quelle est la cause de cette négligence meurtriere, qui seule prive quelquefois d'un tiers du grain qu'on auroit dû récolter ? Demandons-la aux Fermiers ; tous nous diront que c'est qu'ils n'ont pas assez de monde. Mais prenez des gens de journée. Les uns vous répondront : ils sont devenus rares & chers ; d'autres disent qu'on n'en peut point trouver. Parmi ceux-là il y en a cependant quelques-uns assez riches, & assez éclairés sur leurs propres intérêts, qui n'hésitent pas à dépenser cinquante francs pour en gagner deux ou trois cents ; mais c'est toujours le plus petit nombre. Examinons actuellement les raisons des autres.

Les Ouvriers, disent-ils, sont devenus trop chers : mon pere ne donnoit que 12 ou 15 s. à un homme de journée ; il veut en avoir 20 & 25 aujourd'hui : une femme étoit contente en gagnant 8 ou 10 sols par jour ; aujourd'hui elle veut en avoir 16. Cela est juste, leur dirai-je ; votre pere ne leur vendoit pas le bled autrefois ce que vous leur vendez à présent, & le profit que vous fera leur travail n'est pas à comparer à la foible augmentation de leurs journées. La quantité de grains que vous produira le ſarclage, l'emportera infiniment ſur ce petit ſurcroît de dépenſe. C'eſt cependant ce qu'on a peine à perſuader à ces gens inconſidérés & entêtés.

Mais, diſent d'autres, on ne peut point trouver aſſez d'Ouvriers pour ſarcler. Cette raiſon n'eſt malheureuſement que trop réelle & trop déciſive dans pluſieurs Cantons, & je l'ai vérifiée.

Sans s'en tenir aux relevés vrais ou trompeurs que l'on fait dans les Paroiſſes, & qui ſemblent prouver une grande population, que l'on faſſe une revue dans pluſieurs de ces Paroiſſes, on y trouvera peut-être le nombre des têtes dénombrées ſur ces relevés ; mais on verra que ce ne ſont pour la plupart que des vieillards des deux ſexes, & des enfants, & très-peu de filles & de garçons, depuis l'âge de 20 ans juſqu'à 30 & 40. Que ſont donc devenus ceux-ci ? Allez dans les grandes Villes, & vous les y trouverez, les unes ſervantes dans les maiſons, filles de boutique, Marchandes de Modes, &c. ; les autres laquais, garçons marchands, Perruquiers ou artiſans du luxe : mais le plus grand nombre dans les Manufactures, où l'appas du gain, de plus fortes journées, & un état plus honnête, à ce qu'ils croient, mais réellement plus doux, les ont attirés & les ont fait déſerter des maiſons paternelles. Voilà pourquoi les Campagnes ſont dénuées de ces gens qui, dans la vigueur de la jeuneſſe, ſont enlevés à l'Agriculture qui en ſouffre infiniment.

Voilà comment l'ordre est entiérement interverti. Les femmes, les vieillards, les enfants & les infirmes mêmes devroient être occupés aux Manufactures ou à la préparation des matieres : les hommes robustes & dans la vigueur de l'âge, ne devroient, en bonne police, y servir que quand la Campagne se trouve parfaitement cultivée ; il faut commencer par se procurer le nécessaire avant d'aller au superflu.

L'Ami des hommes a dit avant moi que l'agriculture est la premiere, la plus nécessaire de toutes les Manufactures ; que c'est la vraie richesse d'un Etat ; qu'elle mérite de préférence encouragement & protection. Par quelle fatalité la voit-on donc si négligée & sacrifiée à tous les autres établissements ?

Il seroit à desirer qu'il y eût un Ministre d'agriculture, uniquement chargé de cette partie assez importante & assez étendue, pour s'en occuper & remplir toutes ses attentions ; il ranimeroit les Sociétés d'Agriculture, qui tombent faute d'émulation & d'encouragement. Outre le compte que lui rendroient dans cette partie MM. les Intendants, déja trop surchargés d'affaires, il auroit dans les Provinces des agents qui lui feroient passer toutes les connoissances locales & nécessaires.

Que l'on ne redoute pas la dépense que pourroit occasionner un pareil établissement, l'Etat en seroit dédommagé au centuple.

Il feroit trop long, & peut-être indiscret, de détailler la suppression des abus, & tous les avantages qui résulteroient d'un pareil établissement qui vivifieroit, animeroit les Campagnes, sur lesquelles on fixeroit un coup d'œil patriotique, éclairé & vigilant. En voilà sur cela assez si l'on veut m'entendre, & trop si on ne le veut pas.

Si vous examinez l'emploi du temps de ceux qui restent dans les villages, vous trouverez plusieurs femmes & filles qui ne travaillent qu'à filer de la laine ou du coton, parce qu'elles gagnent plus à ce travail, d'ailleurs plus doux, qu'à travailler à la terre.

Parmi les hommes dans la vigueur de l'âge, les uns sont Artisans, Maçons, Charpentiers, &c., les autres Tisserands; de sorte qu'en voyant le peu de gens, dans la plupart des Villages, en état de travailler à la culture des terres, on cesse d'être surpris de la voir si peu soignée.

Mais il me semble déja entendre quelques-uns de mes Lecteurs, & sur-tout les partisans outrés des Manufactures, se récrier au sujet de ce que j'avance. Il y a, disent-ils, assez de monde dans les Campagnes; cela peut être dans quelques-unes; mais cela est faux en général, & ne peut être cru que par ceux qui n'examinent pas & ne font point attention à ce qui se fait. Mais tous les champs sont bien labourés? non. Mais les terres sont bien amendées, bien fumées? non. Mais les semailles sont bien faites & à temps? non. Mais les bleds sont bien nettoyés de mauvaises herbes? non. Mais les moissons se font bien ? non. Non, je le répete, sur trente Fermiers à peine en trouvera-t-on cinq qui remplissent bien ces objets importants ; & si ceux qui ne veulent pas m'en croire, prennent la peine de le demander aux Cultivateurs les plus éclairés & les plus instruits, ils verront qu'ils pensent & disent comme moi.

Le mal est donc réel ; & quel est le remede ? Il me paroît bien difficile de le trouver, & encore plus de l'employer. C'est un torrent qui est débordé ; il est bien difficile de le faire rentrer actuellement dans son lit, où on auroit pu le retenir : il faut donc, ce me semble, regarder comme sans remede le mal qui est fait ; mais ne peut-on pas en arrêter les progrès & la continuation ?

Il ne faut pas penser à ramener aux travaux champêtres plus de 20 mille hommes que la seule Ville de Rouen a tirés des Campagnes ; ces hommes énervés par une vie toujours sédentaire, accompagnée souvent par la débauche & le libertinage, n'auroient plus la force ni l'aptitude nécessaire pour résister à des travaux durs & pénibles quand même ils en auroient la volonté. Il faut donc les regarder comme perdus pour l'agriculture à laquelle ils étoient destinés. Mais ne pourroit-on, ne devroit-on pas empêcher la désertion continuelle de ceux qui sont journellement appellés dans les Villes par ces Ouvriers ?

En convenant de la nécessité & de l'avantage des Manufactures, sur-tout de celles qui sont

ſont utiles, n'eſt-il pas évident qu'elles ont trop pris d'aſcendant par l'opinion & par le fait, ſur l'agriculture, la plus néceſſaire, ſans contredit, de toutes les Manufactures? Il ne ſeroit queſtion que de veiller à maintenir entr'elles une certaine proportion, une eſpece d'équilibre qui empêchât que les forces de l'une ne paſſaſſent à l'autre en trop grande quantité.

Le peuple de la Ville paroît né pour le travail des Manufactures qui y ſont établies: pourquoi permettre qu'on en tire encore en ſi grand nombre des Campagnes? Voilà l'abus funeſte auquel il ſeroit aiſé de remédier; mais l'examen des circonſtances actuelles ne peut guere nous le faire eſpérer.

Tout eſt en faveur des Manufactures; je dis tout: les hommes qui ſont à leur tête ont pour la plupart de l'éducation, des connoiſſances, de l'eſprit, & par conſéquent des protecteurs & des amis; ils ont des relations par eux-mêmes & par leurs députés avec les Miniſtres.

Des mémoires bien faits expoſent ſouvent des demandes qui ſont rarement refuſées. Eſt-il permis d'établir aucun parallele entre ces agents puiſſants & favoriſés des Manufactures avec ceux de l'Agriculture? Quelle différence à tous égards, par rapport aux qualités perſonnelles, à l'éducation, aux lumieres, aux moyens de ſe faire écouter & de perſuader, aux égards perſonnels, aux relations, aux recommandations, &c.? On voit que, relativement à ces considérations, tout est d'un côté, & rien de l'autre.

Des hommes bornés pour la plupart à un travail grossier & machinal, qui n'ont que peu de connoissances des vrais intérêts de leur état ; d'autres, avec plus d'esprit & de lumieres, n'ont ni les moyens, ni le pouvoir de faire des représentations, & encore moins de les faire valoir.

L'agriculture ne peut donc recevoir de secours & de protection que de la sagesse éclairée du Gouvernement qui doit se tenir d'autant plus en garde, que les uns sont en possession des moyens de demander & d'obtenir, tandis que les autres ont beaucoup de difficulté à exposer leurs besoins.

Qu'on ne croie plus aux faux rapports de ceux qui disent qu'il y a assez de monde dans les campagnes, quand on saura qu'il périt tous les ans une quantité de bleds étouffés par les herbes, faute de bras pour les sarcler, & qu'il se perd beaucoup de grains, faute de moissonneurs pour les couper à temps.

Il est de fait que telle paroisse qui fournissoit autrefois trente à quarante garçons pour le tirage de la milice, en fournit à peine quinze aujourd'hui : où sont-ils ? dans les villes.

Mais en attendant que l'on prenne les moyens d'empêcher cette fatale désertion dans les campagnes, examinons les conditions nécessaires dans la préparation de la terre & dans les semailles, pour mettre le Laboureur en état d'espérer une bonne moisson : il y en a six principales qu'il faut observer, sans en omettre une seule, parce qu'elles sont toutes si essentielles que celle qu'on auroit négligée suffiroit pour déranger l'effet des autres ; ces conditions sont :

1°. Que la terre soit labourée profondément.

2°. Qu'elle soit assez amollie.

3°. Qu'elle soit bien amendée & assez grasse.

4°. Que la semence entre assez profondément dans la terre, & qu'elle en soit bien recouverte & enveloppée.

5°. Que les grains soient assez écartés les uns des autres.

6°. Que la terre soit parfaitement nettoyée des mauvaises herbes en tout temps.

Que la terre soit profondément labourée : j'ai déja parlé amplement de cet article aussi essentiel qu'il est négligé ; je dirai seulement ici que s'il est néçessaire, pour le succès de toute espece de plantes, que la terre soit profondément remuée, c'est sur-tout pour le bled ; l'examen de sa végétation le prouve suffisamment. L'effet de la raréfaction & de la condensation dans la terre devient toujours plus puissant à mesure que le terrain a été bien creusé & remué ; & c'est cet effet qui fait alonger & pénétrer plus profondément les racines de la plante qui en devient d'autant plus forte & plus affermie en terre, & par conséquent moins sujette à être renversée.

Les terres ſableuſes & légeres ne ſe labourent & ne ſe diviſent que trop aiſément ; mais il n'en eſt pas de même des terres fortes & compactes : quelques labours qu'on leur donne & qu'on ne ſauroit trop multiplier dans ces ſortes de terres, quel que ſoit le herſage qu'il faut faire en long, en travers & en tous ſens, il reſte toujours beaucoup de blocs plus ou moins gros, qu'il eſt bon de briſer & de réduire en pouſſiere, autant qu'il eſt poſſible, afin que la terre, ainſi amollie, puiſſe plus facilement recevoir les influences de l'air & de l'eau, & ſe pénétrer des engrais qu'on y répand.

Si ces blocs n'étouffent pas la ſemence, ce qui arrive communément, elle y réuſſit fort mal : nous avons vu que les germes du bled ſe multiplient en plus grande quantité & ſe fortifient mieux dans une terre amollie où les racines peuvent plus aiſément pénétrer.

C'eſt pourquoi, d'après l'inſuffiſance reconnue de nos inſtruments aratoires, il faut faire uſage pour cet effet du rouleau dont nous parlerons au Chapitre ſuivant ; uſage excellent pour écraſer & réduire en pouſſiere les mottes que la herſe ne fait que retourner ſans les diviſer.

Tout le monde ſait que la terre, quelque fertile qu'elle ſoit par elle-même, s'épuiſe par des productions répétées, & qu'elle a beſoin de recevoir une reſtitution de ſucs nourriciers que les amendements & les engrais lui donnent. Mais a-t-on ſoin de lui en donner aſſez ? Il s'en faut bien que cet objet eſſentiel ſoit pour l'ordinaire ſuffiſamment rempli : outre les uſages abuſifs des Laboureurs inconſidérés, qui, transformés en Voituriers, répandent dans les chemins & dans les auberges le fumier de leurs chevaux ; outre la coutume abſurde de laiſſer laver par les eaux ceux qui leur reſtent, ils ſe contentent de porter ſur leurs terres le peu qu'ils en ont, ſans prendre ſoin d'en augmenter la quantité par les moyens que nous avons indiqués ; de là un tiers de leurs terres, qui n'en peut recevoir, reſte en friche tous les ans, & les deux autres tiers ſont foiblement amendés.

Nous avons vu que quand la ſemence du bled entre aſſez profondément en terre, il s'y forme des nœuds, d'où il part de nouvelles plantes ; cette conſidération prouve combien il eſt eſſentiel que cet objet ſoit rempli : mais ſi malheureuſement il ne peut pas l'être totalement par le moyen des herſes, au moins faut-il remédier à ſon inſuffiſance ; & je ne connois point pour cela de meilleur procédé que celui dont nous parlerons pour recouvrir & bien enterrer les ſemences.

Si aux pratiques importantes dont nous venons de parler, on a joint celle d'imprégner la ſemence d'eaux graſſes ou ſalines, on pourra en épargner plus d'un tiers de celle qu'on répand ordinairement. En prenant ce ſeul article en conſidération, que l'on ſuppute combien il revertiroit de bled chaque année au profit du bien particulier & du bien public : je dis qu'on épargneroit plus d'un tiers de la semence, & je ne dis certainement rien de trop.

Mais, dira-t-on, comment le Laboureur, dont le défaut n'est pas de prodiguer son grain, en jette-t-il ainsi à pure perte, moitié plus qu'il ne faut ? Oui, il le fait; & voilà pourquoi il le fait.

1°. Le Laboureur n'a rien de bien réglé sur cela ; il seme au hasard, l'un plus, l'autre moins ; il jette par poignée le grain qu'il répand en marchant, & tout ce qu'il peut faire de plus juste, est de régler sa marche sur la quantité de grain qu'il prend successivement dans l'espece de tablier retroussé qu'il porte devant lui, soit à sa ceinture, soit en bandouliere sur son épaule : a semence ne peut être ainsi bien également dispersée & répandue ; & pour qu'il y en ait par-tout, il faut en répandre une plus grande quantité.

Ce mal, plus ou moins grand dans l'usage de semer à la main, avoit fait imaginer une machine, nommée *semoir*, qui répand à la suite de la charrue à laquelle il est adapté, les graines espacées convenablement. Mais quoique les avantages de ce *semoir* aient été bien démontrés, son usage ne s'est pas trouvé être assez facile pour être adopté par les Laboureurs auxquels il ne faut que des instruments solides, peu composés, qui ne soient pas sujets à se déranger, & qui n'exigent pas d'attentions ni de réparations fréquentes.

Le bled semé à la main & recouvert par

la herse, ne l'est jamais qu'imparfaitement; il en reste beaucoup de grains à découvert qui sont mangés par les oiseaux; & ceux qui ne sont recouverts qu'imparfaitement, germent mal & périssent pendant l'Hiver. Comme le Laboureur doit compter sur toutes ces différentes pertes, il faut y obvier par une surabondance de semence.

Au surplus, la terre n'ayant point été ni assez bien, ni assez profondément labourée, ni suffisamment amendée, la semence n'ayant point été préparée, ou pas aussi bien qu'il le faudroit, ayant été mal couverte, mal rapprochée de la terre, il n'en provient que des plantes foibles, produisant peu d'épis; & ainsi il convient qu'elles soient semées plus *drues*.

Mais lorsque tout ce que nous venons de recommander a été bien observé, on ne doit pas craindre de semer clair & de ménager la semence, parce que les plantes vigoureuses & multipliées qui en proviennent, exigent de l'espace pour y étendre leurs touffes & développer une grande quantité de tiges & d'épis: elles se nuiroient beaucoup, si elles étoient trop rapprochées.

Enfin, on sait & on convient que les mauvaises herbes nuisent infiniment aux bleds, mais cependant on les y laisse ou en tout ou en partie. Je ne hasarde point en disant, d'après l'examen que j'en ai fait, que dans notre Province de Normandie, sur vingt champs de bled, on a souvent bien de la peine a en trouver deux qui aient été bien purgés de mauvaises herbes ; le reste ne l'est point du tout ou l'est fort mal ; car ceux qui passent ordinairement pour prendre le plus de soin à cet égard, croient avoir bien sarclé leurs bleds lorsqu'ils en ont arraché les chardons ou autres plantes qui s'élevent aussi haut, tels que sont les coquelicots, les navettes, les bluets, &c. ; mais combien d'autres herbes plus basses, & souvent plus nuisibles aux productions des plantes, les offusquent, les affament & étouffent les tiges latérales qui avortent sous ces mauvaises herbes, qui répandent leurs graines & infectent d'autant plus le terrain les années suivantes !

J'ai remarqué quelques champs qui produisent réguliérement plus de coquelicots & de bluets qu'ils ne produisent d'épis, auxquels on ne donne jamais aucun sarclage.

Ayant parlé de cette négligence à un propriétaire, il m'assura que le sarclage seroit inutile, parce que la nature de ce terrain étoit de produire des bluets & des coquelicots : tel qui rira de cette idée absurde, en a peut-être d'autres qui ne valent pas mieux, à en juger par les erreurs qu'il est ordinaire d'entendre soutenir & de voir pratiquer, & par le peu de connoissances que l'on cherche à acquérir dans l'agriculture.

Le citadin loue sa ferme le plus qu'il peut, & le fermier fait comme il veut, & tout est bien pourvu qu'il paie ; mais quoique les circonstances soient devenues très-favorables aux fermiers, qui en général s'enrichissent depuis quelques années, il y en a cependant de si mal entendus & de si négligents qu'ils se ruinent : combien ne seroit-il pas à desirer que les Maîtres se missent en état de les éclairer sur leurs cultures & sur leurs véritables intérêts ?

Je l'ai dit, je le répete, ce ne seront jamais les Paysans, entichés de leur coutume & d'ailleurs peu instruits, qui pourront perfectionner l'agriculture ; elle ne peut faire de progrès que par les lumieres d'hommes plus éclairés qui feront des expériences, donneront de bonnes instructions & de bons exemples aux Laboureurs, qui n'ont pour l'ordinaire ni la volonté, ni le temps, ni les moyens de faire des essais. Nous finirons ce Chapitre qui semblera trop étendu à quelques-uns, & qui paroîtra peut-être ne l'être pas assez à d'autres, pour parler dans le suivant d'un rouleau très-utile pour le succès des semences.

CHAPITRE XXVI.

Description d'un Rouleau très-utile pour les Semis.

JE vais prouver que quand le bled est semé & recouvert autant qu'il se peut par la herse, il reste à faire une opération bien importante, dont je vais détailler les bons effets ; & je vais d'autant plus m'attacher à en démontrer l'utilité, qu'elle est absolument ignorée dans plusieurs pays, & négligée ou mal pratiquée dans les autres ; c'est de faire passer un rouleau sur la terre qu'on vient d'ensemencer.

L'usage de ce cylindre ou rouleau n'est pas entiérement méconnu par-tout ; mais il est bien rare de le voir employer avec intelligence & dans la forme qu'il doit avoir pour faire l'effet qu'on en attend.

J'ai vu des rouleaux de bois de six pieds de longueur & d'un pied de diametre que l'on fait tirer avec peine par un cheval ; les uns dans l'intention de briser les blocs & d'unir le terrain ; les autres pour écraser les feuilles de la plante au Printemps, & la faire, disent-ils, mieux patter. Mais les uns & les autres ne doivent-ils pas voir que leur objet est manqué ? Comment ne s'apperçoivent-ils pas que ce long cylindre, répondant à une trop grande étendue de la surface du terrain, ne porte uniquement que sur deux ou trois éminences, par-dessus lesquelles son mouvement

& ſon peu de poids le font ſauter, ſans même beaucoup d'effet, pour les parties élevées, & ſans toucher aucunement aux parties qui ſont plus baſſes ?

Quelques-uns s'apperçevant que ces longs cylindres de bois ſont à peu près de nul effet, ont voulu faire uſage de cylindres de pierre; mais s'ils ſont petits, ils ne font guere plus d'effet; & lorſqu'ils ſont très-gros & peſants, un cheval ne peut plus les tirer.

On fait uſage en Angleterre de cylindres de fer qui ont trois ou quatre pieds de diametre, & tout au plus trois pieds de longueur. Ces cylindres qui n'ont à leur circonférence qu'environ deux pouces d'épaiſſeur ſont figurés comme l'étui d'un manchon, qui n'auroit point de fond; deux diametres de fer qui ſe croiſent à angles droits à chaque bout, ſont ſolidement fixés à la circonférence, & ſont traverſés par un axe de fer.

Ces cylindres rempliſſent très-bien & très-facilement l'objet qu'on ſe propoſe; & quoique très-peſants, un petit cheval ou deux hommes les font aiſément mouvoir, à cauſe de leur grand rayon.

Mais comme ils ſont chers & inconnus en France, je vais donner la deſcription d'une pareille machine, conſtruite en bois, qui eſt également d'un très-bon uſage.

Il faut commencer par faire conſtruire deux roues, telles à peu près que les petites roues d'un chariot, qui aient environ quatre pieds de diametre; il ſuffit que ces roues aient ſix raies ou rayons ſur un moyeu percé en quarré, & qui ne doit pas être fort gros ni fort long ; ces roues entreront un peu de force dans un axe ou aissieu de fer quarré, mais arrondi à chacune de ses extrêmités ; ensuite on appliquera sur la circonférence des jantes de ces deux roues des morceaux de bois de chêne d'environ quatre pouces de largeur, de deux pouces d'épaisseur, & d'environ trois pieds de longueur ; ces pieces de bois seront solidement fixées sur les jantes avec de forts clous. Cette machine, ainsi construite, aura la forme d'une roue dans laquelle on met un chien pour tourner la broche. Il sera bon de la faire couvrir ensuite de trois larges cercles de fer ; ce qui augmentera sa solidité & sa durée, de même que son poids.

L'axe étant fixé dans les deux moyeux des roues, cette machine tournera dans deux anneaux de fer, arrêtés par des écrous aux deux extrêmités de l'aissieu ; il y aura à chaque anneau un crochet de fer auquel on attachera une chaîne ou corde qui sera fixée de l'un & l'autre côté à un morceau de bois un peu plus long que la roue, auquel on attachera le cheval : on voit à la planche 2 une figure de ce rouleau.

Examinons actuellement l'usage & les bons effets de ce rouleau.

1°. Son poids que l'on augmente par les cercles de fer, ou, si l'on veut encore, au moyen d'une grosse pierre percée que l'on fait passer dans l'axe entre les deux roues ; ce poids, dis-je, bien plus considérable que celui d'un rouleau de bois, le fait appuyer bien davantage ſur le terrain, & le met en état de l'unir en briſant & écraſant les blocs.

2°. Quoique beaucoup plus peſant, il eſt plus aiſé de le faire mouvoir & rouler, parce que, comme on ſait, plus le rayon a d'étendue, ou ce qui eſt la même choſe, plus le levier a de longueur, & plus la puiſſance augmente de force ; & le rayon de cette machine ayant deux pieds de longueur, il s'enſuit que la puiſſance a quatre fois plus de force pour le mouvoir, qu'elle n'en auroit pour mouvoir un rouleau de ſix pouces de rayon, ſans compter l'avantage du tirage parallele ſur le tirage incliné.

3°. Ce rouleau ayant plus de poids & moins de longueur, doit porter, ſinon également, au moins beaucoup mieux ſur toutes les parties du terrain.

Après avoir examiné les avantages de la conſtruction de cette machine, conſidérons les ſervices importants qu'on en peut tirer. Si on ſe rappelle l'article eſſentiel que j'ai démontré & recommandé, particuliérement pour les ſuccès des ſemis en général, on ne doutera point de la néceſſité de battre, de preſſer, enfin d'affermir les parties de la terre contre les graines, de maniere qu'elles en ſoient bien enveloppées.

Mais les détails dans leſquels je viens d'entrer au ſujet de la germination & de la végétation du bled démontrent évidemment que cette ſemence a encore plus beſoin que toute autre d'être bien enterrée pour pouvoir réuſſir. Nous avons vu que ſa premiere radicule est très-courte, & par conséquent la moindre cavité où elle donneroit, sans pouvoir toucher la terre, la feroit avorter ou l'empêcheroit de prospérer : c'est en quoi l'opération de la herse seule est certainement bien insuffisante ; & si les pluies qui surviennent heureusement à la suite de ces semis si imparfaits, ne battoient, ne raffermissoient pas un peu le terrain, on verroit encore mieux les preuves de ce que j'avance avec certitude.

Il est vrai que comptant sur la quantité de grains qui manquent nécessairement par l'imperfection de la culture, le Fermier est dans l'usage d'en répandre quelquefois moitié plus qu'il ne faudroit. Mais cette profusion ne remédie pas entiérement au mal. L'addition que je vais proposer à la culture ordinaire, lui donne une perfection qui produit une suite d'excellents effets ; j'en suis également assuré par le raisonnement & par l'expérience.

Lorsqu'on a donné le dernier labour, il faut, avant de semer, faire passer sur le terrain le rouleau dont je viens de donner la description, répandre ensuite la semence, herser aussi-tôt & faire après repasser encore le rouleau : détaillons les effets de ces deux importantes opérations.

1°. Le premier roulage écrase, pulvérise les mottes & les blocs, remplit les cavités, & unit le terrain sur lequel la semence est reçue plus uniformément & pose plus immédiatement.

2°. Le ſecond roulage, après le ſemis & le herſage, applatit & pulvériſe les plus groſſes parties de terre que la herſe avoit remuées, & la démolition des blocs de terre recouvre la ſemence dont la herſe avoit laiſſé une grande partie à découvert.

Les ſemences ainſi mieux recouvertes ſe trouvent preſſées & bien enveloppées par les molécules de terre plus diviſées & plus amollies ; car c'eſt ſur-tout dans les terres fortes & compactes où cette opération produit le plus grand bien, quoiqu'elle ſoit très-bonne pour toute eſpece de terrain.

3°. Les ſemences mieux recouvertes & enterrées, ne ſont pas expoſées à être mangées par les oiſeaux ou à germer à pure perte ; c'eſt pourquoi on en doit répandre beaucoup moins en ſuivant cette culture, ſur-tout ſi on a labouré profondément & ſi les ſemences ont trempé dans des eaux ſalines ou graſſes ; car pour lors on peut compter qu'elles formeront des paquets de racines beaucoup plus forts, plus étendus, & par conſéquent il en partira une plus grande quantité de tiges bien nourries.

4°. Les graines reſtent, pour ainſi dire, incruſtées dans le terrain par la preſſion du rouleau qui rapproche de la ſemence les molécules de terre, qui la preſſent & l'enveloppent immédiatement, & ne laiſſent plus ou beaucoup moins de cavités où la radicule ſe ſeroit trouvée iſolée & ſans nourriture. Cette radicule, quelque courte qu'elle ſoit, s'y enfonce d'abord & ſe ramifie, comme nous l'avons expliqué, en racines chevelues, qui s'y étendent d'autant mieux que la radicule s'est bien nourrie & fortifiée. C'est, comme nous l'avons expliqué, de la vigueur & de l'étendue de ce paquet de racines & des nœuds qui s'y forment, que dépend la multiplication plus ou moins grande des tiges ou tuyaux de la plante, & par conséquent de la quantité des épis.

5°. Enfin, le terrain pressé & raffermi, donne aux racines de la plante une tenue plus forte qui les met en état de mieux résister au choc des vents, des grêles, des pluies qui trop souvent déracinent, abattent & font verser les bleds dans un terrain mou & creux, surtout lorsqu'il a été trop divisé par les fumiers & qu'il y a beaucoup de cavités.

L'expérience prouve que la plante dont les racines se sont bien étendues dans ce terrain pressé & raffermi, s'y soutient bien mieux, & que les bleds sont moins sujets à verser, quoiqu'ils soient chargés de plus gros épis & en plus grand nombre ; car la Nature a soin de donner à la colonne de l'édifice assez de grosseur & de force pour porter le couronnement, & l'on voit presque toujours dans les bleds versés que ce sont les plus foibles tuyaux qui ont plié sous le poids d'un petit épi. Il en est de même de plusieurs autres plantes ; par exemple : j'ai des hyacinthes dont les fleurons nombreux surpassent le diametre d'un écu de six francs, & forment un assez gros bouquet qui se soutient très-bien sur sa tige qui est proportionnée au poids qu'elle doit supporter,

ſupporter ; tandis que d'autres hyacinthes qui n'ont que de petites fleurs & en petite quantité, ont de ſi foibles tiges qu'elles ſe courbent & tombent par terre, ſi on n'a pas ſoin de les ſoutenir. Il en eſt de même des bleds dont les tuyaux plus gros & plus forts portent & ſoutiennent très-bien de plus gros épis.

L'expérience prouve qu'il eſt néceſſaire de preſſer, de fouler la terre pour faire réuſſir le bled ; mais au lieu de prévenir le mal, on ſe contente d'y remédier. Par exemple, lorſque vers la fin de l'Hiver, on s'apperçoit que la fane du bled jaunit, alors on foule la terre, comme on le fait en pluſieurs endroits, en faiſant paſſer ſur ces bleds, les hommes, les femmes, les vaches, les chevaux, les charrettes & même les moutons, ayant attention de les y faire paſſer rapidement, ſans leur donner le temps de paître.

On remarque toujours que l'endroit le plus foulé eſt celui où le mal eſt le plus radicalement guéri, & les plantes les plus vigoureuſes qui donnent le plus de grain, ſe trouvent toujours dans les trous formés par les pieds des chevaux. Quelque déſordre que ce remede opere en apparence ſur ce bled foulé & ſouvent déchiré par le pied des chevaux, les Cultivateurs intelligents qui le pratiquent, ne manquent jamais de reconnoître que le produit d'un champ ainſi traité, eſt beaucoup plus conſidérable que ne l'eſt celui d'un pareil champ où l'on ne remédie pas ainſi à la maladie du bled.

Mais d'où vient cette maladie qu'il eſt bien

mieux encore de prévenir que de la guérir? C'eſt que dans les terres, ſur-tout lorſqu'elles ſont légeres, qui n'ont pas été foulées dans le temps des ſemences, il eſt reſté des cavités qui augmentent encore par la pourriture & la décompoſition des engrais, qui forment des vuides, & rendent la terre encore plus creuſe qu'elle n'étoit. Outre les inconvénients qu'occaſionnent ces vuides pour la radication du bled, le ver s'y nourrit & s'y maintient, lorſqu'il ne gele pas aſſez fort pour le faire périr, & il endommage la jeune plante ; de là cette jauniſſe, cette maladie à laquelle on remédie, comme nous venons de le dire, mais qui n'a point lieu lorſque la terre a été bien foulée en ſemant.

Dans une plaine où j'ai vu beaucoup de bleds verſés, je remarquai qu'un ſeul champ, quoique très-étendu & couvert de très-beaux bleds, étoit exempt de cet accident ; je fus curieux d'en rechercher la cauſe : je fus trouver le propriétaire ; & après lui avoir fait quelques queſtions : voilà, me dit-il, la cauſe de ce que vous voyez, en me montrant un rouleau qui, quoique très-imparfait, avoit produit un ſi bon effet. Je lui expliquai la conſtruction de celui dont je viens de parler ; il me remercia, en me diſant qu'il le feroit exécuter. Mais, lui dis-je, pourquoi vos voiſins ne ſuivent-ils pas le bon exemple que vous leur donnez ? Ils le feront peut-être, me répondit-il ; mais c'eſt qu'ici comme ailleurs, on ne fait que ce qu'on a coutume de faire, & on s'en tient toujours là : comme j'ai beaucoup voyagé, & que j'ai perdu l'esprit de routine; je me suis avisé de pratiquer ici ce que j'ai vu faire avec succès en Flandres; j'ai fait creuser & labourer profondément mes terres; je les fais rouler, & je m'en trouve bien; mes voisins ne peuvent plus se moquer de moi, comme ils ont fait, en me voyant labourer ainsi; ils disoient que j'allois amener la mauvaise terre dessus la bonne; que j'allois tout perdre, &c. : ils voient bien actuellement le contraire; mais cependant ils n'en paroissent pas moins entêtés dans leurs préventions & leur routine; & les louanges qu'on me donne paroissent exciter plutôt leur jalousie que leur approbation.

Revenons à l'opération de notre rouleau.

Si dans des terrains mous, il arrive que le cheval enfonce trop, & qu'il fasse des trous que le rouleau ne peut recouvrir, lorsqu'ils sont profonds, il faut pour lors le faire traîner par deux hommes, qui le feront sans peine; on ne doit pas craindre que leurs pas fassent aucun tort, puisqu'il est aisé de remarquer que si un chasseur ou tout autre a passé sur un champ nouvellement ensemencé, on voit toujours que c'est à l'endroit qu'il a foulé que croissent les plus belles & les plus vigoureuses plantes; ce qui, en confirmant ma théorie & mes principes, est analogue à ce qui arrive dans les sentiers trépignés, entre les planches d'un potager.

On fait usage de ce rouleau en Angleterre, non-seulement dans les champs ensemencés, mais ſur les prairies pour y faire croître au Printemps les herbes plus touffues & plus fortes : M. le Maréchal de Harcourt, qui me permettra encore de le citer, l'emploie avec ſuccès dans ſes hauts & bas prés.

Puiſſe tout ce que je viens de dire de cet excellent procédé, engager les Cultivateurs à le ſuivre ; il me ſera permis de penſer que j'aurai fait beaucoup de bien : & c'eſt l'objet que je me propoſe.

Fin du cinquieme Livre.

TRAITÉ THÉORIQUE ET PRATIQUE DE LA VÉGÉTATION.

LIVRE VI.

Des Plantations & de la croissance des Arbres.

CHAPITRE PREMIER.

Examen de la croissance des Arbres en grosseur.

Nous avons examiné dans le Livre précédent, les semences, leur germination & leurs progrès ; elles nous ont donné des arbres qui ſont encore, pour ainſi dire, dans l'enfance : nous allons actuellement ſuivre leur accroiſſement ſucceſſif & leur éducation.

Nous avons vu que quand la radicule s'eſt enfoncée en terre, qu'elle s'y eſt étendue, fortifiée & qu'elle a jetté d'autres racines fibreuſes, la jeune tige ſort de terre avec les lobes qui font l'office de feuilles que l'on nomme ſéminales ; que celles-ci ſe deſſechent & tombent, devenues inutiles lorſque la tige a pouſſé d'autres feuilles qui tombent en Automne, & pour-lors la tige reſte terminée par un ou pluſieurs boutons.

Au Printemps ſuivant le bouton de l'extrêmité s'ouvre ; il en ſort une tige herbacée, ſemblable à celle qui étoit ſortie de la ſemence, qui pouſſe & s'alonge de même ; c'eſt-à-dire, tant que les parties ſont herbacées, tendres & ductiles ; car quand elles ſont devenues ligneuſes & dures, leur extenſion ceſſe.

Si pendant la ſeconde pouſſe on fend la tige ſuivant ſa longueur, pour en examiner l'intérieur, on voit que la pouſſe de l'année précédente eſt formée de l'écorce, d'un cône ligneux & de la moëlle ; il n'en eſt pas de même de celle qui ſe développe alors ; elle eſt entiérement herbacée, ſur-tout vers ſon extrêmité, & on ne trouve preſque, ſous une écorce très-tendre, qu'un tiſſu herbacé & très-abreuvé. Ce nouveau bourgeon qui doit ſe convertir en bois, eſt encore fort tendre & fort mince ; on n'y apperçoit que des fibres très-fines, pliées en ſpirales, qui ſont les rudiments des fibres ligneuſes, que l'on avoit nommées des trachées.

Il eſt prouvé par pluſieurs obſervations, & par des expériences répetées d'après d'habiles Phyſiciens, que le corps ligneux, une fois formé, ſoit à la tige, ſoit aux branches, ne prend plus d'extenſion, ni en longueur, ni en groſſeur; mais comment donc un arbre augmente-t-il chaque année, ſuivant ces deux dimenſions? C'eſt ce que nous allons examiner.

La Fig. 4, Pl. 2, repréſente en A B la portion ligneuſe d'un arbre venu de ſemence, pendant la premiere année : l'année ſuivante il ſort du bouton B un bourgeon qui s'éleve juſqu'en C; mais en même temps il ſe forme des couches ligneuſes ſur le cône A B, & cet arbre augmente de l'épaiſſeur qui eſt ombrée dans la figure & marquée I, & forme à la fin de la ſeconde année un arbre A C.

Au Printemps ſuivant le bouton C. s'ouvre; il en ſort un bourgeon qui s'éleve juſqu'en D : il ſe forme auſſi des couches ligneuſes; & cet arbre âgé de trois ans, peut être repréſenté par A D.

On voit vers F, ſur la coupe tranſverſale de cet arbre, les quatre couches ligneuſes, qui ont été formées pendant ces quatre premieres années.

Cette figure, dont pluſieurs Auteurs ſe ſont ſervis pour cette démonſtration, eſt effectivement très-propre à faire comprendre comment les arbres croiſſent en hauteur &

en grosseur, & pour peu qu'on y prête attention, on conçoit :

1°. Que les couches ligneuses peuvent être comparées à des cônes qui se recouvrent les uns les autres.

2°. Que le diametre des arbres augmente tous les ans de deux épaisseurs de couches.

3°. Qe l'accroissement des arbres en hauteur se fait par l'éruption des bourgeons qui sortent des boutons, comme la premiere pousse sort de la semence ; ainsi la crue de chaque année forme autant d'arbres qui sont en quelque façon placés les uns au-dessus des autres, mais liés ensemble par les couches ligneuses qui s'étendent de toute la hauteur de l'arbre ; ce qui se fait par *juxtaposition*, & fort différemment de ce qui s'opere dans les animaux. On voit sensiblement qu'au pied & au centre de l'arbre il y a du bois de quatre ans, pendant qu'à l'extrêmité & à la cime de cet arbre, comme ici depuis D jusqu'en C, le bois est de la derniere année.

L'accroissement des arbres en hauteur se fait donc par les nouvelles pousses ou bourgeons qui sortent des boutons. Examinons maintenant comment ils croissent en grosseur.

Tous les Physiciens conviennent que les arbres augmentent en grosseur par des couches ligneuses, additionelles au bois déja formé ; mais on n'est point d'accord sur l'origine & la formation de ces nouvelles couches.

L'aire de la coupe tranſverſale d'un tronc d'arbre préſente des cercles ou zones à peu près concentriques : les arbres ſont formés par ces couches, qui ſe recouvrent les unes les autres ; chaque couche très-diſtincte, eſt le produit de la végétation d'une année. Mais l'obſervation fait connoître qu'elle eſt compoſée de l'agrégation d'un grand nombre de couches partielles & très-minces, qui ſe ſont formées ſucceſſivement pendant toute la durée de la ſeve. Ces faits bien connus, il n'eſt plus queſtion que de ſavoir comment ſe forment ces couches partielles, dont l'agrégation compoſe le corps ligneux & additionnel chaque année, bois ordinairement tendre & blanc, connu ſous le nom d'aubier ; mais qui change de couleur & durcit avec le temps. Les opinions ont été fort diverſes & partagées à ce ſujet.

Malpighy dit que ce ſont les couches les plus intérieures de l'écorce, celles qu'il nomme liber, qui ſe convertiſſent en bois, & qui, s'attachant au bois précédemment formé, produiſent l'augmentation des arbres en groſſeur.

Grew a paru varier dans ſon opinion ; il ſemble d'abord être de celle de Malpighy : mais enſuite il n'admet point la converſion du liber en bois ; il fait émaner les couches ligneuſes du corps même de l'écorce. *Hales*, ce Naturaliſte ſi éclairé, qui, par un tact fin, des vues bien dirigées, a ſu ſe préſerver des erreurs dans leſquelles ſont ſouvent tombés les deux Auteurs que je viens de citer;

enfin, ce Physicien qui n'a presque jamais prononcé que d'après l'expérience, a jugé que les dernieres couches ligneuses sortent du bois précédemment formé. Il prétend que ce sont les dernieres couches du bois formé qui produisent la nouvelle couche, qui, par son endurcissement, fait l'augmentation de grosseur du corps ligneux. On doit penser, dit-il, que les couches ligneuses de la seconde, troisieme année, &c. ne sont pas formées par la seule dilatation horizontale des vaisseaux, mais bien plutôt par une extension des fibres longitudinales, & des tuyaux qui sortent du bois de l'année précédente, avec les vaisseaux duquel ils conservent une libre communication. Il ajoute en un autre endroit, à l'occasion d'une tumeur qu'il a fait naître sur une branche, que le bois de cette tumeur est évidemment sorti du bois de l'année précédente par des interstices serrés : d'où il semble conclure que l'accroissement des nouvelles couches ligneuses de l'année, consiste dans l'extension de leurs fibres en long sous l'écorce.

Nombre d'expériences & d'observations viennent à l'appui de cette opinion ; mais il faut pour la rendre complette & plus intelligible, lui donner toute l'étendue qu'elle doit avoir. Il n'y a point d'Observateur, quelque peu attentif qu'il soit, qui n'ait vu suinter du bois couvert, ou même découvert de son écorce, une matiere d'abord très-fluide, qui devient ensuite glaireuse par l'évaporation d'une partie de l'humidité, & qui se durcit & prend de plus en plus de la consistance & se convertit en filets, qui s'unissent & s'accumulent les uns sur les autres, & forment évidemment ce qu'on appelle les couches du liber. Les mêmes émanations ont aussi lieu du côté & dans l'intérieur de l'écorce, & y forment de nouvelles couches corticales : mais il est certain que ces émanations ne se font qu'autant & à proportion que les fibres ligneuses & corticales sont nourries & fortifiées par le cours de la seve, dont une partie qui passe entre le bois & l'écorce, en déposant des particules analogues à ces tendres filets, y porte une nutrition continuelle, qui opere leur solidité & leur épaisseur additionnelle. Cela est suffisamment prouvé par un fait incontestable ; c'est qu'un arbre ne grossit que pendant le cours de la seve : on sait qu'en Hiver l'écorce immédiatement & exactement appliquée sur le bois, forme un contact, d'où il résulte une adhérence très-forte, parce qu'alors la seve est dans une espece d'inaction ; mais lorsque son cours recommence au Printemps, & qu'elle s'insinue & passe entre le bois & l'écorce, alors ces deux substances séparées par le cours de la seve, ne forment plus d'adhérence ni d'union entre elles ; & plus la végétation est animée, c'est-à-dire plus la seve coule abondamment, & plus l'écorce est détachée du bois, plus le liber se forme, s'épaissit, & plus l'arbre croît sensiblement en grosseur & en hauteur.

On ne peut douter que l'abondance des

ſucs nutritifs de la ſeve terreſtre ne contribue beaucoup à la formation du liber & à l'épaiſſeur des couches ligneuſes : la croiſſance d'un arbre planté dans un bon terrain en donne une preuve bien évidente. Au contraire les couches corticales croiſſent dans une raiſon inverſe, puiſque les arbres plantés dans un mauvais terrain & qui croiſſent peu en bois, ont l'écorce beaucoup plus épaiſſe, ce qui, comme nous l'avons obſervé, paroît être l'effet de la ſeve aérienne.

Une preuve bien ſenſible que les couches ligneuſes augmentent par des émanations du bois fortifiées par le cours de la ſeve, c'eſt que s'il s'en forme ſur la circonférence du bois, il s'en forme pareillement dans l'intérieur au centre, à meſure que la moëlle ſe deſſeche & diſparoît. Prenons pour exemple une tige de ſureau : lorſqu'elle eſt encore jeune, on n'y obſerve qu'une petite épaiſſeur de bois qui recouvre une grande quantité de moëlle, laquelle devenue inutile, comme il a été expliqué dans la premiere Partie, ſe deſſeche & diminue chaque année, & avec le temps diſparoît preſqu'entiérement.

L'eſpace qu'occupoit la moëlle ſe trouve ſucceſſivement rempli par la croiſſance du bois, de ſorte que l'arbre forme de nouvelles couches ligneuſes, extérieurement & intérieurement. Mais ces nouvelles couches ligneuſes intérieures ne ſont ſûrement pas formées par l'écorce; donc elles émanent du bois, & ſont fortifiées par le concours de la ſeve terreſtre, qui, principalement dans les arbres qui ont beaucoup de moëlle, coule abondamment entre le bois & la moëlle, comme on l'a vu dans nos expériences. Cette seule preuve me paroît suffisante pour lever les doutes à ce sujet, pour fortifier l'opinion de Hales, & faire tomber celle de Grew & de Malpighy. On s'est cru autorisé à dire que l'écorce peut produire des couches ligneuses, en citant quelques expériences faites à ce sujet; je les ai répétées, & j'ai reconnu l'erreur qui avoit séduit; & j'ai vu que ce qu'on a pris pour des émanations de l'écorce, étoit bien réellement des émanations ligneuses; & on ne peut attribuer qu'à la prévention & au peu d'examen l'erreur où d'habiles Observateurs sont tombés à ce sujet.

Les couches ligneuses qu'on apperçoit sur la coupe des arbres, ne sont pas toutes d'une même épaisseur; cette épaisseur varie suivant plusieurs causes: selon l'âge de l'arbre; la seve d'un gros arbre ayant à se distribuer à un plus grand nombre de parties, les couches sont plus minces: de la vigueur de l'arbre, celui qui est planté dans un terrain gras, fournit des couches plus épaisses, que celui qui l'est dans un terrain maigre. Cette inégalité d'épaisseur dépend aussi souvent de l'état des saisons, & de la durée de la seve. Dans une année favorable à la végétation, les couches seront beaucoup plus épaisses que dans des années ou très-seches, ou très-froides. On observe de plus que dans le même arbre, & principalement dans le hêtre, l'écorce est de différente épaisseur à différents endroits de la circonférence, & que le corps ligneux a plus d'épaiſſeur où l'écorce en a moins. J'ai remarqué que cela s'obſervoit toujours du côté où il y avoit une plus groſſe racine, ou une plus groſſe branche, & par conſéquent où le cours de la ſeve étoit le plus abondant.

Tout eſt tendre dans un jeune arbre qui ſort de la ſemence, & dans un bourgeon qui ſe développe ; la Nature ne fait rien par ſaut ; ſes productions ſont préparées de loin ; peu à peu le corps ligneux acquiert de la ſolidité, les fibres ligneuſes ſe diſtinguent des corticales & de la moëlle. Le bois a beſoin de paſſer par pluſieurs états avant d'être parfait ; c'eſt ici où l'on peut dire que le temps mûrit tout : les couches ligneuſes que l'on apperçoit ſur la coupe d'un arbre, augmentent ſucceſſivement de peſanteur, de denſité, de dureté, de la circonférence au centre ; de ſorte que les zones deviennent d'autant plus tendres qu'elles approchent le plus de l'écorce. Ces gradations dans la formation du bois & du liber indiquent que les couches ligneuſes ſe préparent entre le bois & l'écorce, mais ne prouvent pas, comme on a voulu le croire, qu'elles émanent de l'écorce. De ce qu'on a obſervé qu'il ſe fait ſous un écuſſon, une émanation ligneuſe produite par l'écuſſon, pourquoi a-t-on voulu en conclure que cette émanation ligneuſe ne provenoit que de l'écorce ? Parce que, dit-on, on ne laiſſe point de bois à l'écuſſon. Il eſt vrai ; mais ne ſait-on pas qu'il reſte dans le bouton un petit cône ligneux ? Et comment n'a-t-on pas vu que c'eſt ce petit cône ligneux qui produit l'émanation intérieure que l'on a obſervée ? Pour m'aſſurer de ce fait, j'ai appliqué un écuſſon, vuide de ce petit corps ligneux ; l'écorce s'eſt greffée, mais ſans rien pouſſer, ni extérieurement, ni intérieurement, & je n'ai point trouvé d'émanation ligneuſe. Tout le monde ſait qu'un écuſſon dépourvu de ce corps ligneux ne fait aucune production. Il n'eſt donc point douteux que c'eſt de lui que viennent les émanations dont eſt ici queſtion. Quant à d'autres expériences faites ſur des lanieres d'écorces enlevées ſur l'arbre, ces lanieres tiennent toujours à l'écorce, ſans quoi elles ſe deſſécheroient ſans ſe greffer, & c'eſt par ces parties où elles tiennent à l'arbre qu'il ſe fait des émanations ligneuſes & corticales. Toutes les expériences faites avec des eaux colorées, & que j'ai rapportées, prouvent inconteſtablement que la ſeve montante, que j'ai appellée ſeve terreſtre, ne paſſe point dans l'écorce ; mais on ne peut douter que cette ſeve montante ne contribue beaucoup à la formation & à la multiplication des couches du liber, qui forment les couches ligneuſes, puiſque celles-ci ſont toujours d'autant plus nourries & épaiſſes, que le terrain fournit des ſucs plus abondants & plus nutritifs, & qu'au contraire on obſerve aſſez généralement que l'écorce des arbres languiſſants dans un mauvais terrain eſt, proportionnellement au bois, plus épaiſſe que celle des arbres vigoureux : donc ce n'eſt pas l'écorce qui produit le bois, ni le bois qui produit l'écorce ; mais les émanations de l'un & de l'autre produisent des libers, dont les uns se changent en bois & les autres en écorce. Une autre preuve encore que le liber de l'écorce & celui du bois ne sont pas les mêmes, c'est que leur formation est très-différente. On observe dans le liber nouvellement formé, qui touche au bois, des fibres pliées en spirale, qu'on avoit appellé *trachées*. Les partisans de ces *trachées* conviennent qu'on n'en trouve point dans l'écorce : donc ces fibres corticales sont d'une nature, d'une formation différente, & leurs productions le sont aussi. En examinant avec attention les libers & la pousse tendre & herbacée d'un jeune arbre ou d'un bourgeon, on voit que le feuillet plus tendre que l'écorce qui le recouvre, mais qui doit devenir bois, est d'un tissu différent de l'écorce dont il est environné ; & ainsi nous pouvons conclure d'après l'observation & le raisonnement, que le sentiment du célebre Hales est aussi vrai en cela qu'en tous autres faits, qu'il nous a si bien démontrés d'après ses savantes expériences.

Mais comment concevoir que les libers, ces nouvelles couches corticales & ligneuses, qui dans leur origine sont si tendres qu'on est tenté de les prendre pour un mucilage ; comment ces couches qui se touchent & qui sont pressées l'une contre l'autre, ont-elles assez de force pour obliger les réseaux des fibres de l'écorce de s'ouvrir & de se désunir ? Comment ces libers, non-seulement ne se confondent-

confondent-ils pas, mais laissent-ils encore un libre cours à la seve? C'est ce qui ne peut s'expliquer que par l'air dilaté par l'effet de la raréfaction qui dilate les faisceaux corticaux & les force à s'étendre, & il est à croire que c'est cet acte de pression qui cole les filets du liber d'un côté au bois, & de l'autre à l'écorce; mais lorsque la condensation succede à la raréfaction, alors il reste des espaces libres pour le cours de la seve, & pour la formation de nouveaux libers.

Après avoir parlé de l'accroissement des arbres en grosseur, nous allons examiner leur croissance en hauteur.

CHAPITRE II.

De la croissance des Arbres en hauteur.

NOUS avons vû que la premiere croissance d'un arbre consiste dans le développement de son germe où toutes les parties de la plante sont roulées & renfermées en petit; nous allons voir que sa croissance annuelle & successive s'opere par le développement des boutons qui doivent eux-mêmes être regardés comme des germes qui contiennent en petit toutes les parties de la branche qui en doit sortir.

Le premier germe s'est enraciné en terre pour en tirer les sucs qui lui sont nécessaires, & les autres germes subséquents qui tiennent aux fibres ligneuses déja formées, y sont, pour ainsi dire, enracinés, & en tirent les sucs nutritifs qui doivent servir à son développement & à son accroissement; mais tous ces germes étoient-ils réellement renfermés dans le premier germe de la graine, ou n'en sont-ils que des productions subséquentes ? C'est ce que nous allons commencer par examiner.

En réfléchissant sur le systême adopté & soutenu par plusieurs Naturalistes, de l'enveloppement des graines les unes dans les autres, il faut convenir qu'il répugne autant au bon sens qu'il confond la plus forte imagination : en effet, il ne s'agit pas moins ici que de se figurer non-seulement que tous les boutons, que tous les bourgeons, que toutes les branches, & enfin toutes les productions de l'arbre ont été enveloppées dans la semence, mais encore que celle-ci, avec tout l'arbre dont elle est provenue & toutes ses dépendances, l'a été de même dans sa graine, & ainsi du reste, en remontant jusqu'au temps d'Adam où a été créé le premier germe dans lequel tout ce qui a végété jusqu'à présent aura dû être renfermé aussi bien que tout ce qui végétera à jamais.

Que l'on se représente donc cette multitude infinie de plantes de la même espece qui non-seulement sont sorties & sortiront de ce premier germe depuis le commencement du monde jusqu'à la fin des siecles, mais encore toutes celles qui auroient existé & qui existeroient si toutes les semences avoient été & étoient dans la ſuite miſes à profit, & l'on ſera épouvanté de ce nombre innombrable de plantes capable lui ſeul de couvrir la ſurface de la terre par une fécondité auſſi inutile qu'inconcevable.

Mais en ſuivant ce ſyſtême, il faut abſolument faire l'une de ces deux ſuppoſitions, ou que les germes ſont bornés au nombre qui en ſortira, ou qu'ils s'étendent juſqu'à tous les nombres poſſibles, & par conſéquent juſqu'à l'infini. Dans la premiere hypotheſe, on ſera obligé de ſuppoſer que le premier germe en a renfermé un certain nombre déterminé d'autres; qu'à meſure qu'ils ſe ſont ſuccédés, ils en ont toujours renfermé moins, & que les derniers doivent en contenir une ſi petite quantité, qu'enfin ne pouvant plus produire de la ſemence, l'eſpece ceſſera tout à fait.

Toutes les claſſes & toutes les eſpeces de germes doivent contenir à proportion un nombre égal de germes, parce qu'on ne voit pas la raiſon pourquoi certaines eſpeces finiroient plutôt que le reſte des choſes créées, & moins encore pourquoi à la fin de tout, il y auroit dans certaines eſpeces des germes de reſte: l'un & l'autre devroit être regardé, pour ainſi dire, comme une erreur de calcul; ce qui répugne dans un monde créé avec tant d'ordre & de ſageſſe.

Dans la ſeconde ſuppoſition, on ſera obligé de convenir que chaque graine doit renfermer quelque choſe d'infini, & qu'en cela toutes ſe reſſemblent. La premiere & la derniere en contiennent donc également à l'infini; cependant à mesure que les germes se développent, ils en renferment toujours moins que ceux dont ils sont sortis, ce qui met entre tous ces infinis une inégalité qui semble contredire la nature même de l'infini; d'ailleurs il n'est pas aisé à concevoir qu'un être aussi petit, aussi limité que l'est une graine, puisse renfermer une suite infinie de tant de productions; enfin ces germes emboîtés à l'infini les uns dans les autres, étant les mêmes, devroient toujours donner les mêmes especes. Les absurdités & les contradictions inévitables dans ce systême, qui n'est d'ailleurs étayé d'aucune preuve même apparente, ne doit donc pas lui assurer la persuasion des Naturalistes éclairés. Il est plus aisé d'imaginer & même de voir qu'un arbre croît par des productions successives, & que chaque développement annuel s'opere par des germes assez semblables au premier; en effet, il y a beaucoup de ressemblance entre ce qui regarde l'embryon dans les boutons, & celui de la nouvelle tige dans les semences, parce que l'embryon de la tige est implanté sur la pousse de l'année précédente qui lui fournit la nourriture dont elle a besoin : on ne trouve point non plus dans le bouton l'embryon de la radicule, parce que le jeune bourgeon est secouru par les racines de l'arbre qui le porte. Mais le développement des bourgeons se fait comme celui des nouvelles tiges, il s'étend dans toutes ses parties tant qu'il est tendre & herbacé; l'extension diminue à meſure que l'endurciſſement fait des progrès, & il ceſſe lorſque la partie ligneuſe eſt entiérement convertie en bois; c'eſt ce qui fait qu'aux bourgeons, comme à la nouvelle tige, l'extenſion ſubſiſte vers l'extrêmité, lorſqu'elle a ceſſé vers la partie qui s'eſt développée en premier lieu.

Nous devons donc regarder les boutons comme de nouveaux germes qui ſe ſont formés pour fournir ſucceſſivement à l'accroiſſement de l'arbre; c'eſt pourquoi les plantes annuelles, c'eſt-à-dire celles qui prennent toute leur croiſſance & périſſent dans la même année, ne pouſſent point de boutons.

Si ſur une jeune tige tendre & herbacée qui pouſſe de ſemence, on fait des marques à diſtances égales avec de la peinture à l'huile; on obſerve qu'à meſure que cette jeune tige s'éleve, toutes les marques que l'on a faites s'écartent les unes des autres: en obſervant quelque temps après cette même tige, on trouve que les marques qui ſont les plus proches de ſon origine, ne s'écartent plus guere; tandis que celles qui ſont à l'extrêmité ſupérieure continuent de s'écarter conſidérablement. Il eſt aiſé de reconnoître que cette partie baſſe qui ne s'alonge plus, eſt devenue ligneuſe & dure; ce qui arrive de même aux parties ſupérieures, à meſure qu'elles ſe ſont converties en bois formé, c'eſt-à-dire, comme je l'ai expliqué, quand les fibres, pliées en ſpirales, ſe ſont développées. Il en eſt exactement de même des bourgeons ou jeunes branches qui ſe développent; ce qu'il eſt aiſé de reconnoître, en les marquant comme la jeune tige ; on verra tous les points de division s'écarter les uns des autres, plus ou moins, selon que les spirales se sont plus ou moins étendues, & qu'ainsi le bois s'est plus ou moins formé.

C'est aussi le sentiment de M. Hales, qui dit que l'extension des bourgeons se fait en raison renversée de l'endurcissement du bois ; & il observe avec raison que cette extension dépend encore de l'abondance de la seve : un sarment de vigne, dit-il, qui commence à se former, lorsque le cours de la seve n'est pas encore abondant, & souvent quand la saison est encore froide, a vers son origine ses nœuds plus près les uns des autres que ceux qui se forment dans le temps que la seve est plus en action : quand les feuilles sont parvenues à leur grandeur, & quand la seve diminue, alors les nœuds deviennent plus serrés à l'extrêmité des sarments.

Il en est des autres arbres comme de la vigne ; & l'on voit en général que tout ce qui peut rallentir l'endurcissement est favorable à l'extension des bourgeons ; de là vient que les branches gourmandes qui tirent une grande quantité de seve, sont beaucoup plus longues que les autres ; que les arbres plantés dans des terrains humides font de plus grandes pousses que ceux qui sont dans des terrains secs.

Les années pluvieuses sont favorables à l'extension des bourgeons : une plante tenue à l'ombre & qui transpire peu, s'étend beaucoup plus que celle qui est brûlée par le soleil ou desséchée par le vent; on sent que toutes ces circonstances sont très-favorables au développement & à la nutrition des fibres ligneuses, & par conséquent à leur entiere extension, qui est quelquefois arrêtée par des circonstances contraires.

Nous pouvons conclure de ces observations que les parties d'un bourgeon s'étendent tant qu'elles sont herbacées, mais que la propriété de s'étendre diminue à proportion que le corps ligneux se forme & que l'extension cesse, quand il est entiérement endurci, c'est-à-dire quand les fibres, pliées d'abord en spirales, sont devenues longitudinales & ligneuses; de sorte que si on a bien suivi ce que nous venons de dire sur l'accroissement des arbres, on concevra que le petit cône ligneux qui étoit formé de la germination de la premiere année, ne s'étendant plus en hauteur ni en grosseur, conserve les mêmes dimensions au pied & au centre du plus grand arbre; de sorte qu'il y a du bois de cent ans au pied d'un arbre de cet âge, tandis qu'il y a du bois d'un an à l'extrêmité de ses branches.

On observe, sur-tout dans les années favorables à la végétation, que les bourgeons continuent à s'étendre en grosseur quelque temps après celui auquel ils ont cessé de s'étendre en longueur; & les couches ligneuses qui se forment sur les bourgeons dans les Automnes favorables, acquierent assez de solidité pour résister à l'Hiver suivant: c'est ce que désignent les Jardiniers en disant que les bourgeons sont bien *aoûtés*, c'est-à-dire bien perfectionnés par la seve d'Août, parce que c'est au déclin de cette seve que les bourgeons prennent la consistance dont nous venons de parler.

Il arrive quelquefois, par des causes dont nous avons déja parlé, qu'une même couche ligneuse reste plus long-temps extensible d'un côté d'un bourgeon que d'un autre; le côté moins endurci faisant plus de progrès, il en résulte une difformité dont nous parlerons dans la suite. Mais avant de terminer ce Chapitre, je dois parler des moyens qu'on emploie pour redresser les jeunes arbres, en forçant les couches ligneuses de s'étendre plus d'un côté que de l'autre.

Lorsqu'un jeune arbre est courbé, on fait, avec la pointe d'une serpette, des incisions obliques, & qui se croisent dans toute la partie intérieure de la courbure; ces incisions pénétrant jusqu'au bois, occasionnent une éruption du tissu cellulaire qui, faisant plus croître les couches ligneuses de ce côté-là que de l'autre, forcent la tige de se redresser.

D'autres en mettant le genou contre la tige du côté convexe, la font plier dans un sens opposé à la courbure; par cette opération forcée, on rompt quantité de fibres dans la partie concave, ce qui produit à peu près le même effet que les incisions dont nous venons de parler.

Comme ce que nous venons de dire de l'accroissement des arbres a beaucoup de rapport à la croiſſance des branches, nous allons en parler de ſuite.

CHAPITRE III.

De la croiſſance des branches.

L'EXPLICATION que nous avons donnée de la croiſſance de la tige & de celle des bourgeons, eſt applicable à la formation & à l'accroiſſement des branches. Une jeune tige eſt le commencement d'un arbre ; un bourgeon eſt le commencement d'une branche, & cette branche croît en hauteur & en groſſeur tout de même qu'un arbre : & de même qu'un arbre en s'élevant perpendiculairement pouſſe des branches latérales; de même une branche principale, en s'élevant verticalement, en pouſſe d'autres dans des directions obliques qui font les branches latérales : toutes ces branches en produiſent d'autres qui ſortent de leurs boutons, & de là toutes ces diviſions, ces ramifications que nous voyons dans la tête d'un arbre.

Mais comment ces branches augmententelles en longueur & en groſſeur tout de même que l'arbre; car de même que celui-ci ſe recouvre, ſe revêtit, pour ainſi dire, chaque année de nouvelles enveloppes ligneuſes & corticales; de même fait la branche ?

De même que les racines de l'arbre prennent de l'étendue dans la terre, à proportion qu'il grossit & qu'il s'éleve, de même la branche étend annuellement son insertion dans le corps ligneux de l'arbre où le bouton s'étoit d'abord, pour ainsi dire, enraciné : la fig. 5, pl. 2, en rendra l'explication plus abrégée & plus facile.

Supposons un arbre âgé de quatre ans ; imaginons que dès la premiere année sur le cône ligneux, n°. 1, il se soit développé un bouton vers A; dans la quatrieme année, ce bourgeon latéral sera formé par quatre couches, comme le représente A B.

Si un autre bourgeon s'étoit développé sur la couche de la seconde année, n°. 2, 2, cette branche dans la quatrieme année ne sera formée que par trois couches, comme on le voit en C D. Supposons maintenant que dans la troisieme année, il se développe un bourgeon sur la branche A B, vers C; il se formera alors une petite branche E F, qui ne sera formée que de deux couches. Enfin, si la quatrieme année, lorsque la couche ligneuse, n°. 4, 4, s'est formée, il s'est développé un bourgeon vers G, on aura la petite branche G H, qui ne sera formée que d'une seule couche ligneuse.

Il suit de là que toutes les branches se terminent dans le corps des arbres par un cône A B C qui a son sommet B, fig. 6, pl. 2, sur la couche où le bouton qui a été la premiere origine de cette branche, a commencé à paroître : dans l'exemple présent, la branche a onze ans, ceci démontre bien clairement l'origine des nœuds qui pénetrent d'autant plus profondément dans les pieces, que les branches qui les occasionnent sont plus anciennes.

Parent, Histoire de l'Académie, 1711, dit que les branches sont nourries par la moëlle; c'est une erreur, puisque d'abord le nœud ne s'étend pas jusqu'à la moëlle; & les expériences que j'ai rapportées prouvent qu'il ne passe point de seve dans la moëlle.

Cet examen des branches porte à faire remarquer que les fibres longitudinales prennent pour direction le grand cours de la seve; de sorte que si la seve est déterminée à suivre la direction du tronc, comme il arrive dans les arbres qui n'ont point de branches latérales, les fibres longitudinales suivent cette même direction : mais si une branche détermine une grande portion de la seve à se porter de son côté, alors les fibres longitudinales, ou ligneuses, ou corticales, prennent de l'obliquité pour suivre la direction de cette branche.

Cela ne paroît jamais plus sensible que dans un arbre étêté immédiatement au-dessus d'une jeune branche; car alors toute la seve étant obligée de passer dans cette branche, les fibres prennent sa même direction : de sorte que si l'on a retranché la tige en Hiver, & qu'on coupe ensuite cet arbre vers la fin du Printemps, on appercevra que les nouvelles fibres ligneuses croiseront les autres.

Quand il sort une jeune branche d'un gros tronc, on voit que les fibres sont forcées de s'écarter pour laisser sortir cette branche,

& elles ſe rapprochent enſuite au-deſſus & au-deſſous pour ſuivre leur premiere direction droite : ce ſont les changements de direction dans les fibres qui forment les bois rebours.

Cet examen de la croiſſance des branches nous deviendra utile pour l'intelligence de l'opération de la greffe ; nous ferons voir qu'un écuſſon n'eſt autre choſe qu'un bouton étranger à l'arbre, &, pour ainſi dire, un enfant adoptif qui y croît de même qu'un bouton naturel de l'arbre.

Cet examen nous ſervira auſſi à juger de la meilleure maniere d'ébrancher un arbre ; opération bien importante pour la beauté de l'arbre & la bonté du bois, & qui le plus ordinairement ſe fait très-mal, faute de principes & de connoiſſances de la végétation.

CHAPITRE IV.

Des Pepinieres.

LES notions que nous venons de donner ſur la croiſſance des jeunes tiges & des branches, ſont néceſſaires pour prendre connoiſſance de la végétation des arbres, & faire juger ſainement des meilleurs principes de culture & d'éducation. Eclairés par ces notions, appuyés ſur ces principes, les hommes qui aiment à examiner & à réfléchir ſauront diſcerner le vrai du faux ; ils travailleront de concert avec la Nature ; ils cher-

cheront à l'aider dans ses opérations, & sur-tout prendront garde de la contrarier, comme font ceux qui n'agissent que par routine & au hasard, & qui ne font que ce qu'ils ont vu faire sans savoir pourquoi; ils sauront faire une juste application de la théorie à la pratique; enfin, ils ne s'en tiendront point à dire, c'est la méthode du Pays, on a toujours fait comme cela; donc il n'y a rien de mieux à faire: idée fatale à l'agriculture, puisqu'elle en arrête nécessairement les progrès; idée d'autant plus absurde que de tous les arts, celui qu'on regarde comme le plus utile, est celui qui est le moins perfectionné. L'agriculture, si honorée, si suivie des anciens, est uniquement abandonnée aujourd'hui à des hommes pour la plupart grossiers, sans connoissances & sans aptitude même à en acquérir, & qui pis est, si entichés, si entêtés de la coutume souvent mauvaise de leur canton, qui est pour eux le monde entier, qu'on a bien de la peine à leur persuader qu'on peut mieux faire que ce qu'ils font. Ce n'est certainement pas de cette espece d'hommes que l'agriculture peut recevoir quelque perfection, malgré l'opinion qu'en veulent prendre des Discoureurs qui n'en savent pas plus & peut-être encore moins qu'eux. Il est vrai que parmi les Cultivateurs & les Fermiers, il en est qui savent voir & réfléchir; ce sont ceux-là qui sentent le mieux combien ils sont encore éloignés des connoissances essentielles, mais ils manquent de moyens pour en acquérir: il est donc nécesfaire d'éclairer ceux-ci & de guider les autres, qu'on peut regarder comme des automates : mais il ne faut pas les tromper, comme font les ouvrages des Agriculteurs de ville, qui, du fond de leur cabinet, dictent savamment des loix pour des campagnes qu'ils n'ont jamais vues qu'en passant. Ces Ouvrages, d'autant plus dangereux qu'ils sont bien écrits, dégoûtent les Cultivateurs, & leur inspirent peu de confiance pour les Livres en général ; cependant ceux qui sont un peu éclairés savent bientôt distinguer les bons des mauvais, malgré le verbiage étudié de ceux-ci : l'Agriculteur ne demande que des choses ; l'élégance du discours ne l'éblouit point. Notre intention étant d'examiner & de suivre la végétation d'un arbre depuis la germination de la semence jusqu'à sa parfaite & entiere croissance ; après l'avoir conduit dans le Livre précédent jusqu'à l'état où il doit sortir des semis, nous allons dans celui-ci le suivre dans ses différents degrés de croissance, dans ses diverses transplantations, & indiquer les meilleurs procédés pour accélérer son accroissement & favoriser son éducation dans ces différents états.

Le jeune plant, provenu de semences & sur-tout de semences fines, soit en terrines, soit en pleine terre, est ordinairement trop serré ou trop *dru*, comme le disent les Jardiniers, pour pouvoir prospérer dans le même terrain, où leurs racines s'entrelaçant, se confondant, s'affameroient bientôt : après avoir pris les précautions dont nous avons parlé pour préserver ce jeune plant des rigueurs de l'Hiver, nous allons parler de la maniere de le transplanter en tout ou en partie au Printemps ou dans l'Automne suivant, & de le mettre en pepiniere : on appelle ainsi un terrain où on plante avec ordre & par alignements de petits arbres les uns près des autres, pour en rendre la culture & l'éducation plus aisée & moins dispendieuse.

CHAPITRE V.

De l'utilité des Pepinieres.

LES pepinieres sont un des principaux objets de l'économie rurale ; c'est mal entendre ses propres intérêts, & savoir peu assurer ses jouissances, que de n'avoir pas toujours des pepinieres garnies des especes d'arbres fruitiers, forêtiers ou d'agrément, principalement lorsqu'on a des plantations étendues ou des remplacements à faire.

Outre la dépense quelquefois considérable qu'il faut faire pour se procurer les arbres dont on a besoin, que l'on considere les frais de transport, les dangers, les pertes auxquelles on est nécessairement exposé en tirant des arbres de pepinieres étrangeres, surtout si elles sont éloignées ; & on verra combien il est préférable à tous égards d'élever chez soi les arbres dont on a besoin.

L'intérêt d'un Pepiniériste est toujours en

raiſon inverſe de celui du propriétaire planteur : en effet, le Pepiniériſte, en ſuivant ſon intérêt perſonnel qui eſt ſa bouſſole, doit pratiquer preſque tout ce que nous allons défendre, & négliger ce que nous allons recommander : comme il n'a d'autres vues que de procurer à ſes éleves la croiſſance la plus rapide, il doit choiſir le terrain le plus gras, le plus ſucculent, ou engraiſſer celui qui ne l'eſt pas ; mais que deviennent ces arbres, accoutumés à une nourriture ſucculente, lorſqu'ils ſe trouvent tranſplantés dans un terrain qui leur en fournit peu ? Le Pepiniériſte qui arrachera toujours de préférence un arbre trop reſſerré entre deux autres, dans la vue de mieux faire profiter ceux-ci, doit avoir plus d'attention à ménager les racines de ceux qui reſtent, que celles de l'arbre qui eſt vendu. Parmi les arbres fruitiers, il eſt bien rare qu'on reçoive toutes les eſpeces que l'on a demandées ; ce qu'il ne faut pas attribuer, comme on le fait, à la mauvaiſe foi des Pepiniériſtes, autant qu'à la multiplicité des envois qu'ils ſont quelquefois obligés de faire dans le même temps.

Si on joint à toutes ces conſidérations le peu de ſoin pour l'emballage & la conſervation des arbres dans le tranſport, l'eſpace de temps qu'ils reſtent hors de terre, le deſſéchement qu'ils éprouvent néceſſairement, les gelées auxquelles ils ſont expoſés, faut-il s'étonner ſi en on perd beaucoup, & ſi parmi ceux qui reprennent, la plupart n'ont qu'un ſuccès très-médiocre, & ne durent pas longtemps ?

temps ? Plusieurs ne font que de foibles pousses, & meurent la seconde ou la troisieme année ; il faut remplacer souvent ; on a ainsi à supporter les frais d'un achat inutile, & ceux du transport & de la plantation ; & on éprouve le desagrément d'avoir des espaliers dégarnis & des avenues irrégulieres, plantées d'arbres de différents âges. Un Cultivateur est donc toujours dans une situation précaire, quand il est obligé d'acheter des arbres ; mais il n'y est pas, lorsqu'il a une pepiniere dans laquelle il trouve les arbres dont il a besoin, où il a fait greffer de bonnes especes d'arbres fruitiers, il en est assuré : parmi les arbres forêtiers ou d'agrément, il peut choisir ce qui lui convient pour les différentes plantations ; il peut saisir les temps favorables, & les racines de ses arbres, arrachés avec précaution, ne sortent de terre que pour y rentrer aussi-tôt : on verra, suivant ce que nous dirons par la suite, combien il y a d'avantages à faire de telles plantations.

Il est donc de l'intérêt & de la satisfaction d'un propriétaire d'avoir des pepinieres relatives à ses goûts & proportionnées à l'étendue de ses plantations ; elles fournissent de grands avantages, & elles épargnent beaucoup de dépense à ceux qui bornent leurs plantations aux genres & aux especes d'arbres que l'on trouve communément chez les Pepiniéristes ; mais elles sont absolument nécessaires à ceux qui veulent jouir de ces beaux arbres étrangers dont nous parlerons, soit pour former des avenues, soit pour composer des bosquets, soit pour l'ornement des jardins : le goût que plusieurs personnes ont pris pour les arbres reste encore sans effet, parce qu'on ne sait où en trouver, & qu'on ne peut s'en procurer qu'en petite quantité & à grands frais.

Avant de parler de la formation des pepinieres, je dois parler du choix du terrain, article sur lequel les opinions sont partagées ; les uns, séduits par les assertions des Pepiniéristes, soutiennent qu'il faut élever les arbres dans le meilleur & le plus gras terrain, & en donnent pour preuve la vigueur de ces arbres ; les autres, détrompés de cette assertion par les fâcheuses expériences qu'ils en ont fait, disent qu'il faut former une pepiniere dans un mauvais terrain. En examinant ces deux opinions, il est aisé de reconnoître qu'elles sont également erronées ; ce sont deux extrêmes nuisibles qu'il faut éviter : j'en vais expliquer les raisons.

Si on place une pepiniere dans un terrain humide, naturellement très-gras ou très-fumé, les arbres poussent avec force ; mais leurs racines sont toujours mal conditionnées ; elles sont très-abondantes, mais chétives ; beaucoup de chevelu, & peu de bois. Si on transplante de pareils arbres dans un terrain plus sec & moins substancieux, il arrive ou qu'ils périssent dès la premiere année, ou ils languissent & *rechignent*, comme le disent les Jardiniers ; & s'ils subsistent, il est bien rare qu'ils reprennent leur premiere vigueur.

Si, au contraire, on choisit un mauvais terrain, sec, aride, les jeunes arbres y languissent, les fibres se resserrent, les canaux séveux se rétrécissent, le bois racornit, l'écorce devient galeuse & chargée de mousse, les pousses sont foibles & tortues, les racines ne s'étendent & ne se ramifient que foiblement. Ces arbres périssent, pour la plupart, quand on les transplante; & ceux qui reprennent dans de bonnes terres sont longtemps à se rétablir, & ne font jamais de beaux arbres. L'expérience que j'ai rapportée dans la premiere Partie, au sujet de la transplantation de peupliers dans différents terrains, vient à l'appui de ce que nous disons ici : il faut donc, en évitant ces deux extrêmes, choisir pour une pepiniere une terre franche & de bonne qualité, mais plus seche que celle où on veut faire des plantations. Un terrain trop gras & humide est un excès aussi dangereux que l'est celui d'un terrain trop maigre & sec; car le fumier qu'on répandroit dans ces sortes de terres, n'y produiroit que de fort mauvais effets; il s'y formeroit des vers blancs qui rongeroient les racines; & d'ailleurs les racines qui poussent dans le fumier sont toujours menues, foibles & mal conditionnées.

Quant aux arbres aquatiques, comme les saules, les aunes, &c., comme on ne doit se proposer de les transplanter que dans des terrains humides, il n'y a pas de mal de les y élever.

Un Jardinier de cette ville avoit imaginé

de faire apporter ſur le terrain où il formoit ſes pepinieres une grande quantité d'écailles d'huîtres qu'il faiſoit battre & briſer avant de les employer : les ſucs que cet amendement fournit à ſon terrain & aux jeunes arbres qui y étoient plantés, les fit croître avec vigueur, ce qui lui procura d'abord une vente de préférence ; mais l'état de langueur & de dépériſſement dans lequel tomboient ces arbres, tranſplantés dans des terrains moins ſucculents, dégoûterent bientôt ceux qui en avoient fait la fâcheuſe épreuve.

CHAPITRE VI.

Des Pepinieres pour élever de petits Arbres.

D'APRÈS ce que nous venons de dire, nous allons actuellement ſuivre graduellement la culture & l'éducation des jeunes arbres de ſemence, juſqu'au temps auquel, ayant pris des hauteurs & des groſſeurs ſuffiſantes, ils ſeront en état d'être mis en place. Reprenons pour cet effet les ſemis dans l'état où nous les avons laiſſés. Soit que ces ſemis aient été faits en terrines ou en pleine terre, ils ont produit de jeunes arbres dont nous venons d'expliquer la croiſſance ; mais leur poſition confuſe & ſerrée exige une premiere tranſplantation, qui doit ſe faire ſelon l'eſpece &

la force du jeune plant. D'abord si les semis qu'on a faits en terrines, provenus de graines fines & précieuses, ont levé fort abondamment, comme il arrive à ceux qui sont faits, comme je l'ai dit, dans le terreau de bruyere, il faut préparer d'autres terrines ou caisses de bois, que l'on remplira d'une composition de moitié terre franche, & moitié terreau de bruyere. Pour y transplanter ce jeune plant, espacé suffisamment, il y en a qui se contentent d'éclaircir le semis en arrachant par intervalles le plant qui est le plus serré; ce qui peut effectivement s'exécuter dans les semis en pleine terre, & pour des arbres communs & plus forts; mais ce procédé est mauvais pour des plantes délicates : on court risque de casser les racines en tout ou en partie, & en mutilant les plantes que l'on enleve, on endommage celles qui restent. Il est donc mieux, quand la terrine est bien garnie de plant, de la vuider entiérement. On commence par enfoncer une serpette dans la partie la moins garnie, & on enleve une masse de terrain; on en détache ce qui s'y trouve de jeune plant; on suit successivement cette opération par parties, jusqu'à ce que tout soit levé. Il arrive qu'en détachant ainsi librement & avec un peu d'attention ces jeunes plantes, les racines conservent des parties de la terre dans lesquelles elles s'étoient enfoncées, ce qui rend la reprise plus assurée. Dans celles où se montre un pivot alongé avec peu de racines latérales, il faut le couper avec des ciseaux; mais je ne conseille point de toucher à celles qui ſont chevelues, ſur-tout lorſqu'elles ont conſervé un peu de terre : on fait ſeulement avec le doigt des trous dans la terre préparée comme nous l'avons dit, dans d'autres vaſes ; on y met & on y arrange les racines que l'on recouvre légerement de terre déliée que l'on preſſe un peu enſuite.

Cette premiere tranſplantation faite dans des vaſes quelconques, fournit aux jeunes plantes une nourriture nouvelle, & leur donne les moyens de s'étendre en racines & en branches : de plus la facilité que l'on a de tranſporter où l'on veut ces terrines, donne l'aiſance de parer les jeunes plantes des gelées, ou de l'ardeur du ſoleil ſelon les ſaiſons, des vents, de la grêle, & enfin de tout ce qui peut leur nuire.

Mais lorſque le plant qu'on a ſemé & élevé en terrines eſt devenu aſſez fort pour pouvoir être tranſplanté en pleine terre, on choiſit dans le jardin une planche ou une plate-bande ; & après avoir foui aſſez profondément, on répand ſur le terrain une couche de l'épaiſſeur d'environ deux pouces de terreau de bruyere, que l'on incorpore par un léger labour à la premiere couche de terre, que l'on a ſoin de rendre bien meuble en y faiſant paſſer pluſieurs fois le rateau. On trace enſuite au cordeau des lignes diſtantes les unes des autres, de 12 ou 15 pouces, où l'on fait des trous avec une cheville cylindrique, pour y mettre les jeunes plantes à 6 ou 8 pouces les unes des autres.

Ces petites pepinieres en planches de jardin doivent être regardées, pour ainsi dire, comme un premier berceau où on laissera se fortifier, pendant quelque temps, de jeunes plantes encore foibles & délicates : on pourra y mettre aussi le jeune plant qu'on arrachera des semis en pleine terre, dans les endroits où l'on jugera qu'il y en a trop ; ce qui fera mieux profiter celui qui restera, que l'on affermira, en pressant le terrain qui aura été soulevé en arrachant les autres.

Outre ce que produisent en arbres rares les semis que l'on a faits, on trouve dans les bois beaucoup de jeune plant d'especes plus communes, mais qui ne laissent pas d'avoir leur mérite pour le remplissage des bosquets dont nous parlerons : c'est pour une pareille pepiniere qu'il est bon d'élever ce petit plant que l'on ne sauroit prendre trop jeune, pour lui faire produire de bonnes racines dans un terrain bien préparé, ce qu'il fait rarement dans les bois ; c'est pourquoi lorsqu'on attend pour y lever des arbres qu'ils soient un peu forts, on en perd beaucoup, parce qu'ils ont très-peu de racines latérales. On ne peut donc s'en assurer qu'en les prenant très-jeunes pour les élever en pepiniere.

Outre le jeune plant de grands arbres qu'on trouve dans les forêts & dans les bois, tels que des chênes, des hêtres, des ormes, des frênes, des châtaigniers, des merisiers, des pommiers sauvages, qui, étant élevés très-jeunes & mis en pepiniere, réussissent aussi bien, & quelquefois mieux que ceux que l'on a pris la peine de semer. On trouve dans les bois plusieurs especes d'arbrisseaux, qui, quoique sauvages, ne laissent pas de bien figurer dans des bosquets, ou que l'on ennoblit par la greffe, comme nous le dirons; tels sont les fusains, les cornouillers, les érables, différentes especes communes de peupliers, des épines blanches & noires, des nefliers, des sorbiers, des aubiers, des pins, des sapins, des tymelées, des buis, des houx & autres especes; il ne faut pas négliger d'élever de ces arbrisseaux en pépiniere, car il faut les prendre très-jeunes dans les bois, autrement on peut compter qu'on n'en réchappe guere, sur-tout des deux derniers genres que j'ai cités; mais ils réussissent comme les autres, lorsqu'on les prend de semence; & lorsqu'en les repiquant on coupe le pivot, ils poussent alors des racines latérales, & on les plante par la suite avec succès où l'on veut.

Si on vouloit élever une grande quantité de ce jeune plant pris dans les bois, & qu'on n'eût pas d'espace libre & suffisant dans son jardin, il faudroit choisir un terrain convenable dans un endroit clos, pour y former une pepiniere. Après avoir suffisamment défoncé & labouré profondément ce terrain, on lui donnera plusieurs autres labours plus superficiels pour détruire entiérement les mauvaises herbes, & diviser le plus qu'il est possible les parties de la terre dans laquelle il ne faut point laisser de mottes, qu'on aura grand ſoin de briſer avec le rateau : tout étant bien préparé, on y plantera le jeune plant, comme je viens de le dire, ou bien on tracera au cordeau des rigoles d'environ ſix pouces de profondeur, ſur une pareille largeur, écartées les unes des autres d'un pied & demi, à compter du milieu d'une rigole, au milieu d'une autre.

Quand les rigoles ſeront faites, on y mettra le plant, en obſervant qu'il y ait environ un pied de diſtance d'un arbre à l'autre : on couvrira avec la main les racines d'une terre déliée, & on remplira enſuite la tranchée.

La vraie ſaiſon d'arracher les petits arbres des ſemis ou des forêts, pour les mettre en pepiniere, eſt l'Automne, ſitôt qu'ils ont quitté leurs feuilles : il eſt bon que la terre ait été attendrie par la pluie, pour qu'on puiſſe arracher ces petits arbres plus aiſément, ſans endommager leurs tendres racines. Je ne parle ici que des arbres qui ſe dépouillent ; car quant aux autres qui conſervent leurs feuilles, l'expérience a fait connoître que le Printemps eſt la vraie ſaiſon de leur tranſplantation.

Comme on tirera des ſemis & des forêts pluſieurs genres d'arbres pour mettre en pepiniere, il eſt bon de ne les pas confondre, mais de les planter ſéparément ; outre qu'il eſt mieux de les avoir raſſemblés, tous les genres d'arbres ne croiſſent pas également, & les arbres foibles ſeroient étouffés par ceux qui pouſſent avec plus de force.

Quand on n'arrache que par parties le plant

dans les semis, on attend pour cela que la terre soit bien détrempée, & en pinçant les jeunes tiges, on les tire de terre ; mais comme on n'a pas toujours la terre détrempée à souhait, & que la pluie favorable pour arracher le jeune plant devient très-contraire pour sa transplantation, & que d'ailleurs quelque précaution que l'on prenne, on en casse, ou du moins on en endommage beaucoup en les arrachant ainsi ; il est beaucoup mieux de le lever en tout ou par parties de suite : pour cet effet on fait au bout de la planche une tranchée, on souleve ensuite avec la pioche la terre, & on détache tout le jeune plant; on ménage ainsi beaucoup mieux les racines ; & si on regarde comme un inconvénient d'arracher sans distinction d'arbres forts d'avec ceux qui sont foibles ; cet inconvénient se répare en les plantant séparément.

Il faut bien se garder de planter, ou quand il pleut, ou après de fortes pluies, c'est-à-dire lorsque la terre détrempée & réduite en boue, ne peut pas s'arranger convenablement entre les racines ; il en est de même immédiatement après les dégels, où pour lors la terre se pêtrit & se réduit en mortier. Si la terre étoit en pareil état, & que les circonstances fussent contraires quand on reçoit du plant, il faudroit après avoir délié les paquets, ouvrir des tranchées dans un terrain libre, & y arranger le plant dont on recouvre exactement toutes les racines.

Soit que les jeunes arbres soient tirés des

ſemis ou des bois, il ne faut pas différer à les planter peu de temps après qu'ils ont été arrachés, parce que n'ayant encore que de foibles racines chevelues qui ſe deſſechent à l'air, il ne faut pas les y laiſſer expoſées long-temps. Comme ceux qui les arrachent dans les bois ne peuvent les aſſembler & les livrer tout de ſuite, on doit leur bien recommander d'en faire de petits dépôts qu'ils recouvriront de terre, & qu'ils ramaſſeront vers la fin du jour, pour mettre le tout dans des tranchées, d'où ils ne les retireront qu'au jour indiqué pour les livrer, & pour être plantés ſur le champ. Je n'ai que trop éprouvé combien on a de peine à engager ces ſortes de gens à prendre ces petits ſoins dont l'omiſſion fait perdre beaucoup de plant.

Quant aux ſemis qui ne ſont pas éloignés de la pepiniere, il eſt plus aiſé de planter les jeunes arbres à meſure qu'on les arrache. Un homme chargé de faire cette opération à la houe & avec précaution, comme nous l'avons dit, met dans un panier le plus fort plant, & le plus foible dans un autre, en coupant ſeulement le bout du pivot, & laiſſant les petites parties de terre qui peuvent reſter aux racines. On porte aux planteurs auſſi-tôt ces arbres pour être arrangés dans les tranchées préparées; on donne à l'un le plus fort, & à l'autre le plus petit plant, pour être planté ſéparément.

Les planteurs, un genou à terre, placent de la main gauche les arbres au milieu d'une des rigoles, à environ un pied de diſtance; ils sont dirigés par un cordeau bien tendu au milieu de la tranchée : ils couvrent les racines avec de la terre bien meuble, qu'ils font couler dans le fond de la rigole avec leur main droite; ils arrangent en même temps les racines contre lesquelles ils pressent la terre; & allant toujours en reculant, ils continuent de planter, laissant les plantes en cet état, sans achever de remplir les rigoles. Quand tout ce qui avoit été arraché est mis en terre, tous les Ouvriers se réunissent & prennent tous ensemble la houe pour combler les rigoles, ou du moins pour recouvrir le plant jusqu'à une certaine hauteur. Il est rare qu'il ne soit pas dérangé dans cette opération; mais il faut le faire redresser sans souffrir les coups de pieds que ces gens ont coutume de donner lourdement sur la terre qui le recouvre.

S'il arrivoit qu'on ne pût mettre en place tout le plant qu'on auroit arraché, il faudroit le couvrir de terre, pour le planter le lendemain, avant d'en arracher d'autre. Lorsqu'on a mis tout le plant en terre, on acheve de combler les rigoles; mais la nature du terrain doit faire agir différemment. Si le sol étoit disposé de maniere à retenir l'eau, il faudroit alors le bomber un peu au pied des arbres, sinon on le tiendroit à plat. Dans les terrains fort secs il est bon de laisser les rigoles un peu creuses, afin de mieux recevoir l'eau des pluies, & de conserver plus de fraîcheur.

Il y a des Jardiniers qui, sans aucun examen, coupent à tort & à travers tout ce qu'ils plantent ; c'eſt même parmi eux un proverbe très-révéré, que ſi on plantoit ſon pere, il faudroit lui couper la tête : ceux-là ne manquent pas de réceper tous les jeunes arbres, ſoit en les plantant, ſoit au Printemps ſuivant, & avant qu'ils aient fait leur premiere pouſſe ; d'autres, ſans faire diſtinction de ceux qui ſont gros ou petits, droits ou tortus, prétendent qu'il faut faire le récepage la troiſieme année. On peut aſſurer que les uns & les autres ſont également inconſidérés ; quoiqu'ils n'aient pas tout à fait également tort.

Pourquoi réceper un arbre ? C'eſt dans la vue de lui faire pouſſer une plus belle tige ; lorſqu'ayant été brouté, caſſé ou frappé de la grêle, il eſt tortu & mal fait, ou bien lorſque l'arbre ayant été mal arraché, il a peu de racines, & qu'ayant ſouffert dans le tranſport, elles ſe ſont deſſéchées, & qu'ainſi il y a lieu de craindre que ces racines en mauvais état ne puiſſent pas fournir à la nourriture & aux productions de la tige. Ces conſidérations doivent ſans doute engager au récepage : mais quand le plant eſt tiré d'un bon ſemis, qu'il a été arraché avec ſoin, que toutes ſes racines ont été bien conſervées, que ſa tige eſt ſaine & bien faite, il faut bien ſe garder de le réceper, quand il n'y a aucune raiſon pour le faire.

Pour ce qui eſt du récepage qu'on veut faire à la troiſieme année, il eſt certain qu'il eſt encore plus nuiſible, & c'eſt une très-mauvaiſe opération, à moins qu'on n'y ſoit contraint par quelqu'accident arrivé à la pepiniere, comme d'avoir été broutée ou frappée de la grêle ; ou enfin que l'on ne voie les arbres languissants & mourants par le haut ; dans ces cas il n'y a rien de mieux à faire que de réceper tout ce qui a besoin de l'être, sans examiner si c'est la deuxieme ou la troisieme année.

Quand une pepiniere a été plantée avec les précautions que nous venons de détailler, elle n'exige plus que de petits soins qui se réduisent, pour la premiere année, à en arracher l'herbe, & ensuite à donner chaque année un labour un peu profond avant l'Hiver, & deux labours légers, un au Printemps, & l'autre en Eté, en prenant garde de ne point endommager les racines, sur-tout quand le plant est petit ; c'est pourquoi on préfere la fourche à la beche pour cette opération.

On peut former la pepiniere de semences, lorsqu'elles sont grosses, comme des châtaignes, des glands, &c. ; car quand après les avoir fait germer dans le sable, on a rompu la radicule, on peut tout de suite planter à la cheville obtuse, ces semences dans la pepiniere, à une distance proportionnée à l'étendue que ces arbres doivent prendre avant d'être transplantés. On recouvrira ces semences de deux ou trois pouces de terre, qu'on aura attention de presser un peu.

La plupart de ces semences seront sorties de terre au mois de Juin ; il suffira cette premiere année d'arracher l'herbe à la main ; dans la deuxieme on donnera quelques légers binages, dans la troisieme année les labours seront faits un peu plus profondément.

A l'égard des semences fines, comme on ne peut pas facilement les séparer du sable pour en rompre la radicule, il faut les tirer du semis au plutard dans la deuxieme année, pour leur couper le pivot, avant de les replanter en pepiniere, lorsque le plant est un peu gros; mais s'il se trouvoit trop petit, on le piquera en planche, ou on le laissera jusqu'à ce qu'il ait pris assez de force pour le mettre en pepiniere.

C'est ainsi qu'on pourra élever en pepiniere toutes sortes d'arbres indigenes ou exotiques qui sont de pleine terre, pour former des plantations en avenues, en massifs dans les parcs, bosquets & jardins : nous en parlerons séparément. Mais si les pepinieres nous fournissent ces sortes d'arbres, elles nous fournissent aussi des arbres fruitiers, soit en plein vent, soit en espaliers de bonnes especes, qu'on a fait greffer. On trouve ces arbres au besoin, pour faire des plantations & des remplacements : étant bien enracinés, arrachés avec précaution, & remis en terre presqu'aussi-tôt qu'on les en a retirés, ils reprennent & réussissent beaucoup mieux que ceux que l'on achete ailleurs. Il est mieux, comme nous l'avons déja dit, de mettre séparément les différents genres d'arbres.

Pour les poires, il faut planter des sauvageons pris dans les bois, ou venus de pepin, ou de ceux que les racines des vieux pommiers poussent d'elles-mêmes; & comme le poirier se greffe aussi sur le coignassier, il faut en avoir en pepiniere : il y en a de deux especes, l'une appellée en effet *coignassier*, & l'autre *coignier*. Le premier donne des fruits plus alongés ; on l'appelle *poirier coing*, ceux de l'autre sont arrondis ; on l'appelle *pommier*. Il est reconnu que le coignier a plus d'analogie avec le pommier, & le coignassier avec le poirier ; c'est pourquoi il ne faut pas confondre les greffes avec les sujets.

Le coignier se distingue du coignassier, en ce que son écorce est plus grise, tirant sur le blanc, & plus lice, ses branches plus partagées & plus fourchues, ses feuilles plus petites, les fruits plus ronds, plus pierreux & moins gros. Le coignassier donne des branches plus droites ; il a l'écorce noire & velue, les feuilles plus larges, le fruit plus alongé, plus gros & moins pierreux. Il ne faut donc employer le coignier que pour greffer des pommiers, & le coignassier pour des poiriers.

Il y a encore le coignassier de Portugal qui mérite par lui-même d'être cultivé, à cause de la beauté de ses fruits, qui font juger que c'est celui qui devroit être mis de préférence dans les pepinieres pour greffer des poiriers.

On tire beaucoup de jeunes plants de dessus de gros pieds, qu'on appelle *meres coignasses*, parce qu'elles produisent beaucoup de petites branches qui sont comme leurs enfants. On prend pour cet effet de gros pieds de coignassiers qu'on plante en Automne, à quatre

tre pieds les uns des autres, obſervant de les couper à un pouce au-deſſus de terre ; on leur laiſſe pouſſer ainſi de petites branches juſqu'à la hauteur d'un ou deux pieds, qu'on bute après d'un bon pied de terre pour leur faire prendre racine.

Ces branches ainſi butées pouſſent de petites racines l'année ſuivante qu'on les a ainſi préparées ; puis on les découvre au mois de Novembre pour voir ſi elles ont pris racine comme elles l'ont dû. Si cela eſt, on les coupe de deſſus le pied pour les mettre en pepiniere ; puis on recouvre le tronc de terre pour le laiſſer ainſi paſſer l'Hiver.

Le mois de Mars étant venu, on découvre ces *meres coignaſſes* pour leur donner jour à repouſſer de nouvelles branches, qui, étant traitées de même, donnent de nouveau plant.

Outre ces marcottes dont on peut ſe procurer abondamment, on fait auſſi avec ſuccès des boutures.

Pour les pommiers, ſi on veut en avoir de tiges, on plante d'aſſez gros ſauvageons pris dans les bois, nommés *boſquets*, ou des ſauvageons venus de pepin, & qu'on laiſſe venir grands pour être arbres de tiges. Si on veut faire une pepiniere pour arbres nains, il faut planter des pommiers de paradis, & les planter ſeulement à un pied l'un de l'autre dans les rangs. La raiſon de cette proximité eſt fondée ſur le peu de racines que font ces ſortes de petits pommiers, qui par conſéquent ne demandent pas grande place pour être élevés ; il faut auſſi élever des *coigniers*, comme nous l'avons dit.

Pour faire des pepinieres de pruniers, il faut planter des noyaux de certaines eſpeces, telles que *damas noir*, *ſaint-julien*, *ceriſette*, ou prendre des rejettons de ces arbres.

Pour les pêchers, il faut élever des ſujets de prunier, des eſpeces ci-deſſus dénommées, ou des amandiers, dont on a planté à la cheville les amandes avant l'Hiver. Le pêcher greffé ſur amandier ou ſur prunier, réuſſit également bien ; mais nous expliquerons au Chapitre des plantations le choix qu'il faut faire de ces arbres, relativement au terrain où on veut les planter.

Pour les fruits rouges à noyau, comme ceriſes, griottes, bigarreaux, il n'y a de ſujets propres que les meriſiers à fruit blanchâtre ; ceux à fruit noir ont d'ordinaire la ſeve ſi amere, que les greffes des bonnes ceriſes n'y prennent pas, ou languiſſent toujours. Les ceriſiers de pied peuvent bien ſervir pour greffer les bonnes ceriſes ; mais comme ils ne font jamais de grands arbres, on n'en fait guere uſage que pour des ceriſiers précoces & nains.

On ne fait guere de pepinieres de vignes, on la multiplie par marcotte, & on greffe ſur les vieux pieds des eſpeces rares.

Je conſeille de mettre en pepiniere beaucoup de jeunes tiges droites & bien choiſies d'épine blanche ; elles fourniront des ſujets pour greffer des nefliers, aliziers, azeroliers, ſorbiers, & une quantité d'autres arbriſſeaux d'agrément pour la décoration des bosquets & des jardins. Nous en parlerons au Chapitre de la Greffe, de même que de la maniere de greffer tous les arbres fruitiers dont nous venons de parler.

Au surplus ces arbres ne demandent point d'autres soins pour être élevés en pepiniere, que ceux que nous avons indiqués pour les arbres forêtiers.

CHAPITRE VII.

Des Pepinieres pour élever de grands Arbres.

JE n'ai rien à ajouter ici aux procédés recommandés dans le Chapitre précédent pour la préparation du terrain & l'entretien des pepinieres, si ce n'est qu'il faut que la terre soit plus profondément labourée, attendu que les arbres dont nous allons parler, devant y séjourner plus long-temps, doivent jetter de plus profondes racines.

On ne doit planter dans une telle pepiniere que des arbres qui doivent devenir très-grands, tels que des chênes, des hêtres, des ormes, des châtaigniers & marronniers d'inde, des frênes, des tilleuls, des peupliers, des platanes ; il ne faut pas penser à y mettre des arbres verds, comme des pins, des sapins, des cyprès, des cedres, &c. On sait que ces arbres dont la reprise est peu assurée, dès qu'ils ont pris une certaine hauteur, périroient presque tous, si on les transplantoit lorsqu'ils sont déja gros & élevés ; il faut, comme nous l'avons déja dit, les mettre en place étant encore fort jeunes.

Comme les arbres que l'on met dans la pepiniere dont nous parlons, ne doivent en sortir que lorsqu'ils auront acquis dix ou douze pieds de hauteur, & huit ou neuf pouces de circonférence, il faut les écarter beaucoup plus les uns des autres que ceux dont nous avons parlé : on sent que l'étendue de leurs racines l'exige, ainsi que celle de leur tête. Il faut laisser un intervalle d'environ trois pieds du milieu d'une rigole à l'autre, & deux pieds de distance au moins entre les arbres ; c'est d'abord ce qu'il est nécessaire d'observer, soit que l'on forme cette pepiniere de jeune plant, soit de grosses semences qu'on aura fait germer, & dont on coupera l'extrêmité du germe en les mettant en terre.

Comme on a pour objet de se procurer des arbres qu'on puisse planter en avenue, en quinconce, ou en alignement d'allée & de bordure, il faut leur laisser prendre la hauteur & la grosseur que nous avons dit, avant de les mettre en place, afin qu'ils puissent mieux résister aux accidents, & pour en jouir plutôt ; & pour remplir avec agrément cette destination, il faut que leurs tiges soient bien droites, & comme on dit d'une belle venue. C'est ce qui exige quelques soins, pendant qu'ils s'élevent dans la pepiniere : nous allons en parler.

Il faut en visitant la pepiniere avoir soin d'élaguer les branches du bas de la tige, & sur-tout de supprimer celles qui sont fourchues à son extrêmité ; mais cette opération se doit faire avec discrétion & en différents temps : il ne faut retrancher les branches latérales que successivement ; si on les supprime tout d'un coup, l'arbre s'élance sans prendre de grosseur, & ne forme qu'une houssine qui devient le jouet des vents. De plus si on se rappelle que nous avons fait connoître que les branches & les racines poussent toujours dans la même proportion, on ne doutera point que cette suppression de branches ne retarde le progrès des racines. Il faut couper les branches gourmandes au ras du tronc, & arrêter les autres auxquelles on voit prendre trop de force, en coupant à leur extrêmité ou même à moitié.

Comme on doit avoir principalement attention à diriger la cime de l'arbre, lorsque deux branches à peu près aussi grosses se disposent à former un fourchet, il faut couper la moins bonne, en lui laissant un chicot de quelques pouces de long, auquel on lie la branche qui reste, en la forçant un peu pour la redresser, après quoi on coupe entiérement ce chicot ; on retranche aussi peu à peu les branches latérales qu'on avoit arrêtées.

Au surplus comme dans les pepinieres, lorsqu'elles sont bien garnies, les arbres sont peu éloignés les uns des autres, ils s'ébranchent naturellement ; c'est ce qui arrive dans les futaies & dans les massifs où les arbres croissent droits & sans branches latérales, & prennent plus d'élévation que de grosseur. Ainsi, en laissant subsister les menues branches qui viennent le long de la tige, elles contribueront à faire prendre de la grosseur à l'arbre, & on les verra périr peu à peu d'elles-mêmes; sinon quand les tiges paroîtront assez grosses, on les retranchera sans que les arbres en souffrent.

C'est sur-tout à l'égard des arbres toujours verds, comme les pins, les sapins, thuya, cyprès, cedres, &c., qu'il faut user de beaucoup de ménagement dans la suppression des branches; car ils dépérissent sensiblement, quand on leur en retranche beaucoup à la fois, attendu qu'ils n'en repoussent point de latérales.

C'est pendant l'Eté qu'il faut visiter les pepinieres pour retrancher les branches gourmandes, & arrêter celles qui prennent trop de force, ou qui sont mal placées. Lorsqu'il se trouve des arbres qui se courbent ou qui se penchent, il faut les redresser, soit avec l'instrument connu dont se servent, à dessein contraire, les Ouvriers qui font des cercles, & qu'on appelle billard, soit encore plus simplement en mettant le genou sur la partie convexe de la tige, & tirant fortement à soi le haut de l'arbre. Par cette opération forcée on rompt quantité de fibres ligneuses à la partie qui étoit concave; il se fait à cet endroit beaucoup de petites cicatrices, & l'arbre prend par la suite une direction perpendiculaire : cette opération eſt plus facile ; l'effet en eſt plus conſtant, qu'en faiſant ce redreſſement par le ſecours des tuteurs.

Quand les arbres ont été négligés & qu'ils ont pris une mauvaiſe forme, le mieux eſt de les couper au pied ; ils ſont l'année ſuivante un jet vigoureux, qui forme une nouvelle tige que l'on conduit avec beaucoup plus de facilité.

C'eſt ainſi qu'on peut ſe procurer de beaux arbres pour faire des plantations, qu'on peut être aſſuré de voir bien réuſſir, au moyen des procédés dont nous parlerons. Mais la plus mauvaiſe, la plus mal entendue économie que l'on puiſſe pratiquer, c'eſt de faire des plantations avec de grands arbres arrachés dans les bois : ces arbres qui pouſſent bien où ils ſont venus de ſemence, périſſent pour la plupart dans la tranſplantation, ou ils reſtent long-temps languiſſants, parce qu'il faut pluſieurs années avant que ces arbres, qui ont peu de racines latérales, aient pu en former d'autres. Ce n'eſt donc que du jeune plant que l'on peut tirer des bois pour le mettre en pepiniere, où il pouſſe de bonnes racines & ſe forme un bon pied ; mais il faut les y laiſſer lorſqu'ils ont pris une certaine croiſſance, leur tranſplantation ne produiroit que beaucoup de dépenſe & très-peu d'agrément.

Si on compte ce qu'il en coûte pour faire & refaire les trous, pour planter & replanter annuellement, pour remplacer les arbres morts, les dégradations que l'on fait dans ses bois, ou ce qu'il en coûte pour les faire prendre dans les forêts & les faire transporter, on verra qu'outre le peu d'agrément qu'ils donnent, ces arbres coûtent plus cher que ceux qu'on achete dans les pepinieres ; & ceux-ci, par les raisons que nous avons déja données, ne profitent jamais autant que ceux qu'on éleve chez soi ; ce qui démontre de plus en plus l'utilité vraiment économique des pepinieres.

C'est dans ces pepinieres, mais séparément, qu'on élévera aussi des arbres fruitiers greffés, pour avoir des hautes tiges, & des arbres en plein vent pour former des vergers, comme nous le dirons. Les pepinieres d'éducation pour ces arbres, s'appellent batardieres ; on laisse entr'eux plus d'espace que dans les pepinieres ordinaires ; on y éleve aussi des basses & moyennes tiges, auxquelles on donne l'étendue & la forme convenable, soit en éventail, soit en buisson ; on les taille, on les dispose selon leurs différentes destinations ; on se procure ainsi des arbres tout formés, ou, comme on dit, tout venus, pour faire des remplacements aux espaliers, contre-espaliers & quarrés de jardins : c'est le moyen de jouir promptement, & de ne pas s'appercevoir, pour ainsi dire, des pertes que l'on a faites.

Il est d'autant plus nécessaire de se préparer cette jouissance, qu'on a peine à trouver de pareils arbres chez les Jardiniers, qui, lorsqu'ils en ont, les vendent si cher, que je ne sais pourquoi ils ne se portent pas à en élever davantage. Il est vrai que comme il est mieux de lever autant qu'on le peut ces arbres en mottes, il est nécessaire de les mettre dans des mannequins, ce qui en rend le transport difficile & coûteux ; considérations qui n'ont plus lieu lorsqu'on les éleve chez soi, & proche du lieu où ils doivent être plantés.

CHAPITRE VIII.

Des Plantations en général.

TOUS les Jardiniers & même de simples Ouvriers, disent & croient peut-être qu'ils savent bien planter. Etronçonner les racines d'un arbre, le mettre dans un trou que l'on remplit de terre sans précaution, donner de grands coups de pied par-dessus ; tout est bien, pourvu que les arbres soient bien alignés ; car c'est à quoi les plus ignorants ne manquent guere, & l'appareil des jalons qu'ils disposent, souvent assez inutilement, donne une grande idée de leur savoir & de leur habileté à ceux qui n'en savent pas davantage. J'ai vu de ces Jardiniers qui ne pensant uniquement qu'à cet alignement, parce qu'il ne faut que des yeux pour voir s'ils y auroient manqué, abandonnoient d'ailleurs la plantation & toutes les précautions qu'elle exige pour être bien faite, à des Ouvriers qu'on leur donne toujours pour les aider :

le maître vient se promener avec sa compagnie ; on lorgne les arbres, car tout le monde sait lorgner, on les trouve bien alignés, & on dit qu'ils sont très-bien plantés.

M'étant trouvé à pareil examen : convenez, me dit le Propriétaire, que mon Jardinier plante bien. Très-mal, lui dis-je, mais très-mal : ne voyez-vous pas qu'on a écourté, mutilé les racines de ces malheureux arbres ; qu'on les met dans les trous, sur une terre qui n'a pas été remuée, très-mauvaise & très-dure, qu'ils y sont enfoncés trop profondément, qu'on recouvre le peu de racines qu'on a laissées avec des blocs de terre qui ne les enveloppent pas ? On appelle le Jardinier ; il assure qu'il fait bien son métier, qu'on ne lui apprendra pas ; qu'il y a vingt, trente ans qu'il le fait, & autres raisons de cette espece. Cependant l'année suivante plusieurs arbres ont péri ; d'autres ont poussé, mais foiblement ; car, malgré les outrages qu'on lui a faits, la Nature est toujours disposée à les réparer autant qu'elle le peut ; & quoique maltraités, il y a toujours plusieurs de ces arbres qui poussent de nouvelles racines : une bouture en pousse bien. Mais parmi ceux qui reprennent, malgré tout le mal qu'on leur a fait, combien faut-il de temps pour le réparer ? combien faut-il d'années avant qu'ils aient formé un pied tel que celui dont on les a privés ? combien faut-il faire annuellement de remplacements avant de les faire tous reprendre ? Si on demande pourquoi ces arbres meurent, ce n'est jamais la faute du planteur ; c'eſt que les mulots ont mangé les racines, ou bien le terrain trop humide les a fait pourrir, ou bien la ſécherеſſe en eſt la cauſe, &c.

Voilà à peu près comment ſe font les plantations, quand le Propriétaire ou celui qui les dirige n'eſt pas inſtruit des moyens & des précautions qu'il faut prendre pour les faire bien réuſſir ; qu'il n'a pas pris les connoiſſances qu'il n'eſt pas poſſible de trouver dans l'eſpece d'hommes qu'on emploie ordinairement à ces travaux ; enfin, s'il ne ſait pas diriger leurs opérations.

Mais ſi, éclairé par une bonne théorie, & ſachant juger ſainement & ſûrement, d'après les vrais principes de la végétation, des bons & des mauvais uſages, conduit par ces guides qui n'égarent jamais quand on ſait bien les ſuivre, il rejetera avec fermeté les fauſſes autorités de la coutume & les mauvaiſes raiſons qu'on lui donnera ; il ſaura diſcerner les bons d'avec les mauvais conſeils, ſans s'en laiſſer impoſer par des réputations ſouvent mal méritées ; & lorſqu'il verra que l'expérience, par d'heureuſes ſuites, aura confirmé ſes juſtes conjectures & ſes bons procédés, tous les raiſonnements, toutes les opinions contraires, car il faut s'attendre à en trouver toujours, ne pourront jamais l'ébranler ni le laiſſer douter.

Il ne ſe laiſſera point ſéduire par les opérations merveilleuſes que l'on trouve dans pluſieurs Livres ; il ne donnera de croyance qu'autant qu'ils le méritent à une quantité de ſecrets imprimés depuis long-temps, à de nouvelles recettes, quoique publiées depuis cent ans, pour forcer la Nature à changer ſa marche, heureuſement ſi conſtante & ſi immuable, que les Rois & les hommes n'y peuvent apporter aucun changement.

Malgré le mérite des Auteurs à d'autres égards, il les regardera comme ignorants & fautifs en agriculture, quand ils diront, comme Virgile, que les arbres fruitiers réuſſiſſent & produiſent étant greffés ſur des arbres forêtiers, tels que des ormes, des hêtres, &c. Malgré les citations de pluſieurs Auteurs, malgré la crédulité de pluſieurs perſonnes, d'ailleurs éclairées, il ne croira point qu'on obtient des roſes vertes en greffant un roſier ſur un houx, parce que l'expérience lui a fait connoître la fauſſeté & l'impoſſibilité de ces opérations merveilleuſes, en l'aſſurant que jamais les greffes ne peuvent réuſſir que lorſqu'il y a de l'analogie entr'elles, & le ſujet ſur lequel on les poſe. C'eſt ce que je prouverai en ſon lieu : & pour ne pas ſortir du ſujet que nous traitons actuellement, il ne doutera pas que plus on laiſſera de racines & de chevelu frais à un arbre en le plantant, & plus non-ſeulement la repriſe ſera aſſurée, mais qu'il pouſſera & ſe fortifiera mieux en moins de temps, parce qu'il ſaura que les racines & les branches pouſſent toujours en même proportion.

Bien convaincu que la ſeve ne circule pas dans les végétaux comme le ſang dans les animaux ; & ayant reconnu le peu de reſſemblance qu'il y a entre les uns & les autres, il rira de l'idée d'un bon Praticien d'ailleurs, qui veut que l'on ſaigne & que l'on purge les arbres ; il ſait que la libre communication qu'ont entr'eux les conduits ſéveux, permet de détourner le cours de la ſeve, ſoit par l'amputation d'une branche, ſoit par des entailles faites au corps de l'arbre ; mais que les arbres n'ayant point de veines dans leſquelles circule le ſang comme dans celles des animaux, on ne peut les ouvrir pour en faire jaillir les liqueurs qui paſſent dans les fibres ligneuſes où les conduits ſont ſéveux ; que ſi par la thérébration, on tire des liqueurs de quelques arbres, l'examen fait voir que ce n'eſt pas la ſeve, mais les ſucs propres, très-différents ſelon les genres d'arbres : ces ſucs ſont ſucrés dans l'érable ; acidules dans l'orme où il s'en fait quelquefois d'aſſez grands dépôts ; amers dans l'oranger ; réſineux dans le pin, le ſapin ; gommeux dans le pêcher, le prunier, le cerifier ; laiteux dans le figuier, &c.

Enfin, l'étude qu'il aura faite des loix de la Nature le rendra Juge éclairé & habile des citations, des méthodes ſouvent contradictoires qu'il trouvera dans les Livres, des différents rapports qu'on lui fera, & des bons ou des mauvais effets de la coutume, c'eſt-à-dire de la routine du pays que ſuivent toujours aveuglément les hommes bornés à ces ſeules connoiſſances.

Quand, par exemple, ſon planteur lui dira qu'il faut toujours étêter un arbre en le plantant, & que, ſelon le proverbe très-ſpirituel du pays & très-répété, ſi on plantoit ſon pere, il faudroit lui couper la tête, il fera le cas que l'on doit faire de pareilles citations.

Si des hommes qui méritent plus de confiance lui diſent qu'ils ont éprouvé que deux arbres plantés en même temps, n'ont fait remarquer de différence que parce que celui qui a été étêté a mieux pouſſé & mieux formé ſa tête que celui auquel on a laiſſé des branches en totalité ou en partie : s'il eſt à portée d'examiner le fait, il reconnoîtra vraiſemblablement que toutes choſes n'étoient pas d'ailleurs égales ; obſervation importante & dont les gens qui veulent contrarier ne parlent jamais : mais en ſuppoſant qu'elles le fuſſent, il ſait qu'il y a des circonſtances où il eſt bien & même néceſſaire de ne pas laiſſer de branches à un arbre qui eſt hors d'état de les nourrir ; tel eſt celui qui, étant mal arraché & quelquefois depuis longtemps, qui a ſouffert dans le tranſport, dont les petites racines ſont deſſéchées, ainſi que le chevelu. Mais comme ces conſidérations n'ont point lieu à l'égard d'un arbre fraîchement & bien arraché & planté preſqu'auſſitôt, avec les attentions dont nous allons parler, il ſe gardera bien d'étêter un pareil arbre, en admettant inconſidérément comme principe général, ce qui n'en doit être que l'exception dans certains cas. Si on étoit auſſi perſuadé qu'on devroit l'être de la différence qu'il y a de bien ou mal planter un arbre qui, dans cet état, eſt, pour ainſi dire, entre la vie & la mort, état que décide la maniere dont on le plante, & quand malgré les fautes commiſes, il n'en meurt pas, comme font quelques malades entre les mains d'un Médecin ignorant; ſi on ſavoit de combien d'années on retarde ſa croiſſance, la bonté & l'abondance de ſa fructification, il eſt à croire qu'un Propriétaire regarderoit comme bien employé le temps qu'il conſacreroit à acquérir des connoiſſances qui le guideroient ſûrement dans ces opérations, qui l'affranchiroient des préjugés, des routines, qui le mettroient en état de juger ſainement des bonnes & des mauvaiſes raiſons de ſon Jardinier; des conſeils que tous les paſſants ne manquent pas de donner ſur de fauſſes citations.

Enfin, ces connoiſſances bien acquiſes, en le faiſant jouir du fruit de ſes travaux & de la dépenſe qu'il aura faite, lui aſſureront une jouiſſance ſatisfaiſante & profitable; il eſt à croire que celui qui, pour ſon intérêt & ſon agrément, ſentira que l'étude de l'économie rurale eſt plus importante que toute autre à laquelle on s'adonne, ſans en tirer autant d'avantages, il eſt à croire qu'il ne penſera pas qu'il perde le temps qu'il y donnera, & j'oſe eſpérer qu'il trouvera dans ce Traité les moyens d'y parvenir, ſi, en profitant des méthodes éprouvées que j'indique dans cette ſeconde Partie, il a médité & réfléchi ſur la marche de la Nature, démontrée dans la partie théorique; car autrement, comme je l'ai dit, ces indications, ces méthodes-pratiques ne sont qu'un bâton dans la main d'un aveugle, qui peut bien diriger sa marche ; mais qui ne l'éclaire pas.

CHAPITRE IX.

De la nature du terrain pour les plantations.

PLUSIEURS Traités d'agriculture sont remplis de grandes dissertations sur la nature des différentes terres, des moyens qu'on peut employer pour découvrir leurs bonnes & leurs mauvaises qualités, sur d'excellents procédés, pour les améliorer ; mais outre qu'on peut révoquer en doute une partie de ce qu'on lit dans ces Ouvrages, tout cela n'est point du sujet que je traite, parce que dans les grandes plantations dont il est ici question, il faut prendre le terrain tel qu'on le trouve, & l'expérience prouve que la plupart des arbres forêtiers viennent très-bien dans des terrains de nature très-différente.

On peut planter par-tout ; il ne faut que faire un choix éclairé des moyens les plus simples & les moins dispendieux & des différents genres d'arbres, parce que tel sol qui ne convient pas aux uns convient bien aux autres.

De plus, indépendamment du bien public qui exige qu'on mette en grains les terres qui

qui y sont propres, ce seroit dommage d'employer pour les plantations, & sur-tout les bois, des terres de la meilleure qualité ; mais comme il y a beaucoup de terres qui dédommagent à peine les Laboureurs des dépenses qu'ils sont forcés de faire pour les faire valoir, ce sont ces terres de médiocre qualité qu'il faut employer en plantations & en bois : cette opération n'exige qu'une premiere dépense, & fournit ensuite, sans aucune culture, des agréments & du profit.

C'est sans doute acquérir de nouvelles terres que de mettre en valeur celles qui n'y étoient pas, telles que des landes, des friches, des côteaux stériles que l'on plante en bois ; mais c'est vraiment gagner de se priver pendant quelques années du petit revenu de ses médiocres terres pour y faire des plantations qui augmentent de beaucoup la valeur du bien, si on vouloit le vendre, & qui promettent au propriétaire ou à ses enfants un produit quelquefois plus considérable que n'étoit le fonds par lui-même.

Outre l'ornement & l'agrément des arbres de haute-futaie, tant qu'ils sont sur pied, ils font la richesse d'une famille, lorsqu'ils sont en état d'être vendus.

Dans les terrains mauvais & qui n'ont point assez de fonds pour que les grands arbres y puissent croître, on forme des taillis qui sont d'un produit moins considérable, mais plus prochain ; on y met, sans autre choix que celui que décide la nature du terrain, toutes les especes d'arbres qui y profperent le mieux ; toutes ſont utiles, pourvû qu'elles y croiſſent ; car le bois eſt ſi rare qu'il n'y en a aucune eſpece qui ne ſoit recherchée : tout ſe vend bien.

On ſait qu'en général les arbres réuſſiſſent & pouſſent beaucoup mieux dans les bons terrains que dans ceux qui ſont mauvais ou médiocres.

Les arbres fruitiers particuliérement ne font que languir dans ceux-ci ; c'eſt pourquoi nous avons déja parlé de la néceſſité de défoncer & d'améliorer le terrain où on ſe propoſe de faire un jardin, à moins qu'il ne ſoit naturellement d'une bonne qualité juſqu'à une certaine profondeur ; de le faire changer de nature, ſi elle eſt vicieuſe, en y faiſant mêler de l'argile ſi le terrain eſt ſablonneux, ou du ſable s'il eſt trop compact & humide.

Mais ces moyens qui ſont très-bons pour de petits eſpaces, & qui, dans certains cas, pourroient même être pratiqués avec avantage pour des terres à grain, exigeroient trop de dépenſe pour des bois d'une grande étendue. Il faut que les arbres s'accommodent du terrain où on les met, tel que la Nature l'a fait.

Heureuſement il en eſt qui viennent par-tout, excepté ſeulement dans la pierre, car je regarde comme pierre, la marne, la craie, le tuf, le ſable pur & la glaiſe pure : ſi ces ſubſtances ſont uniformes & ſerrées, les arbres y périront ; mais ſi elles ſont mêlées de quelques veines de terre, quelques arbres pourront y ſubſiſter : d'ailleurs que la terre ſoit noirâtre ou blanchâtre, jaune ou rouge, ou de toute autre couleur que lui donnent ordinairement les minéraux ; qu'elle soit franche ou limonneuse, marécageuse ou sablonneuse, humide ou seche, forte ou légere, douce ou pierreuse, on pourra y élever des bois.

Si ce n'est pas telle espece d'arbre, ce sera une autre ; il n'est question que de choisir le genre d'arbre qui convient à chaque nature du sol, pourvu qu'il y ait une suffisante profondeur de terre de même espece, & que celle qui est dans l'intérieur près de la superficie, ne soit pas d'une nature contraire à la végétation.

Ainsi quand on veut connoître quelle est la nature d'un terrain qu'on veut planter, on doit commencer par examiner la qualité du sol intérieur.

Le mieux sera de faire çà & là des trous de six pieds de profondeur pour être plus en état d'observer les différentes couches de terres. Mais comme ces fouilles coûteroient beaucoup, si on vouloit sonder une grande étendue de terrain qui varie souvent à de petites distances, on pourra se contenter de faire usage d'une espece de tarriere, dont on se sert pour sonder le terrain.

Il est rare de trouver de ces terrains privilégiés qui ont un excellent fonds à une grande profondeur ; car ordinairement la terre du dessus change entiérement de nature à un, deux, ou trois pieds de profondeur, quelquefois même à six pouces ; en ce cas, si le dessous étoit du sable, du gravier ou de la terre rouge dans laquelle les racines puiſſent pénétrer, le bois pourroit y venir. Si au lieu de ſable, on y trouvoit de la glaiſe pure, mais douce, qui n'endommageât pas les racines, elles s'alongeroient ſur ce banc, ſans beaucoup le pénétrer, & les arbres profiteroient de l'eau que la glaiſe retient.

Mais quand le deſſous ſe trouve être un banc de pierre, ſans preſqu'aucuns délits, ou un lit de tuf, de marne, &c., dans lequel les racines ne peuvent pénétrer, une petite épaiſſeur de terre ſur de pareilles ſubſtances ne pourroit nourrir que de foibles taillis.

Deux pieds de terre fertile pourront ſuffire à d'aſſez bons taillis ; trois pieds pourront fournir ſuffiſamment de nourriture aux arbres qui doivent faire une demi-futaie, & pour une haute-futaie, il faut au moins quatre pieds : au reſte, tout cela ne peut être que des à peu près. Ces trois pieds de terre bonne & bien ſubſtancieuſe fourniront plus de nourriture aux arbres que quatre & cinq pieds de terre maigre & ſeche.

On pourra dire que les frênes & les noyers réuſſiſſent cependant bien dans des terres où le tuf blanc ſe trouve à moins de deux pieds de la ſuperficie; c'eſt que ces genres d'arbres jettent des racines dans le tuf, pourvu qu'il ne ſoit pas trop ſerré ; d'ailleurs les arbres qui grandiſſent dans ces terrains ſont iſolés ; & comme ils ſont de nature à étendre leurs racines fort loin, ils trouvent dans la ſuperficie du terrain de quoi ſuppléer à ce qui lui manque en profondeur.

Les jeunes arbres ont peine à subsister dans des sables secs & peu alliés de terre, parce que, comme l'ardeur du soleil les pénetre & qu'elle les desseche assez profondément, les racines qui ne s'étendent encore que foiblement sont peu en état de fournir à la dissipation des feuilles.

C'est sur-tout dans ces terres légeres qu'il faut faire les semis & les plantations en Automne, préférablement au Printemps, & procurer de l'ombre aux jeunes arbres par différents moyens dont je parlerai. Il faut s'attendre les premieres années à beaucoup de remplacements en pareil terrain; mais quand une fois les arbres ont jetté en terre de profondes racines, pris une certaine force, quand ils s'ombragent réciproquement, & qu'ils couvrent de leurs rameaux la terre dont la fraîcheur n'est plus dissipée par les rayons du soleil, alors ils poussent & réussissent assez bien dans ces terres légeres; il y a quelques genres qui s'en accommodent particuliérement bien, tels que les peupliers blancs, les bouleaux, les hêtres, les châtaigniers, les pins, &c.

Mais en général, presque tous les arbres se plaisent mieux dans les terrains frais & humides que dans les terres seches.

On voit des arbres qui croissent à merveilles dans de mauvais terrains lorsque l'eau les pénetre; il ne faut cependant pas que l'eau y séjourne toujours, comme dans les marais qui sont presqu'entiérement submergés ou qui sont exposés à l'être fréquemment; il n'y croît que des roseaux, des joncs & de mauvaises herbes ; mais les arbres y périroient.

Il n'en est pas de même dans les terrains qui ne sont inondés que de fois à autre pendant l'Hiver ; j'ai éprouvé que les arbres n'y réussissent que mieux, particuliérement l'aune, le peuplier, le platane, le frêne, le tilleul & l'orme.

Il n'y a guere de terrains où l'on ne puisse élever des arbres ; mais pour ne point faire d'inutiles dépenses, à l'égard de ceux qui seroient tellement mauvais, qu'ils se refuseroient absolument à l'industrie des Cultivateurs, outre ce qu'on en peut reconnoître en sondant, comme nous l'avons dit, on peut encore en juger par les productions naturelles de ce terrain : quand on apperçoit çà & là de grands arbres chargés de beaux jets, & qui donnent des signes de vigueur, alors on peut juger que le terrain y est bon jusqu'à la profondeur où ces arbres peuvent étendre leurs racines ; & l'on sera assuré de la réussite des mêmes especes d'arbres que l'on y voit bien prospérer ; car on ne doit pas conclure par la vigueur des plantes qu'on y voit, que le terrain sera bon pour des arbres ; cette vigueur n'indique le plus souvent que la qualité de la terre de la superficie.

On peut encore juger de la qualité du terrain par les plantes qu'il produit naturellement ; il y en a qui ne viennent que dans les bonnes terres, telles que la persicaire, &c. ; d'autres dans de médiocres, comme la fougere, les genêts, &c. ; d'autres enfin dans de très-mauvaises, comme le genievre & la bruyere.

Au surplus, avant de travailler en grand, on peut faire de petits essais ; car on voit quelquefois de très-beaux bois dans des terrains qu'on auroit jugés très-mauvais.

CHAPITRE X.

Du choix des Arbres.

CE que nous avons dit de l'avantage d'élever chez soi des arbres en pepiniere, va être reconnu & prouvé de plus en plus par tout ce que nous allons dire de ceux qu'on est obligé de tirer d'ailleurs, par les négligences & les fraudes auxquelles on est exposé, & plusieurs autres inconvénients qui s'ensuivent.

On ne doit jamais attendre les mêmes succès du plant qu'on est obligé d'acheter, que de celui qu'on éleve dans ses propres pepinieres & dans ses semis ; mais comme cette pratique, quelqu'avantageuse & économique qu'elle soit, n'est pas aussi généralement suivie & aussi étendue qu'elle devroit l'être, on est forcé d'acheter du jeune plant & des arbres que l'on n'a pas, & particuliérement des arbres fruitiers & d'ornement pour les jardins.

Comme le profit aussi-bien que l'agrément

& la jouissance du maître dépend beaucoup du bon choix des arbres que l'on achete, nous allons entrer dans le détail de quelques signes qui doivent guider dans ce choix.

Il est d'abord important de prendre connoissance de la nature du terrain des pepinieres dont on tire les arbres ; il faut absolument éviter d'acheter de ceux qui auroient crû dans des terrains fumés, gras & humides, à moins qu'on ne les remît dans un sol de pareille qualité ou même meilleur : nous ajouterons à ce que nous avons déja dit du jeune plant, qu'il faut toujours tâcher de l'avoir le plus frais possible & bien déraciné ; c'est ce qu'on a de la peine à obtenir des arracheurs, qu'on peut, à juste titre, appeller tels, parce qu'au lieu de déraciner, ils arrachent avec peu de précaution & cassent ainsi une grande partie des racines ; d'ailleurs ces sortes de gens qui expédient le plus promptement qu'ils peuvent la besogne, laissent dessécher les racines à l'air & au soleil, sans prendre la peine de les couvrir ; & comme ils aiment mieux livrer une bonne quantité de plant tout à la fois, ils en apportent de vieux arraché avec du nouveau ; & afin qu'on ne s'apperçoive pas du dessèchement des racines, ils ont soin de les faire tremper dans l'eau la veille qu'ils doivent les livrer.

Il est difficile de faire autrement à ces arracheurs de profession qui parcourent des forêts, quelquefois éloignées, pour y chercher différents genres d'arbres, & satisfaire aux différentes demandes qu'on leur fait souvent en même temps.

On ne peut donc être assuré d'avoir du plant fraîchement & bien déplanté qu'en employant, pour cet effet, des journaliers auxquels on recommandera de fouiller le terrain à la pioche pour lever le plant bien enraciné, au lieu de le tirer à la main, comme font les arracheurs ordinaires, en leur recommandant de couvrir avec des herbes ou de la mousse les racines par petits lots à fur & mesure qu'ils déplantent, & de les rassembler le soir pour les apporter en paquets & les mettre provisoirement en terre, à leur arrivée, dans des rigoles.

Cette maniere de se procurer du plant pourra paroître plus dispendieuse que l'autre, en ne considérant que la quantité qu'on en recevra; mais on trouvera qu'elle est bien économique, si on considere les différents succès.

On perd souvent plus de la moitié d'un côté, & on gagne presque tout de l'autre; & si on compte les frais perdus de la premiere plantation, & ceux qu'il faut faire les années suivantes pour les remplacements, on trouvera, comme je l'ai éprouvé, qu'à quelque bas prix que les arracheurs livrent ce plant défectueux, il devient en effet très-cher par les non-jouissances & les dépenses qu'il occasionne.

Le plant de forêt qui a germé & qui s'est élevé dans le terreau que forment les feuilles & les branchages pourris, a ordinairement les racines noires & chiffonnes; cependant quand ces racines sont bien conditionnées, ce plant eſt préférable à celui de ſemence qui n'auroit qu'un ſeul pivot.

Entre les différents plants qu'on trouve dans les bois, les uns ſont de graines, & les autres de rejets ou de drageons enracinés.

Le plant de graine eſt préférable quand il a des racines latérales & proportionnées à ſa groſſeur ; mais celui qui n'a qu'une racine en pivot ne reprend que difficilement.

Le plant de rejets eſt fort bon, quand il ſe trouve pourvu de belles racines ; mais rarement il forme des tiges bien droites.

On eſt preſque toujours obligé de réceper la plus grande partie du plant pris dans le bois, ſoit qu'on le mette en pepiniere ou en maſſif ; on doit donc examiner avec plus d'attention l'état des racines que celui des tiges ; il importe peu dans ce cas qu'elles ſoient bien branchues & mal faites, pourvu qu'elles ſoient vives, que les boutons ſoient gros & bien formés, que l'écorce en ſoit unie & brillante, telle qu'elle doit être au chêne, au hêtre, au charme & autres, lorſqu'ils ſont en vigueur ; il en eſt d'autres, tels que l'orme, l'érable, le cornouiller, &c. dont l'écorce eſt griſe, terne & ſouvent raboteuſe ; ce qui n'empêche pas néanmoins de diſtinguer ſi elle eſt vive & ſucculente.

Le plant le plus gros, pris dans le bois, n'eſt pas ordinairement le meilleur, & eſt toujours celui qui reprend le plus difficilement, d'autant plus que c'eſt toujours celui qui eſt le plus maltraité par les arracheurs qui ne prennent pas la peine de le déraciner comme il faut.

Je préférerois le plant des bois, fraîchement & bien arraché, à celui de pepiniere, si on étoit obligé de le faire venir de loin; mais si on est à portée de quelques Jardiniers qui en élevent de semence, le mieux est de s'en pourvoir, sans examiner s'il coûte un peu davantage; c'est moins le prix des arbres, sur-tout de ceux de cette espece, qu'il faut examiner, que la dépense de la plantation; le succès en est toujours plus assuré & la jouissance plus accélérée.

Le plant de semis que fournissent les Jardiniers peut être employé, soit en pepiniere, soit pour être planté à la place qu'on lui destine. Si on a pris les précautions dont nous avons parlé pour faire pousser des racines latérales, il n'y a pas de danger de choisir le plant le plus fort; mais si, faute de ces précautions, le plant n'avoit qu'une racine pivotante, il faudroit alors le choisir assez menu, afin qu'il puisse reprendre, malgré le raccourcissement que l'on fera à cette racine en plantant.

Comme on ne récepe point ces petits arbres de semis, à moins qu'ils ne soient anciennement déplantés, il faut choisir ceux dont les tiges soient droites & bien conditionnées: la fraîcheur des racines & de l'écorce doit faire connoître s'ils sont nouvellement tirés de terre.

Le plant de pepiniere qu'on achete des Jardiniers pour en former des palissades ou pour remplir des massifs, ne doit point avoir de pivot, mais un bel empattement de racines ; le plus fort est celui que l'on doit choisir : si c'est pour former des palissades, il doit être de semence, avoir trois ou quatre pieds de hauteur, être gros comme le doigt par le pied, & s'élever en houssines droites ; si avec cela il est pourvu de belles racines, & qu'il soit nouvellement arraché, on pourra se dispenser de le réceper : mais quand c'est pour garnir des massifs, il est assez indifférent que le plant soit de semence ou de drageons ; il est aisé de les distinguer quand ils sont arrachés, à l'inspection de la racine ; la principale est toujours droite dans le plant de semence, & celle du plant de drageons forme une petite crosse.

Quant aux arbres de hautes tiges pour former des allées ou des avenues, ils doivent avoir une belle tige bien droite, de huit à dix pieds de hauteur, & de six à neuf pouces de circonférence, l'écorce vive, sans mousse, ni chancres, ni écorchures ; les branches doivent être vives & fortes, plus rapprochées qu'écartées les unes des autres ; on examinera si l'écorce des rameaux n'est point ridée, & on arrachera quelques boutons pour voir s'ils sont bien verds.

La grosseur & la longueur des racines doit être proportionnée à la grandeur des arbres ; elles doivent être unies, vives, fraîches, ni rompues, ni écorchées, ni forcées, ni éclatées.

Si ces arbres sont pris dans une pepiniere

voiſine, s'ils ont été déplantés avec précaution, tranſportés avec ſoin, & replantés le même jour de la maniere que j'ai indiquée, on pourra conſerver leurs branches au moins en grande partie ; ils feront en état de les bien nourrir. Mais ſi ces arbres viennent d'aſſez loin pour ne pouvoir être tranſportés que dans l'eſpace de deux ou trois jours, la néceſſité où l'on eſt de les charger à dos de cheval, ou ſur des voitures, ne permet guere alors de les tranſporter avec leurs branches, ni même avec de longues racines, ce qui eſt le plus grand mal ; on eſt forcé alors de les étêter dans la pepiniere, pour en rendre le tranſport plus aiſé ; mais il faut ménager toute la longueur de leur tronc, pour qu'on puiſſe les rafraîchir en les replantant, & les couper tous à une même hauteur.

Il feroit d'ailleurs fort inutile de tranſporter ces branches : car on ne doit en conſerver que peu en plantant des arbres qui ſont tirés de terre depuis pluſieurs jours ; autant j'ai recommandé de ne pas toucher au chevelu, ni aux petites racines d'un arbre que l'on tire de terre pour l'y remettre auſſi-tôt, autant je recommande ici de ſupprimer entiérement l'un & l'autre, parce que l'air deſſeche & détruit en peu de temps l'organiſation de ces menues racines, qui loin d'être utiles, en cet état, à la végétation de l'arbre, y deviennent nuiſibles en pourriſſant ſur les bonnes racines où elles portent la corruption. La premiere opération des groſſes racines eſt de former un nouveau chevelu ; quand cette reproduction ne se fait pas, il faut absolument que l'arbre périsse.

Ce que je viens de dire pour le choix des arbres forêtiers, convient également à celui des arbres fruitiers; j'aurai peu de chose à y ajouter.

On doit toujours choisir de préférence dans la pepiniere un arbre qui a l'écorce nette & luisante, & les jets de l'année, longs & vigoureux; il faut rejeter celui qui a l'écorce noueuse, remplie de blessures, de calus, de couleur livide ou noirâtre: mais si ce ne sont que de légeres contusions qui ont été faites dans le transport, il faut rafraîchir l'écorce, & couvrir la plaie avec de la fiente de vache démêlée avec de l'argille; s'il s'y trouvoit quelque chancre peu considérable, il faut couper l'écorce noire jusqu'au vif, & recouvrir de la même maniere. Si la tige n'est pas bien droite, on la redressera avec un tuteur.

Lorsque l'arbre est hors de terre, il faut examiner si les racines sont belles, bien saines, & suffisamment grosses à proportion de la tige: un arbre qui n'a que du chevelu, promet peu de succès; les arbres qui ont une tige bien droite sont toujours préférables.

Les pêchers & les abricotiers qui n'ont qu'un an de greffe, & qui ont fait un beau jet, valent mieux que ceux qui en ont deux & davantage; il est essentiel qu'un pêcher ait les yeux sains, beaux & entiers: il suffit que la tige ait environ deux pouces de circonférence. A l'égard des autres arbres nains, ils doivent avoir deux ou trois pouces de grosseur par le bas ; celle d'un pouce est suffisante pour les pommiers sur paradis. La greffe des petits arbres doit être à environ deux pouces de terre ; on la trouve ordinairement recouverte lorsque l'arbre est bien en vigueur, & que le Jardinier a pris les soins nécessaires.

En général les pêchers greffés sur amandiers réussissent mieux en terre sableuse, légere & seche, que dans celle qui est forte & humide. Il en est au contraire de ceux qui sont greffés sur prunier, qu'il faut planter dans des terres fortes.

Les arbres de tige doivent avoir cinq à six pouces de grosseur par le bas, & six à sept pieds de hauteur.

Tous les poiriers réussissent en buisson & en espalier ; on sait qu'on les greffe avec le même succès sur coignassier, comme sur franc ; mais il faut choisir de ceux-ci pour planter dans des terres légeres, ou dans celles qui n'ont qu'une médiocre bonté : je n'ai jamais vu bien réussir & durer long-temps dans ces sortes de terrains des poiriers sur coignassier, qui au contraire font très-bien dans des terres fortes ; cependant le bonchrétien d'Hiver n'acquiert pas ordinairement sur franc la couleur jaune & incarnat que l'on y souhaite ; c'est pourquoi il faut le choisir greffé sur coignassier.

A l'égard des especes de fruits on en a fait des listes fort étendues : nous ne parlerons ici que de quelques-unes de celles qui méritent la préférence, comme telles sont, parmi les poires d'été, la cueillette, le petit muscat, le rousselet, la poire sans peau, les blanquettes, la robine, le bonchrétien musqué.

Parmi celles d'Automne, les beurré, bergamotte, saint-michel, vertelongue, crasane, lansac, louisebonne.

Parmi celles d'Hiver, les virgouleuses, saint-germain, colmar, bonchrétien, l'échasserie, l'épine, l'ambrette & martinsec.

A l'égard des pommes, les principales sont les calvilles rouges & blanches, les reinettes grises & blanches, de pigeon, des quatre goûts, courpendus, les fenouillets & les apis.

En prunes, les meilleures sont la reine-claude, la jaune hâtive, les perdrigons, les damas, les impératrices, les prunes d'abricot, les mirabelles, sainte-catherine, l'impériale, la royale.

En pêches, les principales sont l'avant-pêche, la pêche de troyes, les madeleines, la rossane, les mignonnes, la chevreuse, la bourdine, les violettes, l'admirable, teton de vénus, la pourprée, les jaunes-lices, la jaune-tardive, & sur-tout la malthe. Et pour les pavies, le brugnon violet, le pavie blanc, le cadillot & le rambouillet. En fait d'abricots, celui qu'on appelle abricot-pêche, mérite la préférence qu'on avoit donnée précédemment à celui dit d'angoulême.

Parmi les especes de raisins, on distingue particuliérement le muscat blanc, rouge & noir;

noir ; le chasselas est celui qui réussit & mûrit le mieux dans notre pays ; mais ce qui mérite sur-tout la préférence, c'est une nouvelle espece de raisin, nommée *l'aspirant* ; il y en a de blanc & de noir ; l'un & l'autre mûrit très-bien dans notre climat. Cette espece, préférable à toute autre, forme de belles grappes à gros grains, un peu alongés, qui se touchent rarement ; c'est pourquoi ils acquierent une parfaite maturité & un goût excellent : ce beau raisin a d'ailleurs l'avantage de se conserver bien plus long-temps que tout autre.

En cerises on fait particuliérement cas de la griotte, de la cerise de Montmorency, dite à courte queue, de la tardive, de la blanche, de la guigne, du bigarreau.

Pour les figues, celles qui sont blanches dedans & dehors, tant la longue que la ronde, sont les meilleures pour ce pays-ci ; les violettes y mûrissent bien rarement.

CHAPITRE XI.

De la saison de faire les Plantations.

On peut planter peu après le commencement de l'Automne jusqu'au Printemps, c'est-à-dire depuis que les arbres sont dépouillés de leurs feuilles, jusqu'à ce que leurs boutons s'ouvrent pour en repousser d'autres : mais le temps le plus favorable à choisir pendant cet espace, doit varier selon la température de l'air, la nature, l'état du terrain & l'espece des arbres. Nous allons entrer dans le détail de ces trois articles, qui doivent être pris en considération pour déterminer un Cultivateur à choisir & saisir le meilleur temps.

On ne court aucun risque de transplanter un arbre aussi-tôt qu'il a perdu ses feuilles; j'en ai même transplanté avec succès auparavant; mais j'avois eu soin de prévenir la chûte des feuilles, en supprimant ces organes de la transpiration à laquelle les racines mutilées & dérangées n'auroient pu fournir; car on sait que s'il ne se faisoit aucun dérangement dans les racines, on pourroit transplanter en toute saison & en tout temps, comme on fait pour les plantes en général bien levées en motte, ou plantées en mannequin.

Mais est-ce l'Automne qui est la saison la plus favorable pour faire des plantations? Examinons les circonstances qui doivent en décider.

Je crois pouvoir établir pour regle générale que c'est la meilleure saison pour faire des plantations dans les terres sablonneuses, légeres & seches, où l'humidité ne peut qu'être favorable, & où il est bien rare que les plus fortes pluies soient préjudiciables, au moins c'est pour peu de temps; quant aux arbres, ils souffrent bien moins alors d'être quelque temps hors de terre, parce que l'évaporation de l'humidité est moindre en cette saison qu'en toute autre, & c'est par cette raison le temps qu'on doit choisir pour le transport de ceux qui viennent de loin.

Ayant levé au Printemps des arbres que j'avois plantés, ou que j'avois seulement mis provisoirement en terre pendant l'Automne, j'ai presque toujours vu une grande quantité de nouveau chevelu & de petites racines blanches qui s'étoient formées pendant l'Hiver, & ces racines poussent d'autant plus que les Hivers sont doux & pluvieux.

De même que dans les semences c'est la racine qui se montre la premiere, il paroît que dans les arbres les productions en racines précedent celles des bourgeons; de sorte que principalement pendant des Hivers doux, les arbres qui ont été plantés en Automne, ont déja, pour ainsi dire, pris possession du terrain au Printemps, étant pourvus de nouvelles racines, & en état de faire des productions qui subsistent.

On sait que la seve contenue dans un arbre que l'on plante au Printemps, peut suffire pour faire ouvrir des boutons & pour développer des bourgeons; j'en ai vu même qui ont donné des fleurs; mais ce n'est qu'une lueur trompeuse. Lorsque les arbres ne font point de nouvelles racines, épuisés par ces productions, on les voit se dessécher & périr aux premieres chaleurs, comme il arrive à la meche d'une lampe dont l'huile est épuisée. Il n'en est pas de même des arbres qui ont commencé à pousser de nouvelles racines, c'est-à-dire des suçoirs en état de fournir les sucs nécessaires à leur entretien.

Toutes ces considérations portent évidemment à juger qu'en général l'Automne est la saison la plus favorable pour les plantations dans les terres légeres, & même dans les terres fortes, lorsque le temps n'est pas pluvieux au point de trop détremper la terre, qu'on ne pourroit pas bien arranger en-dessous & en-dessus des racines, article absolument essentiel ; & pour n'être pas arrêté par les fortes gelées, il vaut mieux à tous égards commencer de bonne heure.

Si on a des terrains de différente nature sur lesquels on veut planter, on pourra travailler pendant les temps de pluie sur ceux qui sont les plus légers, où je conseille de planter toujours pendant l'Automne; & lorsque le temps est moins humide & que le terrain sera ressuyé, on plantera dans les terres fortes, dont on acheveroit les plantations au Printemps, si on avoit été arrêté par les pluies, ou par la neige & la gelée.

Quand même il ne geleroit pas, il faut bien se garder de planter quand le terrain est couvert de neige ; si elle a commencé à fondre, ce qu'elle fait toujours en-dessous, la terre alors fort détrempée est comme de la boue ; si elle ne fond pas encore, le mêlange qui s'en fait nécessairement avec la terre, empêche de recouvrir comme il faut les racines.

On peut commencer les plantations dès la mi-Octobre, & même plutôt dans de certaines années ; & à l'égard de certains arbres, le temps donne l'ordre pour les cesser ; il permet ordinairement de les ſuivre juſqu'à la fin de Novembre, & quelquefois même en Décembre; mais je ne conſeille point, à moins de néceſſité, de planter pendant l'Hiver, ſur-tout dans les terres humides, les gelées & les dégels, les neiges & les pluies y mettent ordinairement empêchement.

Quand dans cette ſaiſon il y auroit quelques jours qui paroîtroient favorables, il ſurvient tout à coup des gelées ſouvent meurtrieres pour des arbres qui viennent d'être mis dans une terre remuée, & qui n'a pu encore s'affaiſſer.

Il faut remettre à continuer au mois de Mars les plantations qu'on n'a pu achever pendant l'Automne; il en eſt même qu'il vaut mieux ne faire qu'au Printemps, & qui doivent faire exception à la regle générale; telles ſont celles que l'on fait dans des terres très-compactes & très-fraîches, où la ſaiſon du Printemps convient le mieux, parce que les racines des arbres nouvellement plantés reſtant ſans action pendant l'Hiver dans de pareils terrains, ſont ſujettes à y pourrir. J'ai remarqué qu'elles n'y pouſſent pas de chevelu, comme elles font dans les terres légeres & ſeches, où les effets de la raréfaction & de la condenſation ſont plus actifs. De plus il y a des genres d'arbres délicats qui pourroient être offenſés par les fortes gelées d'Hiver. Ces arbres qui réſiſtent au froid dans un terrain où ils ſont plantés depuis quelques années, périſſent lorſqu'ils ont été tranſplantés avant l'Hiver. Il arrive ſouvent que l'on perd beaucoup de ces arbres, tandis que ceux qu'on a laissés en pepiniere, quoique plus foibles, ne souffrent nullement.

Il faut mettre dans cette classe les arbres toujours verds, tels que les sapins, pins, cyprès, thuya, &c. Ces arbres transpirant peu, courent moins risque d'être desséchés au Printemps; il est convenable de ne les exposer au risque que leur occasionne nécessairement la transplantation, que quand le grand mouvement de la seve les met en état de faire promptement de nouvelles racines. Quoi qu'il en soit, l'expérience encore plus sûre que les raisonnements, a fait connoître que ces sortes d'arbres réussissent mieux étant plantés à la fin de Mars ou au commencement d'Avril, qu'en toute autre saison.

Il faut selon le terrain & le temps arroser plus ou moins fortement les arbres que l'on plante au Printemps, sans quoi la sécheresse & le hâle ordinaire en cette saison, ou les dessécheroit & les feroit périr, ou du moins retarderoit les productions des racines, & ils resteroient languissants pendant long-temps. C'est principalement pour lors qu'il est nécessaire de buter le pied de l'arbre, ou du moins de le recouvrir de pierres ou de paille, ou de toute autre espece de couverture qui empêche l'évaporation & le desséchement de la terre, & y conserve de la fraîcheur: cette attention trop négligée est cependant bien essentielle. Si l'aspect de ces couvertures paroît désagréable, sur-tout dans les jardins, celui d'un arbre mort ou languissant lui est-il préférable?

En voilà assez ce me semble pour lever l'incertitude au sujet des sentiments qui paroissent partagés sur le choix qu'on doit faire de la saison de l'Automne, ou de celle du Printemps pour planter les arbres.

On voit que pour la plupart des arbres, & sur-tout dans les terres légeres, la premiere saison est toujours préférable; mais que dans des terres fortes & fraîches, & à l'égard des arbres délicats, & en général de tous ceux qui ne se dépouillent pas de leurs feuilles, la saison du Printemps est la plus convenable; mais il ne faut cependant pas attendre que les boutons commencent à s'ouvrir : dans cette circonstance il ne faut plus songer à planter, à moins qu'on n'y soit forcé, soit pour des arbres qu'on reçoit de loin, soit par d'autres raisons; il faut alors planter ces arbres à l'ombre, ou s'ils n'y sont pas, les abriter avec des paillassons & les biens arroser; avec ces précautions, j'en ai fait reprendre qui avoient déja poussé leurs feuilles.

Il est assez ordinaire d'entendre citer des transplantations merveilleuses des arbres, faites avec leurs feuilles & même leurs fruits pendant l'été; & j'ai vu des gens s'en vanter comme d'une grande habileté.

Ces citations dont paroissent émerveillés ceux qui les font & ceux qui les écoutent, n'ont rien que de naturel.

Lorsqu'on peut parvenir à lever un arbre avec la plus grande partie de ses racines enveloppées de terre, ce qu'on appelle *en motte*;

ſi on met auſſi-tôt cet arbre dans un trou préparé, qu'on l'arroſe bien, & qu'on l'abrite du ſoleil, il n'eſt pas étonnant qu'un tel arbre reprenne, même pendant l'Eté, parce qu'il ſouffre peu de la tranſplantation; & il en ſouffrira d'autant moins, ſi quelques jours de fraîcheur & de pluie favoriſent cette opération; mais on ne prend de pareilles peines que dans des cas de néceſſité.

Par exemple, on faiſoit abattre une partie de mur dans un jardin que M. de Chevert avoit acheté à Villemomble, Village auprès de Paris; il y avoit contre le mur un bel abricotier qui alloit être ſacrifié à la néceſſité de démolir ce mur pour la prolongation d'un bâtiment voiſin. J'entrepris de le ſauver, & j'y réuſſis, quoique ce fût à la fin de Mai, & que cet arbre fût alors couvert de feuilles & de fruits.

L'opération étoit d'autant plus difficile, que le terrain ſablonneux & léger avoit peu de conſiſtance, & qu'ainſi il étoit plus mal-aiſé de lever l'arbre en motte.

Je commencai par faire bien mouiller la terre, afin qu'elle tînt mieux aux racines; je fis enſuite cerner aſſez largement & profondément au pied de l'arbre, en tâchant de ménager le plus de racines poſſibles; le Général plus expérimenté dans l'Art de la guerre que dans celui des plantations, rioit en nous voyant ſuivre ce travail qu'il regardoit comme fort inutile

Je parvins à enlever mon arbre, de maniere à me donner beaucoup d'eſpérance; il fut mis aussi-tôt dans un trou très-large qui avoit été préparé contre un mur, à l'exposition du levant, parce qu'il ne se trouva point de place vacante à l'exposition du Nord, où je l'aurois mis pour plus de sûreté. Je fis bien arranger les racines saillantes de la motte; & après les avoir recouvertes avec toutes les précautions qu'il fut possible de prendre, je fis arroser abondamment. Les paillassons ne furent pas épargnés pour le bien ombrager.

Malgré cela, l'air fortement échauffé par un soleil ardent, fit un peu flétrir les feuilles qui parurent molles & contournées; je ne sais ce qu'il en seroit arrivé, si la chaleur avoit continué : mais un orage qui survint, arrosa fortement mon arbre, & quelques jours de fraîcheur qui suivirent le rétablirent parfaitement; les feuilles se rouvrirent, & reprirent leur fermeté & leur vigueur; de sorte qu'au bout de trois semaines, jugeant à la pousse des bourgeons que l'arbre étoit bien repris & hors de danger, je fis retirer les paillassons.

Il continua à végéter, comme il eût fait s'il n'avoit pas été transplanté, au grand étonnement du Général dont j'avois mérité la confiance à l'armée en lui servant d'Aide-de-Camp; mais qui n'avoit jamais pu croire qu'il mangeroit cette même année les fruits de cet abricotier.

CHAPITRE XII.

De la maniere de planter.

LA réuſſite, la vigueur, la croiſſance & la durée d'un arbre dépendent en grande partie de la maniere de le planter.

Quelques attentions, quelques précautions peu diſpendieuſes pour l'ordinaire, aſſurent le ſuccès des plantations, & la jouiſſance du Propriétaire ; l'omiſſion de ces précautions ne peut au contraire que produire des pertes & des déſagréments multipliés, puiſqu'il faut ſouvent recommencer la même dépenſe, & ce qu'on a regardé d'abord comme une économie, devient la ruine & le déſeſpoir du Propriétaire.

On doit recevoir comme un axiome en agriculture, que toute dépenſe qui procure un plus grand produit, eſt toujours une économie.

Avant de donner des préceptes pour les plantations, il eſt bon d'en établir la néceſſité; en faiſant connoître que les arbres que nous avons rendus pour ainſi dire domeſtiques & mutilés, exigent des attentions pour les mettre en état de bien végéter ; attentions dont n'ont pas beſoin ceux qui ont germé & crû dans les forêts. Je vais pour cet effet entrer dans quelques détails d'autant plus intéreſſants, que je ne ſache pas qu'on en ait encore parlé.

Je dis que les arbres que nous élevons en pepiniere sont mutilés. Nous avons recommandé de couper la radicule de la semence, ou le pivot des jeunes arbres en les sortant des semis : c'est vraiment les mutiler ; c'est agir contre l'ordre de la Nature ; c'est les priver des moyens de pomper des sucs profondément en terre, & de résister aussi bien à la violence des vents ; c'est retarder leur croissance, & peut-être abréger leur durée. Il n'y a point de Naturaliste qui ne doive convenir de ces faits conséquents aux principes de la Végétation, & confirmés par l'expérience.

J'ai arraché de jeunes éleves des bois, & les ayant plantés en pepiniere après avoir coupé le pivot, ayant visité deux ou trois ans après ceux que j'avois laissés comme non-choix dans le bois, j'ai trouvé qu'ils étoient bien plus grands & plus forts que ceux qui avoient été mis en pepiniere, quoique dans un meilleur terrain & avec une bonne culture, & j'ai vu qu'ils ont constamment conservé la supériorité.

J'ai eu occasion de remarquer plusieurs fois que des arbres transplantés ont été déracinés par des ouragans, auxquels avoient résisté des arbres de semences, de même force & en même terrain, dans lequel les racines pivotantes étoient profondément enfoncées.

On remarque encore qu'un arbre qui n'a point été transplanté, s'éleve davantage, & qu'il pousse moins de racines latérales.

Mais, dira-t-on, pourquoi donc couper le pivot d'un arbre, si c'est le mutiler & le priver de plusieurs avantages ? Il seroit sans doute à desirer qu'on pût s'en abstenir ; mais c'est ce qui n'est pas possible à l'égard des arbres qu'on destine à la transplantation.

Ceux qui n'ont formé qu'un pivot sans racines latérales ne pourroient être transplantés avec succès, qu'autant qu'on les auroit levés avec ce pivot dans toute sa longueur, & avec les racines fourchues qui sont à son extrêmité ; opération aussi impraticable pour la transplantation, que pour la plantation, puisqu'il faudroit pour cela fouiller jusqu'à douze & quinze pieds de profondeur & même plus.

On est donc obligé de couper cette racine pivotante assez près de terre, & le peu qu'il s'en trouve de latérales ne suffit pas pour fournir à la végétation ; c'est pourquoi ceux qu'on arrache en cet état ne reprennent pas.

Voilà pourquoi, malgré les considérations dont nous venons de parler, on est forcé de couper de bonne heure le pivot des arbres qu'on éleve dans le dessein de les transplanter, pour les disposer à former des racines latérales. Mais heureusement, malgré les injures que nous faisons à la Nature, elle reprend toujours ses droits. Il est vrai que le pivot étant coupé ne s'alonge plus ; mais il en sort des racines qui deviennent pivotantes, & qui pénetrent quelquefois aussi profondément en terre qu'auroit fait le pivot ; c'est ce qu'on observe dans un arbre, quelques années après ſa plantation, & ce n'eſt que lorſque ces nouvelles racines pivotantes ſont formées, que l'arbre commence à pouſſer des branches vigoureuſes. La démonſtration que j'ai donnée dans le 4e. Livre, des effets de la raréfaction & de la condenſation dans la terre, me diſpenſera de parler ici de la cauſe de l'alongement de ces racines pivotantes.

Si les arbres ont reſté quelques années en pepiniere, on trouvera qu'ils y ont déja formé de ces nouvelles racines pivotantes; il eſt bien eſſentiel de les conſerver, & c'eſt cependant ce que les planteurs font rarement, parce qu'ils n'en veulent pas prendre la peine, ou qu'ils n'en connoiſſent pas la conſéquence.

On ne demandera donc plus, malgré des autorités reſpectables d'ailleurs, ſi dans l'ordre naturel il eſt nuiſible ou non de couper le pivot d'un arbre: on ceſſera de prononcer en faveur de cette opération forcée, en conſidérant d'abord, qu'ainſi l'a voulu & le veut conſtamment la Nature, qui ne veut & ne fait rien en vain; qu'un arbre ainſi mutilé eſt obligé de repouſſer un ou pluſieurs pivots poſtiches, preuve évidente de la néceſſité du premier pivot.

Il n'eſt pas douteux que cette nouvelle formation ne retarde la croiſſance de l'arbre pendant quelques années, plus ou moins, ſelon les précautions que l'on a priſes en plantant pour favoriſer & accélérer cette production de racines pivotantes. C'eſt un article bien eſſentiel, & qui m'a paru auſſi ignoré que négligé en général. C'eſt pourquoi j'ai cru néceſſaire de commencer par ces explications, pour mieux faire connoître l'utilité des méthodes que je vais indiquer.

On ne peut donner de regles générales pour les plantations, la différence des genres, de l'état & des grandeurs des arbres, doit faire varier les méthodes qu'il faut ſuivre pour les planter, de même que la différence des terrains, des expoſitions, des ſituations & pluſieurs autres circonſtances.

Nous pouvons cependant commencer par établir quelques principes généraux, en déſignant les exceptions.

1°. Il faut toujours planter un arbre plus profondément dans une terre ſablonneuſe & légere que dans celle qui eſt compacte & humide, parce que la premiere étant plus aiſément pénétrée par l'air & la chaleur, l'effet de la raréfaction & de la condenſation s'y fera ſentir à une plus grande profondeur que dans l'autre, où, faute d'une végétation aſſez active, les racines moiſiſſent & pourriſſent, ſi elles ſont trop avant en terre.

2°. On ne doit enterrer que très-peu les arbres diſpoſés à pivoter profondément, tels que les chênes, les acacia, les gleditſia, les amandiers, les ſtaphilladendron, les ſumacs, &c., parce que ces genres d'arbres s'enfoncent toujours aſſez, & même toujours trop dans les terres fraîches ; c'eſt pourquoi ils réuſſiſſent auſſi mal dans celles-ci qu'ils pouſſent vigoureuſement dans les autres.

3°. Il ne faut jamais planter après ni pendant la pluie dans des terres fortes, encore moins dans un temps de neige ou de dégel, & enfin dans toutes les circonſtances où la terre trop détrempée, ne pourroit pas bien s'arranger autour des racines.

4°. Lorſque l'arbre eſt nouvellement arraché & que ſes racines ſont fraîches & en bon état, il faut bien ſe garder d'en ſupprimer aucune, & on ne doit que très-peu les raccourcir ; il faut les conſerver toutes avec le chevelu : l'arbre dans cet état, & planté avec les précautions dont nous parlerons, pourra conſerver & nourrir ſes branches en totalité ou en partie, ſelon la qualité du terrain.

5°. Si un arbre a ſes racines en mauvais état, éclatées, caſſées, deſſéchées & gâtées, ſoit pour avoir été mal arraché, ſoit pour avoir ſouffert dans le tranſport, il faut commencer par ſupprimer tout le chevelu, parce qu'ayant perdu tout principe de vie, non-ſeulement il devient inutile, mais nuiſible ; il faut du reſte conſerver tout ce qu'il eſt poſſible, en rafraîchiſſant ſeulement & taillant en pied de biche toutes les racines tronquées & qui donnent encore ſigne de vie, de maniere que la coupe porte ſur le terrain où l'on plante ; il ne faut point examiner ſi une racine eſt plus longue que l'autre.

J'ai vu des eſpeces de bourreaux d'arbres qui avoient pour principe d'arrondir, diſoient-ils, le pied d'un arbre, c'eſt-à-dire de couper les plus longues racines au niveau des plus courtes : nous parlerons au Chapitre de la Taille, de ces meurtriers arrondiſſements pour les arbres en eſpalier.

Il n'eſt pas douteux qu'il ne faille étêter un arbre en le plantant dans l'état que nous venons de dire ; un arbre ſans racines ne peut nourrir des branches.

L'article le plus important en plantant, eſt de défoncer le terrain le plus profondément poſſible, & de ne pas ſe contenter, comme on fait ordinairement, de faire un trou & de poſer l'arbre ſur un terrain dur & qu'on n'a pas remué ; quelle que ſoit la terre du deſſous, bonne ou mauvaiſe, il faut la creuſer, la remuer profondément, & employer tous les moyens qui doivent donner le plus d'action à la raréfaction & à la condenſation.

Si les arbres qu'on plante dans les jardins & dans les boſquets ſont petits & précieux, il faut, ſi le fonds n'eſt pas bon, après avoir creuſé le trou, en retirer la mauvaiſe terre & en rapporter de meilleure ; c'eſt une petite dépenſe bien inférieure à la perte d'un arbre cher & rare ; & après avoir rempli le trou que l'on a fait aſſez large & profond, & l'avoir garni de bonne terre légérement preſſée à la main, on y plante l'arbriſſeau à trois ou ſix pouces de profondeur, ſelon ſa force, ſa groſſeur & ſon genre, & ſelon la nature du terrain, obſervant de bien arranger & étendre ſes racines ſéparées les unes des autres, & de les recouvrir à la main, de terre bien déliée que l'on preſſera ſur les racines ; lorſqu'elles ſont recouvertes de l'épaiſſeur d'environ un pouce, on fera bien d'arroſer cette terre de recouvrement avant de remplir le trou,

trou, ce qui la lie & l'approche mieux des racines.

Je conseille de planter peu profondément, sur-tout dans des terrains frais, & si ce sont des arbres qui pivotent, d'autant plus que les terres rapportées se pressent & s'enfoncent, & que par la suite l'arbre se trouve plus enterré; il faut donc le mettre plus près de la superficie de la terre; & pour le parer la premiere année du hâle du Printemps & de la sécheresse de l'Eté, il est bon de le recouvrir d'une bute assez élevée & large, que l'on disposera de maniere qu'elle soit creuse vers le milieu, afin de retenir l'eau des pluies & des arrosements.

On recouvrira cette butte avec du crottin de cheval ou de mouton dans les terres humides, ou de fiente de vache dans les terres légeres; (je ne parle ici que pour les arbres précieux) on applanit les buttes l'année suivante, lorsque l'arbre s'est enfoncé par l'affaissement des terres.

Il y a des planteurs, & c'est le plus grand nombre, qui croient bien faire en mettant la bonne terre dessous & la mauvaise dessus; cette pratique est évidemment mauvaise : on n'en pourra douter, si on se rappelle ce que nous avons dit dans le quatrieme Livre, au Chapitre de la Nutrition.

Les eaux des pluies & des arrosements qui mettent en dissolution les parties grasses & salines de la terre, descendent toujours, & ne remontent point; ces eaux, en passant par la bonne terre qui est au-dessus des racines, leur portent des sucs lexiviels dont elles profitent, & qui engraissent la terre qui est au-dessous, sur-tout lorsqu'elle est bien retournée & remuée.

Ce n'est pas qu'il ne soit avantageux que la terre du fond soit bonne, les racines y piqueront & s'y étendront mieux, & elles y trouveront sans doute plus de nourriture; c'est pourquoi lorsqu'elle ne l'est pas, il faut y en apporter comme nous venons de le dire.

Mais comme cette pratique seroit très-difficile & très-dispendieuse pour de grandes plantations, on peut y procéder par différents moyens, comme nous allons l'expliquer.

Après avoir pris les alignements des plantations que l'on veut faire, il est bon quelques mois avant de planter, de faire préparer les trous, parce que la terre de ces fouilles, pénétrée par les pluies & exposée au soleil, se mûrit & en devient plus propre à la végétation; on doit creuser ces trous de trois ou quatre pieds de profondeur & de quatre à cinq pieds de largeur pour de grands arbres, &c., & pour les autres à proportion, en lobservant de faire trois lots des terres qu'on retirera; savoir, la bonne, la médiocre & a mauvaise, s'il s'en trouve, mise à part & séparément sur le bord du trou.

On jettera dans le fond du trou un lit de bruyeres ou de fougeres, ou de chaume & vieille paille, de rameaux d'arbres, d'herbiers, même de ronces ou toute autre espece de buissonnaille; par-dessus un lit de terre médiocre, un autre lit des substances susdites & de terre, & ainsi alternativement en remplissant le trou à la hauteur de deux pieds : on laissera le tout ainsi exposé à l'air & aux pluies jusqu'à la saison de planter.

Pour lors, choisissant le temps où les terres ne sont pas trop détrempées, on commencera par jetter dans les trous préparés quelques mottes de gazons hachés que l'on trépignera un peu dans le trou ; on jettera par-dessus de la bonne terre, sur laquelle on posera les racines que l'on aura soin de bien étendre & d'arranger, de maniere qu'elles soient séparées & qu'elles ne se croisent pas.

On recouvrira ensuite à la beche ou mieux à la main les racines avec de bonne terre, en pressant par-tout dessus, de maniere qu'elles soient bien enveloppées.

On recouvrira ensuite à la beche, d'une épaisseur d'environ quatre pouces de ce qui sera resté de bonne & de médiocre terre, que l'on foulera, mais légérement, & non pas à grands coups de sabots, comme c'est la coutume ; c'est pour lors qu'il est bon, sur-tout si le temps est beau & si la terre est seche, de jetter un ou deux seaux d'eau au pied de l'arbre : un tonneau sur une charrette facilite cette operation.

On recouvrira ensuite entiérement, & on buttera, comme nous allons le dire.

Des arbres bien levés dans la pepiniere & plantés comme je viens de le dire, à fur & à mesure qu'on les levera, n'auront sûrement point besoin d'être mutilés & étêtés; il ne sera question que de supprimer les branches mal faites & mal disposées, en suivant ce que j'ai recommandé de ne pas trop enfoncer les arbres en terre; mais comme il seroit à craindre qu'ils ne fussent renversés par les vents, & qu'ils ne souffrissent trop de la sécheresse pendant l'Eté, il sera nécessaire de les butter, c'est-à-dire de former au pied de l'arbre une élévation d'une forme ronde de trois à quatre pieds de diametre & de quinze à dix-huit pouces de hauteur pour de grands arbres : nous parlerons plus amplement de cette opération au Chapitre de la Plantation des avenues.

On observera de disposer, comme nous l'avons recommandé, cette butte de maniere qu'elle soit un peu creuse vers le milieu, afin d'y faire couler les eaux.

On aura mis à part les plus gros cailloux qu'on aura trouvés en creusant la fosse; c'est un très-bon usage d'en charger la butte; & en général, on ne peut mieux faire que d'en recouvrir le pied d'un arbre planté dans une terre seche & légere; rien n'y entretient mieux la fraîcheur : on peut s'en convaincre en levant un caillou sur le terrain le plus aride pendant l'Eté, on trouvera toujours humide la partie de terre qu'il couvroit.

Il est à remarquer que plus la chaleur du soleil est vive, & plus l'humidité est sensible sous un caillou : ce phénomene qui paroît d'abord surprenant, vient à l'appui des preuves que j'ai déja données des effets de la condensation & de la raréfaction dans la terre : en voilà l'explication.

Plus la chaleur est forte, & plus est grande la dissipation de l'humidité de la terre, parce que plus est actif alors l'effet de la raréfaction qui dilate & pousse en dehors cette humidité réduite en vapeur ; mais cette vapeur se trouvant arrêtée, on peut dire même condensée sous une masse compacte & épaisse, telle qu'un caillou, une grosse pierre, une bûche de bois, & même une grosse motte de terre, il est tout naturel qu'il s'y forme d'autant plus d'humidité que la transpiration de la terre sera forte, & que la masse qui en empêche l'évaporation sera épaisse & large.

On doit donc regarder, d'après le raisonnement & l'expérience, qu'un des meilleurs procédés pour entretenir de la fraîcheur au pied d'un arbre, est de charger de cailloux la superficie du terrain qui couvre ses racines.

On dira peut-être que ces cercles de cailloux, ces buttes que je recommande ne forment pas un coup d'œil agréable ; mais quand les arbres seront assez enfoncés en terre, & qu'ils y auront poussé de profondes racines, on applanira ces buttes, on retirera les cailloux, & ainsi disparoîtront ces conservateurs désagréables aux yeux de ceux qui ne savent pas les apprécier.

Tout homme qui aura pris de justes notions de la Végétation, ne regardera certainement pas comme minutieux & inutiles les procédés que je viens de recommander, &

dont je parlerai plus amplement, pour planter un grand arbre, quant à la dépense qu'ils exigent de plus que les pratiques barbares des planteurs qui se contentent de mettre les racines d'un arbre sur un terrain mauvais & dur, & de les recouvrir avec la terre telle qu'elle vient, avec des pierres, avec des blocs jettés inconsidérément avec la beche, & qu'ils écrasent ensuite à grands coups de pied.

Si en suivant les moyens que je viens d'indiquer, il en coûte un peu plus au propriétaire, je le prie de considérer s'il n'y gagnera pas beaucoup du côté de l'agrément & des frais, en examinant, en calculant les résultats d'une bonne & d'une mauvaise maniere de planter.

D'abord, en suivant celle que j'indique, on peut regarder comme assuré qu'on perdra très-peu & peut être point du tout d'arbres; on les verra prospérer & croître promptement & avec vigueur.

Par une plantation négligée, plus expéditive à la vérité, mais effectivement plus coûteuse, on perd beaucoup d'arbres, il faut recommencer chaque année à faire des trous & à replanter.

Que l'on calcule la dépense faite à pure perte & celle qu'il faut faire annuellement pour les remplacements, & l'on trouvera qu'il en a beaucoup plus coûté pour faire cette mauvaise besogne, sans compter les désagréments auxquels elle expose, les inégalités de croissance, la jouissance retardée pour les arbres forêtiers, la fructifitation tardive & chétive pour les arbres fruitiers, &c.

Il s'en faut donc bien qu'il y ait de l'économie, en négligeant les moyens d'assurer la reprise d'un arbre, & d'accélérer sa croissance. J'ai vu de ces prétendus économes qui, après beaucoup de temps & d'argent perdu, ont été obligés de revenir aux bonnes pratiques.

Il est à croire que ceux qui agissent si mal ne le font que faute de réflexion & de connoissances; ce qui rend l'instruction d'autant plus nécessaire.

Je conseille de creuser profondément les trous dans lesquels on veut planter; bien entendu que ce n'est qu'autant que le sol le permet, & qu'on y trouve de la terre, de quelque nature qu'elle soit; mais si sous une petite épaisseur de terre, on ne trouve qu'une roche dure ou de la craie pure, ou du tuf blanc, je ne conseille point de creuser dans un pareil sol, à moins cependant qu'après avoir sondé, on ne trouvât qu'il y eût quelque veine de bonne terre à une petite profondeur, sous la couche peu épaisse de ces substances invégétatives; autrement il ne faut pas songer à faire des trous pour planter dans un pareil sol.

J'ai vu faire beaucoup de dépense pour creuser les trous, pour y apporter de bonnes terres; l'expérience a justifié le raisonnement qui prouve que telles plantations ne peuvent pas réussir: en effet, ce n'est jamais qu'un arbre encaissé qui peut très-bien reprendre, mais qui ne peut étendre ses racines au-delà des terres qu'on a mises dans le trou ; & lorsqu'elles sortent de cette terre, on voit bientôt l'arbre dépérir.

Je crois qu'il est mieux de renoncer à faire des plantations de grands arbres dans un pareil sol, où, comme nous le dirons, on peut faire des taillis. Mais enfin si la situation ou quelques raisons particulieres font desirer d'y former une avenue, voilà la maniere d'y mieux réussir sans beaucoup de dépense.

Après avoir pris l'alignement & marqué la place de chaque arbre, au lieu de faire des trous, on pioche toute la couche de terre que l'on trouve, ne fût-elle que de huit ou dix pouces d'épaisseur ; en formant un rond d'environ cinq ou six pieds de diametre, on place les racines de l'arbre sur la superficie de cette terre, & on les recouvre de la meilleure que l'on trouve à portée, en formant une butte de six pieds de diametre & de dix-huit pouces d'épaisseur : mais il ne faut pas faire de pareilles plantations avec des arbres qui pivotent.

J'ai vu assez bien réussir des arbres ainsi plantés, parce qu'outre les racines qui tracent dans le bon terrain, il y en a toujours quelques-unes qui s'enfoncent dans des fentes & des filons de la roche, & par-tout où il se trouve quelques parties de terre où elles sont attirées, comme nous l'avons dit ; c'est là sur-tout qu'il est bon de couvrir les mottes de cailloux pendant les premieres années.

Une très-bonne maxime pour la plantation

des arbres d'alignement, soit en avenue, soit sur les grands chemins, c'est de creuser de petits fossés d'environ deux pieds de profondeur sur deux ou trois pieds de largeur à l'ouverture, & d'un pied seulement au fond; ces fossés doivent être faits dans le même alignement des arbres & dans l'espace qui est entr'eux, venant aboutir auprès des racines; & afin que les eaux s'y portent mieux, on a soin d'en disposer le fond à double pente; on met à part la meilleure terre que l'on tire de l'excavation de ces fossés, pour remplir les trous où l'on plante, & pour butter; car quand j'ai dit qu'il faut y employer la plus mauvaise terre, ce ne doit être que quand on ne peut pas s'en procurer de meilleure que par des transports éloignés, qui sont toujours dispendieux.

Ces fossés empêchent les voitures & les chevaux de charge de passer entre les arbres & de gâter les contre-allées, réservées pour les gens de pied.

On choisit pour planter, un jour qu'il ne pleuve pas, parce que la terre s'arrange mieux autour des racines; on place des ouvriers aux pepinieres pour lever les arbres; il y en a qui choisissent çà & là le plus beau plant; c'est une fort mauvaise pratique; il vaut mieux faire une tranchée pour lever tout un rang, sauf à replanter ailleurs les arbres qu'on trouvera trop foibles pour être mis en place; car ce n'est que par ce moyen qu'on peut bien ménager les racines, ce qui est l'objet le plus important.

A mesure que les arbres sortiront de terre, un Jardinier rafraîchira, avec la serpette, les racines qui ont été coupées avec la pioche; car quoiqu'on doive avoir attention que cet instrument, dont on se sert à cet usage, soit bien tranchant, il ne coupe jamais aussi net que la serpette.

La plupart des Jardiniers rognent les racines trop court; on ne sauroit trop leur recommander de ne faire que les rafraîchir, sauf à ouvrir davantage les trous, lorsque les racines l'exigeront : autant qu'il se peut, les racines doivent être à une même hauteur, & se distribuer réguliérement autour de l'arbre.

Le même Jardinier élaguera la tête des arbres; c'est-à-dire qu'au lieu de les étêter, comme on a coutume de le faire, il se contentera de retrancher une partie des branches mal placées.

A mesure que cette opération se fait, on doit porter les arbres aux planteurs, ayant attention en levant, en taillant, & en portant les arbres, de conserver la terre qui est retenue par le chevelu des racines, que les ouvriers mal-entendus ne manquent guere de secouer tant qu'ils peuvent.

Les arbres étant portés au lieu de la plantation, un ouvrier les place aussi-tôt dans les trous, suivant l'ordre que lui donne celui qui conduit l'alignement.

L'arbre étant posé à la place où il doit rester, & établi à une profondeur convenable, tandis que le même ouvrier le soutient toujours, un autre jette quelques béchées de la meilleure terre bien déliée ſur les racines ; & mettant un genou en terre, il arrange ces racines, en faiſant en même temps couler entr'elles de la terre avec les mains ; & celui qui tient la tige de l'arbre la ſouleve & la ſecoue perpendiculairement à pluſieurs repriſes, afin que la terre s'inſinue mieux entre les racines, article bien eſſentiel : quand on voit qu'elles ſont ſuffiſamment recouvertes & enveloppées, on remet encore un peu de terre que l'on foule légérement, & non à grands coups de pied, comme c'eſt la coutume ; on acheve enſuite de remplir le trou à la beche, & pour lors on peut preſſer avec le pied, & butter enſuite s'il en eſt néceſſaire.

Quand on plantera avec les attentions que nous venons de détailler, & avec aſſez de diligence pour que les racines ne reſtent que très-peu de temps à l'air, on pourra être aſſuré de faire réuſſir même d'aſſez gros & grands arbres : lorſqu'ils le ſont cependant à un certain point, il eſt encore plus ſûr de les replanter en motte ; on ne peut même guere ſe diſpenſer de replanter avec leur motte certains arbres de difficile repriſe, tels que ſont les ifs, les épicias, les pins, les ſapins, les houx, &c.

Si les arbres viennent d'aſſez loin, & que les racines ne ſoient plus fraîches, on eſt forcé de les tailler plus courtes, parce qu'ordinairement elles ſont endommagées ; il ne faut pas penſer alors à conſerver le chevelu, ni les branches, parce que l'arbre n'ayant que de groſſes & courtes racines ne pourroit pas les nourrir ; il ne peut le faire que lorſqu'il a formé de nouveau chevelu, c'eſt-à-dire de nouveaux ſuçoirs.

Nous n'en dirons pas davantage ſur la maniere de planter, pour ne pas répéter ce que l'on trouvera dans d'autres Chapitres relativement à ce ſujet.

Nous terminerons celui-ci par l'examen d'une queſtion ſur laquelle on a fait beaucoup de raiſonnements qui, quoique contradictoires, ont cependant le même objet ; c'eſt de ſavoir s'il eſt important d'orienter les arbres lorſqu'on les replante, & de leur conſerver la même poſition qu'ils avoient dans la pepiniere.

Quelques Auteurs ont prétendu que le bois d'un arbre avoit ſa partie expoſée au Nord d'une denſité différente de celle qui ſe trouve du côté du Sud.

Les uns diſent qu'il doit être plus dur du côté du Nord, parce que cette partie des arbres eſt expoſée à un vent ſec & froid ; d'autres au contraire penſent que le côté de l'arbre qui eſt expoſé au ſoleil doit acquérir plus de denſité, parce qu'il tranſpire beaucoup plus. Cette queſtion qui n'eſt point décidée, autoriſe bien des gens à croire qu'il eſt important de conſerver aux arbres que l'on plante la même expoſition qu'ils avoient auparavant. Il y a des Jardiniers qui, pour cet effet, ne manquent pas de les marquer bien exactement, quoiqu'ils négligent d'autres attentions vraiment eſſentielles.

Quand on eſt entiché de quelqu'idée, on ne prend pas la peine d'examiner ſi elle eſt bien ou mal fondée ; ſi ceux qui donnent croyance à celle-ci avoient voulu la ſoumettre à l'expérience, guide qui n'égare jamais, ils auroient reconnu, comme ceux qui l'ont conſultée, que cette précaution eſt très-inutile, puiſque pluſieurs obſervations répétées ont prouvé que toutes choſes égales d'ailleurs, les arbres qu'on a pris la peine d'orienter n'ont pas mieux réuſſi que ceux qui ne l'avoient pas été ; & qu'en examinant avec attention l'état de ces arbres, la premiere année & les ſuivantes, on n'a pu appercevoir aucune différence dans leur végétation.

Diſons quelque choſe de la plantation des arbres fruitiers.

Si on a élevé les arbres en pepiniere, ſeul moyen comme nous l'avons dit d'aſſurer & d'accélérer ſa jouiſſance, comme auſſi d'avoir ſûrement les bonnes eſpeces dont on veut jouir; comme la pepiniere ne ſera pas éloignée du jardin, après avoir levé les arbres, en conſervant leurs racines le plus qu'il ſera poſſible, il ſera aiſé de les tranſporter ainſi dans les trous préparés pour les recevoir ; il n'y aura d'autre préparation à faire aux racines, que de rafraîchir celles qu'on aura été obligé de couper en les tirant de terre. Il faut pour cet effet faire uſage d'une beche bien tranchante ; il ne ſera queſtion enſuite que de bien arranger, à la main, les racines auxquelles on aura laiſſé, ainſi qu'au chevelu, toute la terre qui aura pu y reſter, & achever de planter l'arbre avec les précautions dont nous avons parlé.

Pour lever les arbres comme je viens de le dire, il faut s'y être préparé, en leur donnant plus d'eſpace dans la pepiniere qu'on n'a coutume de leur en donner ; mais ſi cela n'étoit pas, on pourroit y parvenir à peu près auſſi bien, en faiſant une tranchée de droite & de gauche, ſuivant l'alignement des arbres, & aſſez éloignée du pied, & lever après les arbres de ſuite, en commençant par le bout d'une rangée. C'eſt ce que ne font & ne peuvent pas faire des Pepiniériſtes, chez leſquels on va choiſir des arbres de diſtance en diſtance. C'eſt pourquoi ils ſe portent à écourter, à mutiler les racines de ceux qu'ils arrachent, d'autant plus que par ce travail expéditif, ils ménagent les arbres qui leur reſtent.

Ces motifs joints à la facilité du tranſport, font qu'ils envoient le pied fort dégarni, & que le mauvais état des racines exige une préparation eſſentielle avant la plantation.

Il me paroît d'autant plus néceſſaire d'entrer dans des détails à ce ſujet, que la plupart des Jardiniers ſont dans de faux principes ſur cette préparation. Il en eſt qu'on pourroit appeller bourreaux des arbres, qui tranchent, qui écourtent ſans ſavoir pourquoi ; & parmi ceux qui ont de l'intelligence, & qui ont cherché à prendre des connoiſſances de leur Art, pluſieurs ont ſuivi les principes de la Quintinie, très-bons en pluſieurs cas, mais fautifs dans d'autres, & ſur-tout dans celui-ci.

Il eſt étonnant que cet habile Praticien ait pouſſé l'erreur juſqu'à recommander, page 12 de l'Ouvrage eſtimable qu'il nous a laiſſé, qu'il ne faut conſerver que peu de groſſes racines, & point du tout de menues ni de chevelues, enjoignant au ſurplus de les écourter beaucoup. Ces conſeils, quoique mauvais, ſont d'autant plus capables de ſéduire, que ce célebre Jardinier a paru les appuyer par l'expérience,

J'ai ſouvent, dit-il, planté des arbres avec une ſeule racine qui étoit en effet très-bonne, & ils ont très-bien réuſſi.

On auroit pu lui dire qu'on a planté des boutures, & même de gros plantards ſans aucune racine, & qu'ils ont bien réuſſi. En effet, un arbre qui n'a qu'une ſeule racine coupée à huit pouces de longueur, comme il enjoint de le faire, ſans autres racines ni chevelu, eſt-il bien différent d'une bouture ? Et s'il n'en meurt pas, quelles productions peut-il faire juſqu'à ce qu'il ait refait un nouveau pied ? Et il lui faut pour cela pluſieurs années.

Nous recommandons d'opérer ſelon des principes très-oppoſés, & bien juſtifiés par des obſervations & des expériences conſtantes.

Quand on reçoit des arbres vieux arrachés, & qui quelquefois viennent de loin, il faut s'attendre à trouver les racines en mauvais état; c'eſt pourquoi elles ont plus beſoin d'examen & de préparation : il faut les sonder & les inspecter en détail & avec attention, examiner s'il n'y en a point de mortes.

Le peu de soin qu'on prend ordinairement en les coupant avec des pioches ou des beches, dont le taillant est émoussé, fait qu'elles sont plutôt hachées que coupées, très-souvent éclatées & même rompues.

Il n'est pas question de songer à ménager le chevelu à de pareils arbres ; il est trop desséché pour pouvoir jamais reprendre l'esprit vital ; il ne seroit que nuisible, c'est pourquoi il faut le supprimer entiérement.

Il n'est pas possible de conserver les grosses racines dans le peu de longueur qu'on leur a laissée ; on ne peut se dispenser de supprimer celles qui sont totalement défectueuses, & de racourcir celles qui sont cassées. On se contentera de rafraîchir jusqu'au vif celles qui ont été bien coupées, en les taillant en pied de biche, de maniere que la coupe soit toujours en-dessous, & que la plaie pose sur la terre.

On ne peut se dispenser de supprimer les racines qui sont chancreuses, ou qui ont été froissées & écorcées dans le transport : mais si ce ne sont que de légeres contusions, on pourra les conserver en coupant l'écorce jusqu'au vif, & y appliquant de l'argille détrempée avec de la fiente de vache ; il faut user du même remede s'il n'y a que quelques chancres ou autre mal qui s'étende peu.

Il seroit à desirer qu'on pût lever un arbre avec son pivot & le planter de même ; mais au au moins il faut en conserver la plus grande longueur possible, & se bien garder de le couper comme font la plupart des Jardiniers.

Il est bien étonnant qu'un savant Naturaliste, auquel nous devons de très-bons Ouvrages, ait recommandé de supprimer le pivot des arbres, parce qu'à ce moyen, dit-il, il pousse des racines latérales qui valent mieux.

Comment cet habile Observateur a-t-il pu s'y méprendre à ce point ? Ne savoit-il pas que de même qu'il y a des arbres, tels que les pruniers, organisés sans doute pour pousser des racines latérales & traçantes ; il en est tels que le chêne & l'amandier, dont la nature est de pousser toujours un pivot qui s'enfonce profondément en terre. Or, en supprimant ce pivot à un tel arbre, que s'ensuit-il ? qu'il faut nécessairement qu'il en repousse un ou plusieurs autres, en remplissant toujours sa destination. On ne fait donc que contrarier la Nature & retarder de beaucoup la croissance de l'arbre, en coupant le pivot qui étoit formé, puisqu'assurément il ne poussera & ne profitera pas avant qu'il ait commencé à en former un autre qui s'enfoncera en terre, comme auroit fait le premier.

Il est certain qu'une racine, de même qu'une branche coupée, ne s'alonge plus ; mais il en repousse d'autres qui suivent toujours la direction naturelle à leur genre. C'est ainsi qu'heureusement la Nature travaille toujours à réparer les outrages qu'on lui a faits; mais outre que quelquefois ils ſont abſolument irréparables, il vaut mieux ne lui en faire que le moins poſſible.

Nous parlerons plus amplement, par la ſuite, des arbres en eſpalier & en buiſſon; c'eſt pourquoi je n'en dirai ici rien de plus.

CHAPITRE XIII.

De la maniere de préparer & de tranſporter les Arbres.

NOUS avons fait connoître les avantages d'avoir des arbres en pepiniere, pour fournir aux plantations que l'on veut faire; mais lorſqu'on n'en a pas, & qu'il n'y en a point à portée des endroits où l'on veut planter, ou que le genre des arbres que l'on veut avoir oblige de les faire venir de loin, il eſt néceſſaire alors de prendre des précautions pour la conſervation de ces arbres, & pour éviter les accidents qu'ils pourroient éprouver dans le tranſport.

Il eſt bon que les Jardiniers qui envoient ces arbres, & ceux qui les leur demandent, ſoient inſtruits des précautions qu'il faut prendre, les uns pour les pratiquer, & les autres pour les recommander.

Il y a pour cet effet une ſuite d'attentions, dont l'omiſſion pourroit être fort dangereuſe,

& feroit tomber à pure perte l'efpoir du Cultivateur, & la dépenfe quelquefois confidérable qu'il auroit faite pour fe procurer des envois dont la cherté & le péril augmentent également par l'éloignement & la longueur du tranfport.

Les foins qu'il faut prendre pour la confervation des arbres dans leur tranfport, doivent être augmentés & pris avec plus d'attention, à proportion de l'éloignement & de l'efpace de temps que ces arbres doivent refter en route.

Il faut encore avoir égard à la température du temps ; fi c'eft pendant l'Hiver, fortifier l'emballage contre les effets de la gelée ; fi c'eft au Printemps, défendre autant qu'il eft poffible les racines du hâle de cette faifon, qui pourroit les deffécher & les altérer. Nous allons entrer dans ces différents détails.

Le Jardinier, après avoir déraciné les arbres avec les ménagements que nous avons recommandés pour ne pas endommager & mutiler leurs racines, doit, à mefure qu'elles font tirées de terre, les examiner pour couper celles qui fe trouveroient éclatées, rompues, ou écorcées, en laiffant à celles qui font faines & bonnes le plus de longueur poffible, bien entendu qu'il fupprimera tout ce qu'il trouvera de vicié ou de pourri.

Il doit retrancher une partie des branches ; mais jamais rien de la tige, à moins qu'elle ne fût trop longue & trop embarraffante pour l'emballage & le tranfport.

Après cette préparation, on les arrangera aussi-tôt par bottes de quatre, six ou huit, selon la grosseur, ayant soin de bien entrelasser & arranger les racines les unes dans les autres, afin de ne pas les casser en rapprochant les tiges le plus qu'il se pourra.

Quand les bottes seront ainsi assemblées, on les liera fortement avec des harts, en mettant un peu de foin sous ces liens pour qu'ils n'offensent pas l'écorce. On fourrera entre les racines des tampons de mousse fraîche, si l'on peut s'en procurer suffisamment, ou des bouchons de foin, ou de paille bien broyée entre les mains & un peu humide, de sorte que tous les vuides se trouvent bien remplis.

Ces petites bottes étant ainsi bien arrangées & garnies d'enveloppes particulieres du côté des racines, on en formera un paquet d'une grosseur convenable, qu'on liera bien avec de forts harts dans toute leur longueur ; on les enveloppera ensuite avec de la paille longue, observant de renforcer cette enveloppe principalement du côté des racines : on lie de nouveau ce ballot avec des harts dans toute sa longueur ; car, quoiqu'on doive bien envelopper particuliérement les racines, lorsque les arbres ne sont pas très-longs, il est bon de les envelopper totalement.

Lorsque les arbres sont petits, comme de jeune plant d'ormes, de charmes, de tilleuls, d'épines, &c., on pourra les *bechevéter*, comme disent les Jardiniers, c'est-à-dire qu'on posera alternativement l'extrêmité d'un arbre vers les racines d'un autre.

Mais cette pratique seroit très-mauvaise à l'égard de tous autres arbres ou arbrisseaux qui ont des racines plus formées, parce qu'on ne pourroit pas les arranger convenablement & les bien envelopper toutes ensemble.

Moyennant ces précautions, les arbres peuvent rester assez long-temps en route, & être transportés fort loin, sans trop souffrir de la privation de la terre, & sans être endommagés par le hâle, par la gelée & par la pluie.

Cependant lorsque l'on envoie des arbrisseaux délicats & précieux, il est mieux de bien envelopper séparément leurs racines dans de la mousse fraîche, c'est-à-dire de faire autant de paquets qu'il y a de pieds d'arbres : on en fait ensuite un ballot total, comme je viens de le dire, en arrangeant les plus petits arbustes le long de la tige des plus grands ; & pour donner plus de fermeté & plus de soutien aux tiges, on met sous les harts qui lient ce ballot trois ou quatre gaulettes, qui doivent s'étendre depuis les racines jusqu'au sommet des tiges ; ce qui les assujettit & les garantit des accidents pendant le transport.

Pour plus de précaution encore, lorsqu'il s'agit d'arbrisseaux précieux, ou de ceux qui reprennent difficilement, comme les pins, les sapins, &c., qui doivent être envoyés fort loin, on fera bien de les choisir jeunes, de tâcher de leur ménager une partie de leur motte, & de les arranger dans des caiſſes, en mettant un lit d'arbres & un lit de mouſſe alternativement, ou bien on enveloppe ſéparément leurs racines, & on les arrange en les ſerrant dans des caiſſes; il eſt bon, pour donner un libre paſſage à l'air, de percer le couvercle de pluſieurs trous.

Les Jardiniers Anglois ont encore une meilleure maniere de faire leurs envois, au moyen de laquelle les arbres nous arrivent auſſi frais que s'ils venoient d'être levés. J'en ai reçu au bout d'un & de deux mois de tranſport, qui étoient dans le meilleur état.

Ils font uſage de paniers ronds, de deux ou trois, & même quatre pieds de diametre, & de douze à dix-huit pouces de hauteur; ils mettent un lit de terreau, d'environ trois pouces d'épaiſſeur, au fond de ces paniers.

Après avoir levé leurs arbriſſeaux en mottes, ils les enveloppent ſéparément de mouſſe aſſujettie avec des liens; ils les arrangent enſuite debout dans les paniers, ou plutôt ils les y plantent; car ils ont grand ſoin de garnir tous les vuides avec du terreau bien preſſé à la main; ils aſſujettiſſent bien ces plantes avec des oſiers entrelacés dans les bords du panier; après avoir bien arroſé le tout, ils lient toutes les tiges enſemble.

Enſuite ils enfoncent dans les bords du panier, & à peu près à égale diſtance, quatre bâtons taillés pour cet effet en pointe, obſervant que ces bâtons ſurpaſſent un peu la plus haute tige de tous les arbres renfermés ; ils réunissent & lient par le haut ces quatre bâtons ensemble, & ils y assujettissent le paquet de tiges : ils finissent par recouvrir ces bâtons depuis le sommet jusqu'aux bords du panier, avec une natte qu'ils cousent proprement & solidement avec de la ficelle. Ces paniers prennent ainsi une forme cônique, assez ressemblante à des clochers : l'enveloppe de natte n'empêche pas la circulation de l'air ; & les plantes s'y conservent si bien, qu'il m'en est arrivé qui avoient fleuri pendant le transport.

Voilà la meilleure pratique connue, & il n'y a nul inconvénient lorsque les envois se font par la voie des Navires qui viennent en droiture au Port où on les attend. Le poids de ces paniers n'augmente point le prix du transport, parce que sur les Navires on a moins d'égard au poids, qu'à l'espace qu'occupe la marchandise.

Il n'en est pas de même, comme on sait, des voitures par terre. Outre que la quantité de terre, dont les paniers sont garnis, augmente considérablement les frais de port, les cahots, les secousses de ces voitures, ébranlent & dérangent les arbres dans les paniers, & les endommagent même quelquefois malgré toutes les précautions prises.

Cet arrangement de paniers n'est donc pas bien praticable par les voitures de terre, surtout lorsque le trajet est long & qu'il faut, comme il arrive par les chargements de Messageries, charger & décharger plusieurs fois ces paniers ; ce qui se fait souvent avec peu de précaution.

Je vais indiquer un moyen très-facile, que j'ai toujours employé avec succès, pour la conservation des arbres envoyés même fort loin.

Je fais délayer dans un baquet de la bousée de vache avec un peu d'argille, en y mettant une quantité d'eau suffisante, pour que le tout ait une consistance de bouillie un peu épaisse : je plonge dedans la racine de l'arbre en la tournant & retournant, de maniere qu'elle soit bien impregnée de cette matiere ; je l'enveloppe sur le champ de mousse bien liée tout autour des racines, & j'en forme ensuite un ballot, comme je l'ai dit.

J'ai envoyé, & j'ai reçu des arbres ainsi préparés, qui, après une longue route, se sont trouvés aussi frais que s'ils venoient de sortir de terre. On trouve les racines très-vives & très-fraîches, le chevelu bien conservé ; il n'est question que de les rafraîchir & de les planter encore toutes impregnées de cette matiere très-salutaire pour les plantes.

Je peux assurer d'après des épreuves répétées pour des arbres qui venoient de loin, que ce procédé est le meilleur & le moins sujet aux inconvénients pour la conservation des arbres dans leur transport, sur-tout au Printemps, saison où le hâle desseche, comme on sait, en peu de jours les racines.

Il m'a particuliérement bien réussi pour les arbres résineux, qui reprennent difficilement, & même très-rarement quand le chevelu est desseché, & qu'on est par conséquent obligé de le supprimer de même que les petites racines ; c'est la nécessité de la conservation des petites racines qui fait recommander de lever en mottes ces genres d'arbres ; ce qui n'est pas toujours praticable. Le procédé que je viens d'indiquer opere, mais plus aisément, le même effet.

CHAPITRE XIV.

Du traitement des Arbres qui ont été long-temps en route.

SI on peut planter les arbres aussi-tôt qu'ils arrivent, il est toujours mieux de le faire ; mais quelquefois différentes circonstances empêchent d'y procéder. Par exemple, la gelée qui a durci la terre ne le permet pas, non plus que la neige qui la couvre d'une certaine épaisseur.

Dans ces deux cas qui peuvent suspendre pendant plusieurs jours la plantation, il faut mettre les arbres qui arrivent dans une serre, ou tout autre endroit où il ne gele pas, excepté dans les caves ou autres lieux humides dont le séjour peut beaucoup leur nuire.

Il m'est arrivé quelquefois, pendant de fortes gelées, des arbres d'Angleterre : comme ils me venoient par la voie des Navires, où il ne gele point, ils n'avoient pas souffert de la rigueur de la saison ; il étoit question de les en préserver ; quand même la terre n'auroit pas été aussi dure, je n'aurois pu les planter en pareil temps à leur arrivée, sans leur faire beaucoup de tort.

En attendant un temps moins rigoureux, je les plantai provisionnellement très-près les uns des autres dans une terre fraîche que j'avois fait arranger en maniere de couche dans ma serre ; ils y resterent près d'un mois avant que je pusse les planter dans mon jardin, & ils s'y conserverent en bon état.

Lorsque le terrain est praticable, celui où l'on veut mettre les arbres en place n'est quelquefois point encore préparé lorsqu'ils arrivent, ou enfin d'autres circonstances empêchent de les planter aussi-tôt ; pour lors il faut les *aubiner*, c'est-à-dire faire en terre, à l'abri du soleil, une tranchée dans laquelle on les arrange tout près les uns des autres, & on recouvre bien leurs racines avec de la terre meuble, à peu près comme si on les plantoit à demeure ; on place les grands arbres debout & les petits inclinés & moins enterrés.

Il est bon dans des temps de gelée, de couvrir de litiere le pied des grands arbres, & même les rameaux des petits ; cette précaution est également bonne au Printemps, dans un temps de sécheresse, en arrosant pardessus la litiere.

On ne retire ces arbres de la tranchée que pour les planter sur le champ à la place où ils doivent rester : on peut les laisser long-temps dans cet état sans qu'ils en souffrent, pourvu qu'on ne les y laisse pas pousser de nouvelles racines.

En joignant ces précautions à celles qui regardent la plantation, la plupart des arbres réussiront; au lieu que ceux que l'on auroit laissés un jour seulement exposés à la gelée, à la neige, & pis encore au soleil, mourroient en grande partie.

Il ne faut pas non plus laisser les arbres exposés à la pluie, à moins qu'on ne les plante aussi-tôt; car si les racines sechent après avoir été mouillées, elles se rident & périssent ordinairement.

Mais si, faute des précautions que nous avons indiquées au Chapitre précédent, on les reçoit dans un état de desséchement, il est bon de les faire tremper dans l'eau pendant vingt-quatre heures avant de les mettre en terre; ce qu'il ne faut pas manquer de faire en les retirant de l'eau.

Quant aux arbrisseaux délicats & précieux, on fera bien de les planter dans des pots que l'on tient en serre jusqu'au Printemps, & pour lors on les enfonce dans une couche tiede; ce qui leur fait pousser des bourgeons & des feuilles, & par conséquent excite & accélere la radication, comme nous l'expliquerons plus amplement au Chapitre des Boutures.

Il est sur-tout nécessaire de les bien abriter du côté du midi avec des paillassons, qu'il est bon de retirer pendant la nuit ou dans des temps sombres & pluvieux pour les laisser profiter de la seve aérienne.

Ce que nous en avons dit au quatrieme Livre, en fait connoître les effets salutaires ; une très-bonne pratique, lorsque les arbres ou arbrisseaux ont des tiges un peu longues, c'est d'envelopper ces tiges dans toute leur longueur avec de la mousse fraîche, assujettie avec des liens de paille longue ; ce qui est, pour ainsi dire, les emmaillotter.

Ce procédé, dont j'ai reconnu les bons effets, empêche la trop grande transpiration de la tige, facilite & augmente peut-être l'ascension de la seve qui se porte avec plus d'abondance à la tête de l'arbre ; lorsqu'elle est formée & couverte de feuilles, on retire ces maillots : ce qu'il faut faire par un temps frais ; car si on exposoit subitement l'écorce de la tige, attendrie par cette opération, aux rayons brûlants du soleil, l'arbre en souffriroit beaucoup.

Quant à la maniere de planter, nous ne répéterons point ici ce que nous en avons dit au Chapitre de ce Livre où nous avons expliqué toutes les précautions qu'il faut prendre.

CHAPITRE XV.

Des Plantations convenables aux différents terrains.

LA différente organisation des arbres les rend très-dissemblables dans leur végétation & leur accroissement ; c'est pour cela que nous en voyons qui languissent & périssent dans des terrains dont d'autres s'accommodent très-bien.

Il est donc bien important pour l'agrément & le profit du Propriétaire de savoir connoître & choisir les différentes especes d'arbres qui conviennent à la nature des terrains où il veut faire ses plantations ; car il n'y en a point qui ne puisse faire quelques productions : c'est ce que nous allons examiner dans ce Chapitre, en faisant connoître la destination qu'on peut donner aux différents genres d'arbres, & la maniere de tirer le meilleur parti de son terrain.

Pour former avec succès des jardins fruitiers, on sait qu'il faut qu'il y ait au moins deux ou trois pieds de profondeur de bonne terre, qui soit meuble, facile à becher, exempte de pierres; qu'elle ne soit ni trop seche, ni trop humide; qu'elle n'entretienne point une athmosphere vicieuse qui communique de mauvais goûts aux fruits.

Si ces qualités ne se trouvent pas dans le terrain que l'on destine à la formation d'un jardin, on les lui donne en tout ou en partie, comme nous l'avons expliqué au cinquieme Livre

Mais il n'en eſt pas de même de la plantation des avenues, des futaies & des bois; on eſt obligé d'employer la terre comme elle ſe préſente; on ne doit pas même mettre en bois les meilleurs fonds: ſouvent on n'y veut employer que des landes, des côteaux arides & incultes; & comme certainement pluſieurs genres d'arbres y périroient, il faut choiſir ceux qui peuvent y ſubſiſter.

Il n'eſt queſtion que de les connoître; car il ſemble que la Nature a voulu mettre autant de variétés dans ſes productions végétales qu'il y en a dans les terrains; de ſorte qu'il n'y a point de plante ligneuſe ou herbacée qui n'ait un ſol favori, & c'eſt même le plus mauvais à l'égard de quelques-unes.

Nous voyons des plantes qui ne ſe plaiſent que ſur des rochers & des montagnes arides; quelques-unes ſur des murs.

Il y a auſſi des arbres qui proſperent mieux dans des terres ſablonneuſes & ſeches, tels ſont les faux acacia, les gleditſia; pluſieurs eſpeces de pins, &c.

On peut cependant dire en général, que preſque tous les arbres végetent plus vigoureuſement & plus promptement dans des terrains ſubſtancieux & qui ont beaucoup de fond: on y formera toujours avec ſuccès de hautes-futaies; & ſuivant que l'épaiſſeur de la premiere couche de terre ſera moindre ou moins bonne, on ne pourra eſpérer que des demi-futaies ou même des taillis.

Dans les ſables gras, mêlés de terre ſubſtancieuſe, les chênes, les charmes & preſque tous les arbres font de grands progrès.

Les châtaigniers & les hêtres réuſſiſſent dans les ſables qui ont beaucoup de fond & qui conſervent de l'humidité lorſqu'ils ſont alliés d'un peu d'argille ; mais l'argille pure ne leur convient point.

Pluſieurs eſpeces de pins, les acacia, gleditſia, caragagna réuſſiſſent dans les ſables arides ; j'en ai vu qui croiſſoient rapidement dans du ſable, regardé comme ſi pur qu'on l'employoit pour faire du mortier.

Dans les terrains d'une bonne qualité, quoique ſecs, qui ont environ deux pieds de profondeur ſur un tuf ſerré, on pourra y planter des ormes, pluſieurs eſpeces d'érables, des noyers, des frênes, des mûriers, des cytiſes & pluſieurs autres arbriſſeaux, qui viennent d'autant mieux que la couche de bonne terre eſt plus épaiſſe.

Si cette couche n'étoit que de huit à dix pouces, on ne pourroit guere y élever que des coudriers, des bouleaux, des ſureaux, des ſumacs, des marſaux, des ypréaux, des cornouillers, des néfliers de différentes eſpeces, des cytiſes, des meriſiers, des mahalebs & quelques autres arbriſſeaux.

Enfin dans des terrains abſolument mauvais, où le tuf n'eſt recouvert que de cinq à ſix pouces de terre légere, on y peut encore faire ſubſiſter des bouleaux, des marſaux, des coudriers, & dans les plus mauvais, des genevriers : il eſt vrai que ces arbres n'y font que de foibles pouſſes; mais ces eſpeces de brouſſailles ſont toujours préférables à des friches rares & pelées ; & en faiſant toujours quelque profit, ils font des remiſes & des retraites pour le gibier.

Les terrains marécageux, humides & frais conviennent aux ſaules de toute eſpece, aux peupliers noirs & blancs, aux frênes, aux trembles, aux aunes, aux platanes, aux tulipiers, aux cyprès de la Louiſiane, & à preſque tous les arbriſſeaux précieux de l'Amérique ſeptentrionale.

Outre les convenances du terrain où l'on fait les plantations, on doit avoir égard aux genres de bois dont le débit eſt plus aſſuré & plus avantageux, ſelon les circonſtances locales : les arbres forment la plus belle décoration des campagnes ; mais en ſe procurant cet agrément, il eſt bon d'enviſager l'utilité qui en doit réſulter.

Pour tirer de ſes plantations le meilleur parti poſſible, il faut examiner en plantant quelle eſt l'eſpece de bois dont le débit ſera le plus avantageux dans le temps de l'exploitation. Comme cette circonſtance varie dans les différentes Provinces, & même dans leurs différentes parties, on ne peut point établir de regle générale à cet égard ; ce ſont les Propriétaires qui doivent juger, d'après les connoiſſances locales, ce qui leur ſera le plus avantageux.

Il y a des bois d'un uſage particulier ; il y

y en a d'autres qui s'emploient à quantité d'usages différents, & dont par conséquent on fait une grande consommation, tels que le chêne, l'orme, le hêtre, le frêne, le châtaignier, le sapin, &c., ce sont ceux dont on fait ordinairement les plus grandes plantations, lorsqu'on a des terrains où ils réussissent bien : ce sont assurément des arbres utiles & d'un beau port ; mais nous verrons s'il n'y en a pas d'autres qui mériteroient bien de n'être pas oubliés.

Il est encore avantageux de planter des arbres dont le fruit sert à la nourriture du bétail, comme le gland & la faine, & même à la nourriture des hommes, comme la noix, la châtaigne & les glands doux qui sont très-bons à manger, & qui pourront contribuer à la subsistance des hommes, lorsque le chêne qui les porte sera plus commun.

Il en est de même du pin, dit pin cultivé, dont les pignons sont d'un aussi bon goût que les noisettes. Ces fruits, vu leur abondance, pourroient être d'une grande ressource dans les temps de disette : on sait même qu'en tout temps les châtaignes sont la principale nourriture des habitants de quelques Provinces.

Le chêne blanc de l'Amérique septentrionale, qui donne le gland doux & mangeable, est encore peu connu en France ; ceux que nous avons depuis quelques années y prosperent très-bien.

On devroit en multiplier les plantations, ne fût-ce que pour l'utilité dont seroit le fruit de cet arbre dans un temps de disette; il est d'un goût aussi bon que celui des noix, mais plus nourrissant ; on n'auroit pas regardé comme une des bisarreries du fameux Citoyen de Geneve de proposer le gland pour la nourriture des hommes, si on eût connu la bonté de celui-ci.

Outre cet objet important, plusieurs arbres nous fournissent des substances utiles, telles que la thérébentine, la résine, la poix, le goudron que fournissent les melezes, les pins & les sapins, & l'huile qu'on extrait de la noix & de la faine ; cette derniere peut très-bien remplacer l'huile d'olive, quand elle est préparée avec soin ; elle lui est même préférable pour les fritures.

Ces revenus annuels, quand on en peut jouir, ne sont point à négliger ; & ils ne diminuent en rien la valeur du bois de ces arbres lorsqu'on les abat.

Indépendamment de ces produits généraux, il y en a de particuliers, suivant les convenances locales : par exemple, dans les environs de Paris & d'autres grandes Villes, on se fait un revenu de ce qui seroit à pure perte, en coupant sur les châtaigniers des rameaux bas, dont la suppression est utile aux progrès de l'arbre, ou qui seroient étouffés, si on ne les supprimoit pas ; ces rameaux se vendent aux Marchands fruitiers qui garnissent le fond & le tour intérieur de leurs paniers avec ces feuilles pour la conservation des cerises, des prunes, &c.

Dans les pays de vignobles, on retire un

profit considérable de tout ce qui peut fournir des échalas, des cerceaux, du douvain.

Ailleurs, ce sont des perches pour ramer le houblon.

Dans de certains pays, on vend cher des bois pour les Sabotiers, les Menuisiers, les Tourneurs ; ceux de charpente sur-tout & de charronnage sont recherchés à la proximité des grandes Villes ou des rivieres navigables ; mais ils se vendent toujours plus ou moins cher par-tout, de même que le bois de chauffage & celui propre à faire du charbon.

C'est aux propriétaires à considérer comment ils doivent garnir leurs terres de bois dont la vente leur sera la plus profitable, selon l'usage du pays, & à combiner cette considération avec ce que nous avons dit des différentes natures du terrain ; car il y aura toujours plus d'agrément & de profit à planter un arbre de médiocre qualité dans un terrain où il prospérera & croîtra bien, qu'une meilleure espece d'arbre dans un sol où il ne feroit que languir.

Mais malheureusement il y a peu de gens assez instruits ou assez attentifs pour bien examiner & savoir se conduire d'après ces considérations : il en est de cela comme de bien autre chose ; il faut faire, dit-on, comme les autres, c'est-à-dire suivre la routine telle qu'elle soit, & la mode vient régner sur les plantations comme sur les coëffures des femmes.

On vous dit même très-sérieusement : cet arbre est de mode, tel autre est passé de mode ; la médecine suit la mode, & l'agriculture aussi : comme si la Nature devoit y être assujettie.

Les peupliers, les platanes ont été à la mode du temps des Romains & long-temps après ; ils avoient été depuis presqu'oubliés ; les marronniers d'inde ont été à la mode en France, ils y sont actuellement presque proscrits, depuis que les tilleuls sont devenus à la mode, & ceux-ci auront peut-être bientôt le même sort, lorsque la mode ne fermera plus les yeux sur leurs défauts.

Mais laissons là la mode, & suivons la nature des différentes especes d'arbres dont on peut faire usage pour la décoration des habitations, des parcs & des jardins : on doit plus envisager ici l'agrément que l'utilité ; cependant il est toujours mieux, quand on le peut, de joindre l'un à l'autre.

Lorsqu'on forme un jardin, ou un parc, ou des bosquets, on doit planter des allées, & faire des massifs.

Les arbres d'une trop grande taille & qui occupent trop d'espace, ne sont point convenables pour les allées d'un jardin, de même que ceux dont les racines tracent beaucoup & produisent une abondance de rejets, parce qu'ils rendent les allées incommodes pour la promenade, & que ces racines qui s'étendent au loin dégraissent le terrain.

Il faut donc choisir des arbres de moyenne taille, qui aient un beau port, un beau feuillage, le moins sujet à être endommagé & qui subsiste le plus long-temps dans sa beauté.

Les arbres qui portent de belles fleurs au Printemps & des fruits de couleurs vives & variées pendant l'Automne sont sans doute ceux qui méritent d'être choisis de préférence.

Beaucoup d'arbres ont une partie de ces avantages; mais il en est peu qui les rassemblent tous : nous en connoissons cependant déja quelques-uns qui, sans doute, deviendront moins rares par la suite, & qui feront la plus belle décoration des jardins quand on les connoîtra mieux & qu'on les aura assez multipliés.

Commençons par examiner & parler sans prévention des qualités & des défauts des arbres que l'on a plantés dans les jardins de préférence & presque généralement depuis quelque temps.

Le marronnier d'inde a un port majestueux, il se couvre d'un très-beau & très-épais feuillage; ses fleurs font un très-bel effet; il ne produit point de rejets; il peut être élagué & conduit comme on veut; il forme les plus superbes arcades, les plus magnifiques voûtes; il ombrage de grands espaces & les rend impénétrables aux rayons du soleil : enfin, c'est l'arbre le plus élevé & le plus beau dans la saison du Printemps; mais par là même, il ne peut convenir que dans des lieux spacieux.

D'ailleurs ses feuilles sont quelquefois dévorées par les hannetons & les chenilles, quelquefois brûlées du soleil; & lorsque cela arrive, il perd dès la fin de l'Eté une partie de sa beauté : de plus, la chûte de son fruit en Automne gâte les allées & nuit à la promenade ; son bois d'ailleurs n'est presque bon à rien, & ne donne même qu'un assez mauvais chauffage.

Malgré cela, tant que cet arbre a été à la mode, on l'aimoit avec ses défauts, & on l'aimoit au point de l'employer quelquefois uniquement & par-tout de préférence pour la décoration des avenues & des allées : concluons que l'on a trop bien & trop mal traité cet arbre.

Trop bien, en l'employant uniquement autrefois ; trop mal, en le bannissant entiérement aujourd'hui même des grands jardins.

Quand un jardin ou un parc est assez vaste pour y former plusieurs allées étendues, on fera bien d'en border au moins une de marronniers d'inde, & ce sera toujours l'allée favorite & la plus recherchée au Printemps, parce qu'on y trouvera des agréments que ne présenteront pas les autres.

L'acacia a été de mode comme le marronnier d'inde & a eu le même sort, parce qu'on lui a prêté des défauts qu'il n'a pas, mais que la négligence des Jardiniers lui donne.

On ne peut disconvenir que cet arbre qui a l'avantage de croître & de s'élever rapidement dans d'assez mauvais terrains, ne réunisse en grande partie tous les agréments que l'on peut desirer ; ses feuilles conjuguées réparent, par leur grand nombre, leur petitesse ; elles sont d'un verd gai très-agréable ; elles ne sont point sujettes à être dévorées par les insectes, & la tête de cet arbre est toujours bien garnie & suffisamment touffue; sa verdure est un peu tardive, mais elle est constante jusqu'aux fortes gelées.

Ses fleurs sont très-belles, & elles répandent une odeur très-agréable; on ne peut disconvenir que ce ne soit en tout un fort bel arbre.

Quoique sa croissance soit rapide, son bois est très-dur & d'un très-bon usage; on en fait de bon merrain & de beaux ouvrages de menuiserie & de tour : il est aussi recherché des Ebénistes.

Quand on en forme des têtards, il fournit tous les deux ou trois ans des perches & des échalas; enfin il est fort bon à brûler, & il fournit de bon charbon.

On lui reproche de tracer beaucoup & de pousser assez souvent des rejets; ce défaut est regardé comme une bonne fortune dont n'ont garde de se plaindre ceux qui se plaisent à le multiplier, puisqu'il leur fournit du plant enraciné qu'on peut lever, lorsqu'il paroît & qu'il deviendroit incommode, pour l'élever en pepiniere.

Mais son grand défaut, dit-on, est que lorsqu'il est parvenu à une grande hauteur, le vent éclate ses branches, & on ajoute même qu'elles se fendent depuis les fourchets jusqu'aux racines.

J'ai vu ailleurs & je possede depuis plusieurs années de grands acacia auxquels il n'est jamais rien arrivé de pareil; je n'ai point remarqué qu'ils soient plus sujets à être éclatés que les autres arbres ; & cela n'arrive que lorſqu'on n'a pas eu ſoin d'élaguer & de conduire ſa tige, ſoin dont cet arbre a encore plus beſoin que tout autre, parce qu'il lui arrive ſouvent de ſe partager en deux ou trois fourches, ce qui non-ſeulement le défigure, lorſqu'on n'a pas l'attention de les ſupprimer, en ne laiſſant qu'un ſeul montant, mais doit le rendre ſuſceptible du prétendu défaut d'éclater qu'il n'auroit jamais naturellement, étant planté en maſſif, ou étant ſoigné lorſqu'on le tient iſolé.

Enfin on lui reproche encore de n'être pas aſſez docile pour ſe laiſſer mutiler, ſe laiſſer tondre en muraille comme la charmille, ou en boule comme l'orme.

Il eſt vrai que c'eſt un des arbres qui ſait mieux ſe défendre de ces petites opérations ridicules qui ne tendent qu'à mutiler & défigurer les arbres : nous en parlerons plus amplement au Chapitre des Jardins.

Convenons donc que l'acacia a des beautés réelles, & que les reproches qu'on lui fait ſont ou imaginaires ou mal fondés ; mais il n'eſt pas le ſeul, comme je le prouverai, qui ſoit la victime des préjugés ; car parmi les végétaux, comme parmi les hommes, les réputations ſont quelquefois mal fondées en bien & en mal.

J'en vais attaquer une qui eſt ſi bien établie que je devrois craindre de paſſer au moins pour un viſionnaire dans l'eſprit de mes Lecteurs, ſi ce n'eſt que ceux qui ſavent réfléchir (& je n'écris que pour ceux-là) reconnoîtront sûrement que je ne rends que la vérité.

Le tilleul dit d'Hollande, est depuis quelque temps l'arbre à la mode ; il est même aujourd'hui presque le seul arbre qu'on emploie dans les jardins ; on en borde les allées ; on en forme des salles, des cloîtres, des quinconces ; enfin de même qu'autrefois on ne rencontroit que des marronniers d'inde, aujourd'hui on ne voit dans nos jardins que des tilleuls.

Si le Seigneur Chatelain veut former ou augmenter un jardin, il consulte son Jardinier, & quelquefois il fait bien, puisque souvent à cet égard il en sait encore moins que lui. Que mettrons-nous dans cette allée ? On peut être assuré de la réponse. -- Des tilleuls. Comment formerons-nous ce quinconce ? -- Avec des tilleuls. Et cette salle ? -- Avec des tilleuls. De quels arbres entourerons-nous cette piece d'eau ? -- Des tilleuls. Ce sera toujours la même réponse du Jardinier, comme celle du Médecin malgré lui à tous les malades qui viennent le consulter, prenez des pilulles ; effectivement l'un n'est pas pour l'ordinaire plus éclairé dans la connoissance des arbres, que ne l'est l'autre dans celle de la médecine.

Enfin, ce Jardinier voit par-tout des tilleuls, & il en met par-tout. D'ailleurs, il sait où il en trouvera de grands & forts, & en telle quantité qu'il voudra. Il lui revient même une petite rétribution, selon l'usage, de la part du Pepiniériste où il les achete.

Toutes ces raiſons dépoſent en faveur des tilleuls ; elles n'auroient pas lieu à l'égard des autres arbres que le Maître feroit venir, dont le Jardinier n'a pas de notions & qu'il ne ſauroit où prendre, & il faut avouer qu'il n'eſt pas encore facile de s'en procurer.

La mode, l'exemple, l'intérêt du Jardinier, la facilité de s'en procurer agiſſent donc de concert pour remplir tous les jardins de tilleuls : il y en a même qui ont été juſqu'à en former des avenues très-étendues.

Examinons maintenant, ſans prévention & ſans partialité, les qualités & les défauts de cet arbre.

Le tilleul a une tige ordinairement bien nette & droite ; ſes branches forment d'elles-mêmes une belle tête ; ſon feuillage eſt agréable : je ne m'aviſerai pas, comme l'ont fait quelques uns, de vanter l'ornement de ſes fleurs. Mais ſa verdure eſt charmante, ſurtout dans ſon premier développement. C'eſt vraiment un bel arbre pendant le Printemps ; mais il faut convenir que cette beauté eſt de peu de durée.

Une partie de ſes feuilles ſont mangées par les hannetons, ou brûlées & deſſéchées par le ſoleil, ou endommagées par le frottement & l'agitation du vent ; & dans les terrains un peu ſecs le tilleul eſt déja bien dégarni de ſon feuillage, lorſque les ardeurs de l'Eté nous rendent l'ombrage plus néceſſaire.

Enfin ſes feuilles commencent ſouvent à jaunir & à ſe dégarnir encore davantage vers la fin de l'Eté, & elles n'offrent dès le commencement de l'Automne qu'un reste de feuillage caduc, d'une couleur rousse, & qui le rend bien dissemblable de ce qu'il étoit au Printemps.

Ses feuilles qui tombent de très-bonne heure, gâtent les allées ; & cet arbre entiérement dépouillé nous donne l'image de l'Hiver, quand plusieurs autres sont encore longtemps après lui couverts de la plus belle verdure.

Le bois du tilleul est d'un très-médiocre usage ; excepté les Sculpteurs qui l'emploient, parce qu'il est doux & se coupe aisément, il est peu recherché d'ailleurs. C'est un des plus mauvais bois blancs pour le chauffage.

Ce n'est donc certainement pas l'utilité & le profit qu'on en retire qui peut engager à en multiplier les plantations. Quant à son agrément, je laisse juger d'après ce que je viens d'en rendre & que peuvent reconnoître tous ceux qui, comme moi, voudront observer cet arbre sans prévention ; je laisse, dis-je, juger s'il mérite de donner l'exclusion à tous les autres arbres dont nous allons parler.

Je ne prétends pas vouloir bannir le tilleul de nos jardins ; ses agréments que j'ai commencé par reconnoître, lui font bien mériter d'y tenir sa place ; des salles qu'on en formera, quelques allées qui en seront décorées, donneront au Printemps une jouissance très-agréable ; mais quand même cet arbre n'auroit pas tous les défauts qu'il a, il feroit toujours jufte de fe récrier contre l'ufage exclufif & unique que l'on en fait aujourd'hui dans les jardins, en fe bornant à cette feule efpece.

Ne fentira-t-on point enfin combien une pareille uniformité eft monotone, ennuyeufe & inconfidérée, quand il ne tient qu'à nous de jouir des belles variétés que nous offre la Nature?

Il nous eft venu de l'Amérique Septentrionale trois efpeces de tilleuls, toutes trois bien préférables à celle dont nous venons de parler. L'une en differe très-peu par la forme de fes feuilles ; mais il conferve fa verdure plus long-temps, & fes nouvelles pouffes deviennent en Hiver d'un beau rouge.

L'autre a les feuilles plus larges, d'une forme arrondie, d'un verd un peu fombre, & qui ne tombent que fort tard.

La troifieme efpece eft nommée tilleul noir ; l'écorce eft en effet d'une couleur très-brune ; il fe garnit de belles feuilles très-larges & très-longues : j'en ai mefuré qui avoient dix à onze pouces de longueur, & fept à huit de largeur.

Je cultive avec fuccès ces trois efpeces depuis quelques années ; j'ai reconnu qu'elles réuffiffent mieux dans les terrains plus argilleux que fablonneux, fur-tout le tilleul noir qui eft un des plus beaux arbres que nous connoiffions.

Je ne dirai rien de leur bois, ne le connoiffant point encore affez ; mais autant qu'on en peut juger par celui de leurs branches, il eſt de meilleure qualité que celui de nos tilleuls, dits d'Hollande, inférieurs à tous égards à ceux dont je viens de parler.

Nous allons voir au Chapitre ſuivant, que l'on peut faire choix de beaucoup d'autres arbres.

CHAPITRE XVI.

Des Arbres qui peuvent ſervir à la décoration des Jardins & des Parcs.

APRÈS avoir parlé des marronniers d'inde, des acacia, des tilleuls qui ont été en poſſeſſion preſqu'unique des jardins, examinons quels ſont les autres arbres qui réuſſiſſent auſſi bien dans notre climat, & qui mériteroient autant & même mieux d'avoir place dans les jardins & dans les parcs.

Je ne dois parler dans ce Chapitre que des arbres ou grands arbriſſeaux, me réſervant à indiquer les petits arbriſſeaux & les arbuſtes, lorſque je traiterai de la formation des boſquets.

Commençons par parler des arbres les plus connus, & que l'on peut ſe procurer le plus facilement.

Le chêne, l'orme, le châtaignier, le hêtre ſont des arbres ſi connus, que je n'en dirai rien. Je crois cependant devoir parler des belles eſpeces de chênes qui nous ſont venues de l'Amérique Septentrionale.

Le ſycomore & les érables nous fourniſſent de belles eſpeces qui font de fort beaux arbres ; je n'ai point remarqué qu'ils ſoient fort délicats ſur la nature du terrain ; mais ils réuſſiſſent toujours mieux dans une terre plus forte que légere.

Le ſycomore à feuille panachée, en blanc & en jaune, & dont la panachure eſt toujours aſſez conſtante, ce qui n'arrive pas à toutes les autres, eſt un arbre très-intéreſſant, qui fait un effet très-agréable, parce qu'il a l'éclat d'un arbre en fleur ; il charme le coup d'œil, & fait une variété frappante.

Parmi les érables qui méritent attention, nous avons l'érable à feuille profondément laciniée, qui eſt plus ſingulier que beau ; l'érable de Montpellier, de Tartarie, de Penſilvanie, &c., qui méritent d'avoir place ; mais celui de Virginie à bois jaſpé, mérite d'être diſtingué ; ſes belles & larges feuilles découpées en trois lobes, ſa tige & ſes groſſes branches qui paroiſſent argentées, le rendent très-intéreſſant.

Il nous eſt venu du Canada quelques belles eſpeces d'érables, entr'autres celui à larges feuilles de platane, qui ont des nervures rouges, & qui prennent preſqu'entiérement cette couleur pendant l'Automne, ce qui donne beaucoup d'éclat à cet arbre, qui eſt d'ailleurs beau.

Les frênes en général ſont de beaux arbres, leurs branches ſe ſoutiennent bien ; elles prennent une belle forme sans le secours de l'art; leur tête portée par une tige ordinairement belle & droite, est couverte de feuilles d'un plus où moins beau verd, selon les différentes especes. Nous en avons de belles bien propres à contribuer à l'ornement des jardins. Je ne citerai que les plus recommandables.

Tel est le frêne de Virginie à feuille panachée & à bois jaspé. La panachure de ses feuilles n'est pas constante ; mais l'écorce de la tige, & celle des branches est toujours marquée de bandes jaunes plus ou moins larges, qui, comme des rubans, s'étendent selon la longueur de l'écorce.

Le frêne à feuille de noyer, est un fort bel arbre.

Le frêne de la nouvelle Angleterre, mérite d'être distingué par son beau feuillage d'un verd clair.

Le frêne à fleur mérite particuliérement d'avoir place dans les jardins où il figure bien, sur-tout dans le temps qu'il est en fleur. On lui reconnoît encore un grand avantage dans les années & dans les cantons où les insectes dévorent les feuilles des autres frênes ; jamais les feuilles de celui-ci n'en sont endommagées : apparemment qu'elles ont quelque goût acerbe qui ne plaît pas à ces animaux.

Je cultive un frêne d'une espece rare & singuliere : il m'est venu anonyme d'Angleterre ; je l'ai nommé frêne quadrangulaire, parce que ses branches réguliérement opposées, paroissent traverser la tige avec laquelle elles forment un angle droit, ce qu'elles font alternativement, de maniere que ces branches font rangées fur quatre plans fymmétriques, qui forment quatre angles droits fur la tige; ce qui donne à cet arbre, beau d'ailleurs, un port fort fingulier & fort intéreffant, dans une forme quarrée & pyramidale.

J'ai coupé fur l'un de ces arbres toutes les branches oppofées de l'un & l'autre côté; les deux côtés reftants forment naturellement, & fans les fecours de l'art, un éventail applati & très-régulier; ce qui garniroit très-bien les côtés d'une falle de verdure; & en coupant fur quatre arbres de cette efpece toutes les branches oppofées d'un feul côté, les deux rangs de branches qui refteroient difpofées à angle droit formeroient naturellement les quatre angles de la falle qui feroit d'une forme réguliérement quarrée, fans qu'il fût befoin de donner un feul coup de croiffant ou de cifeaux aux arbres qui la formeroient. C'eft ce que je me propofe de faire, lorfque j'en aurai une quantité d'affez grands.

Il nous eft venu depuis peu d'années un frêne d'une efpece nouvelle & finguliere; on l'appelle frêne à une feuille, ou à feuille unique: on fait que tous les autres frênes ont leurs feuilles conjuguées, c'eft-à-dire compofées de plufieurs folioles rangées fur un filet commun. Celui-ci n'a que la feuille fimple, comme par exemple celle du cerifier: c'eft cependant un véritable frêne; il en a d'ailleurs tous les caracteres diftinctifs; il paroît devoir former un bel arbre; c'eft tout ce ce que j'en peux dire, n'en ayant encore que de jeunes.

Il seroit inutile de parler de la qualité du bois de frêne ; on sait qu'il est très-bon & qu'on l'emploie à quantité d'usages différents pour le charronnage, pour la menuiserie, & pour la charpente ; ainsi il se vend bien partout.

Les cerisiers & merisiers à fleur double font un très-bel effet, quand ils sont couverts au mois de Mai, de leurs fleurs d'un blanc éclatant, belles & larges comme de petites roses ; ces arbres ont d'ailleurs l'avantage de subsister dans de mauvais terrains où d'autres périroient.

Les merisiers communs méritent même d'avoir place dans les grands jardins & dans les parcs ; ils ont une belle tige ; ils forment naturellement bien leurs têtes : leurs feuilles assez belles subsistent fort avant dans l'Automne ; elles prennent pour la plupart, en cette saison, une couleur rouge, qui leur donne beaucoup d'éclat ; leurs fruits rouges ou noirs font un ornement qui n'est pas sans utilité. Le bois du merisier est de plus sonore, assez dur ; il est recherché par les Menuisiers, les Tourneurs, les Ebénistes : lorsqu'on l'éleve en taillis, on en fait de bons cercles.

Il y a un grand nombre d'arbrisseaux à fleurs, très-propres à la décoration des jardins, soit pour former des petites allées, soit pour border des boulingrins ou des pieces d'eau, soit pour former des massifs & des bocages.

Il feroit trop long de les décrire ici, d'autant plus que je me réferve à en parler plus amplement au Chapitre de la formation des Bofquets.

Je me contenterai quant à préfent de les nommer. Nous avons en grands arbriffeaux agréables pour leur feuillage & pour leurs fleurs, le grand cytife ou ébénier des Alpes, les forbiers cultivés & de Laponie ; on doit diftinguer fur-tout celui, dit forbier des oifeaux, parce qu'il eft chargé pendant l'Eté & pendant l'Automne de groffes grappes de fruits d'un beau rouge, dont les oifeaux, & particuliérement les grives & les merles font très-friands.

Les padus à grappes & à fruit noir ou rouge, font un très bel effet, auffi-bien que les mahalebs, qui de plus répandent une odeur des plus agréable. Toutes les parties de cet arbre, nommé autrement bois de fainte Lucie, donnent une odeur fuave; les Parfumeurs en font un grand ufage : les Cuifiniers peuvent en tirer un grand parti ; en mettant quelques feuilles hachées de mahaleb dans le corps d'un lapin ou d'une perdrix, on lui donne un fumet exquis. C'eft ainfi qu'on fait paffer pour lapins de garenne beaucoup de lapins domeftiques.

Les alifiers, les azeroliers, fur-tout celui de Canada à gros fruit d'un beau rouge, contribuent bien à l'ornement des jardins par leur fleur au Printemps, & par l'éclat de leurs fruits en Automne.

Les arbres de Judée fe couvrent, dès le

premier Printemps, d'une quantité prodigieuse de petites fleurs rouges, qui font un grand effet, & ils conservent un beau feuillage jusqu'aux gelées.

Les staphyllodendron, les aubiers de l'Amérique, les lilas, les grands sumacs, &c., méritent bien de n'être pas oubliés. Ces arbres font un bel ornement dans les jardins; ils charment la vue par l'éclat de leurs fleurs, & l'odorat par leurs parfums; ils ne sont ni rares, ni chers, & peuvent suffire à ceux qui ne veulent pas faire une grande dépense; car il y a bien des gens qui mettent volontiers beaucoup d'argent à bâtir des Châteaux & à les meubler richement, & qui dédaignent d'en employer un peu pour embellir leurs dehors, qui cependant doivent faire le principal agrément de leur habitation.

Ceux qui pensent différemment, & qui sont assez éclairés & assez avisés pour reconnoître que de belles & riches plantations en faisant le plaisir & l'admiration de ceux qui les visitent, leur procureront à coup sûr une jouissance de plus en plus agréable pendant toute leur vie, & en préparent une bien intéressante & profitable pour leurs descendants, en donnant à leurs terres une sorte de réputation; ceux-là, dis-je, ne craindront point d'employer une somme qui n'est jamais bien considérable pour se procurer ces beaux arbres, qu'ils feront venir encore jeunes & petits, & qu'ils mettront pendant quelques années en pepiniere, pour faire ensuite leurs plantations.

Le tulipier est un de ceux qu'on doit le plus rechercher : originaire d'un pays plus froid, il réussit très-bien en France dans les terres fortes, fraîches & même humides. Mais l'expérience m'a appris qu'il ne faut pas songer à le planter dans celles qui sont légeres & seches ; il y languit & périt en peu de temps : c'est sans difficulté un des plus beaux arbres connus, tant à l'égard de ses belles & singulieres feuilles, ses fleurs & son superbe port, qu'à l'égard de sa croissance & la bonne qualité de son bois. On peut voir ce que j'en ai déja dit au second Livre, de même que d'un arbre encore plus beau qui est le laurier-tulipier ou magnolia, dont nous avons quatre belles especes ; savoir, le *magnolia grandiflora* qui est toujours verd, le *magnolia glauca* qui s'éleve peu, mais qui fleurit fort jeune ; le *magnolia acuminata*, & l'*umbrella* le plus beau de tous ; il porte des feuilles de dix-huit pouces de longueur & de huit à dix de largeur. On trouve ces quatre especes chez les Jardiniers Anglois.

On peut former avec les tulipiers de magnifiques avenues & de belles allées ; & après avoir donné une jouissance bien satisfaisante pour le propriétaire, ils donnent beaucoup de profit lorsqu'on les abat.

On peut former avec les catalpa des allées & des salles très-agréables ; leurs feuilles sont très-larges ; ils donnent au mois de Juillet, temps où peu d'arbres fleurissent, des grappes de jolies fleurs d'une odeur très-suave.

A peu près dans le même temps, l'æleagnus

se couvre de fleurs jaunes qui parfument un jardin; il forme un grand arbrisseau, que son feuillage blanc rend encore intéressant.

Le rhamnoïdès n'est pas fort recommandable pour ses fleurs; mais il représente assez bien par son feuillage argenté.

Le robinia hispida ou l'acacia à fleur rose, est un arbrisseau des plus beaux pour son feuillage & ses belles grappes de fleurs rouges, dont il se couvre au Printemps, & qu'il donne, même encore, mais en moindre quantité, en Automne; c'est dommage que son bois, extrêmement cassant, est sujet à s'éclater, lorsqu'il est surchargé du poids de son feuillage & de ses grandes grappes de fleurs; c'est pourquoi il faut avoir soin de l'élaguer de maniere à ne lui laisser que le moins de fourchets possible, & de le soutenir & l'assujettir à une ou plusieurs perches; j'en ai élevé un en espalier qui couvre le pignon de mon orangerie, qui fait l'admiration de tous ceux qui le voient.

Les pavia ou marronniers d'inde à fleur rouge & à fleur jaune méritent d'être distingués & recherchés pour la beauté de leur feuillage & l'éclat de leurs fleurs, sur-tout celui à fleur rouge.

Une allée formée de ces beaux arbres, plantés alternativement, fait un effet charmant; la capsule de leurs fruits n'est point couverte de piquants, comme celle des autres marronniers; & ils n'incommodent point dans la promenade.

Le sophora croît & s'éleve rapidement

même dans les terres médiocres & arides; c'est un bel arbre, sur-tout lorsqu'il est couvert de fleurs : il croît prodigieusement vîte; ce qui est d'autant plus surprenant que son bois est fort dur, & assez ressemblant à l'ébene verte : c'est dommage qu'il nous soit aussi difficile de le multiplier; je n'ai jamais pu réussir à le faire reprendre de bouture.

Les chionantus ou arbre de neige, ou *snaudrap* des Anglois, se couvre d'une si grande quantité de petites fleurs blanches, que l'on croiroit qu'il est couvert de neige.

Ces arbres & plusieurs autres dont nous parlerons, peuvent faire des variétés bien belles & bien intéressantes dans les jardins, soit en les plantant en lignes séparées, soit en les entremêlant pour faire contraster la couleur de leur feuillage & celle de leurs fleurs.

On peut compter par là sur un coup d'œil bien intéressant & bien agréable.

Je n'ai point parlé ici des arbres toujours verds dont je me propose de faire un Chapitre séparé.

Si pour la formation des avenues & des grandes allées, on ne veut que de la verdure & de l'ombrage, ce qui a fait rechercher les tilleuls, nous avons plusieurs grands arbres qui peuvent également & même mieux remplir le même objet.

Les platanes sont de très-beaux arbres qui ont de belles tiges, des têtes bien formées, extrêmement chargées de feuilles qui ne sont point sujettes à être endommagées par les insectes; ils conservent leur belle verdure tout l'Eté, & donnent beaucoup d'ombrage; mais ils ne peuvent convenir que dans les grandes pieces, parce qu'ils sont de très-grande taille.

Les feuilles sont posées alternativement sur les branches, découpées plus ou moins profondément, selon les especes, & à peu près comme celles de la vigne; on n'apperçoit point de boutons aux aisselles des feuilles, parce qu'ils sont cachées dans le pédicule; ils ne sont visibles que quand les feuilles sont tombées.

A l'insertion des feuilles sur les branches, il y a presque toujours deux folioles ou stipules en forme de couronne.

Les platanes ont cela de singulier qu'ils se dépouillent de leur écorce; elle se détache de l'arbre par grandes plaques assez larges.

Le platane est un des plus beaux arbres qu'on puisse employer pour faire des avenues, de grandes allées & de grandes salles dans les parcs.

Il devient très-grand; son tronc est fort droit & s'éleve très-haut, sans branches, pourvu qu'on ait soin de l'élaguer de temps en temps; sa tête forme une belle touffe qui donne beaucoup d'ombrage.

Le bois de platane est d'une bonne qualité, il est d'un tissu fort serré & pesant, surtout quand il est vert.

On a reconnu qu'il est préférable à l'orme pour le charronnage, & au hêtre pour l'usage qu'on en fait, comme des sabots, des pelles, &c.

Il eſt même bon à la charpente ; je n'en ai point vu de débité en planches ; mais rien n'empêche de croire qu'elles ne ſoient fort bonnes, ſi, comme celles de hêtres, elles ne ſont pas ſujettes à ſe tourmenter.

Il y a quatre eſpeces connues de platane.

1°. Le platane du Levant, ou la main découpée des anciens : cette eſpece, plus ſinguliere que belle, a ſes feuilles ſi profondément découpées, que chacun des cinq lobes qui la compoſent ſemble détaché ; & ces lobes ſont auſſi profondément godronnés : il eſt moins délicat que les autres ſur la nature du terrain.

2°. Le platane d'Orient à feuille d'érable, eſt celui qui eſt encore le plus commun en France ; il eſt bien inférieur pour la beauté aux eſpeces ſuivantes ; mais il a l'avantage de réuſſir paſſablement dans de médiocres terrains : ſes feuilles ſont formées de cinq lobes plus larges & moins profondément découpés que dans l'eſpece précédente.

3°. Le platane d'Occident ou de Virginie à grande feuille, eſt ſupérieur aux deux eſpeces précédentes pour la largeur de ſes feuilles, l'étendue de ſes rameaux, la beauté de ſon feuillage & de ſon port ; mais il ne réuſſit que dans les terres fortes, fraîches & même humides : dans les lieux où il ſe plaît, il fait un fort bel arbre.

4°. Le platane d'Eſpagne : cette eſpece mérite la préférence à bien des égards ; ſes feuilles ſont très-larges, & ſes ſtipules ſi amples qu'ils paroiſſent être des lobes.

Il a de plus l'avantage de réussir dans les terrains sablonneux & secs, quoiqu'il se plaise particuliérement dans les terres fortes & humides.

Il m'est venu une variété de cette espece dont les feuilles & les stipules sont d'une étendue surprenante ; l'écorce est aussi d'une couleur très-différente : c'est tout ce que je peux dire de cet arbre qui est encore fort jeune ; il s'annonce pour devoir être encore plus touffu & plus beau que le précédent, & plusieurs caracteres différents qui le distinguent pourroient bien en faire une cinquieme espece.

Nous avons depuis quelques années un beau genre d'arbre dont on pourra faire de belles avenues, c'est l'arbre au vernis du Japon ; il croît & s'éleve très-promptement, même dans les terrains légers & secs.

J'en ai de fort grands & fort gros qui ont été plantés très-petits il y a dix ans ; on assure que c'est de cet arbre que les Japonnois tirent par incision leur beau vernis.

Ses feuilles sont conjuguées comme celles du sumac ; mais elles ne sont point du tout dentelées ; elles sont si prodigieusement longues, fortes & garnies de folioles qu'elles paroissent être des branches : j'en ai mesuré qui avoient trois pieds de longueur ; elles rendent ce bel arbre assez garni pendant l'Eté ; mais lorsqu'elles sont tombées, il reste nud & chicot, comme le bonduc, n'ayant comme lui, que peu de branches qui toutes sont grosses, car ses feuilles lui servent de rameaux.

Je ne peux rien dire de son bois ; mais à en juger par les branches, il paroît devoir être fort tendre.

Le micocoulier ou celtis mériteroit d'être plus cultivé ; il est plus beau que l'orme avec lequel il a quelque ressemblance ; il pourroit de même former de belles avenues ; je ne sais cependant s'il s'éleve aussi haut.

Cet arbre est originaire d'Espagne & d'Italie ; il supporte cependant très-bien nos Hivers les plus rigoureux.

On en compte trois especes, dont les fruits sont de différentes couleurs ; ces fruits sont une baie un peu charnue, dont les oiseaux sont très-friands ; ils donnent à l'arbre, sur lequel ils subsistent long-temps, un coup d'œil intéressant.

Il pousse beaucoup de branches ; mais on peut le tondre comme l'ormille pour former des palissades & des cabinets de verdure : cet arbre peut d'autant plus avantageusement remplacer l'orme, qu'il ne trace pas de même.

Il est sur-tout recommandable par la qualité de son bois qui est dur & très-liant ; il plie beaucoup sans se rompre ; il a beaucoup d'élasticité ; ce qui le rend singuliérement propre à en faire des brancards de chaise : on en fait aussi des cercles de tonneaux & de cuves, qui sont de très-longue durée.

Outre les chênes qui nous sont connus depuis long-temps, & dont les Auteurs ont fait un grand nombre d'especes, dont plusieurs mériteroient à peine le nom de variétés, il nous est venu de l'Amérique septentrionale, de très-belles especes de chêne; telles sont :

Le chêne à feuille de châtaignier, le chêne écarlatte, ainsi nommé, parce qu'en Automne ses feuilles prennent une belle couleur rouge.

Le chêne de Marilland, le chêne noir.

Le chêne blanc, dont les glands sont mangeables comme des noisettes.

Le chêne épineux de Velloni.

Le chêne des Algaves.

Le chêne ragnol.

Ces deux dernieres especes ont les feuilles godronnées & assez ressemblantes à celles de notre chêne commun; mais elles ont le précieux avantage de se conserver vertes sur l'arbre pendant tout l'Hiver; elles ne tombent qu'au Printemps, quand il en pousse de nouvelles; de sorte que ces deux belles especes de chêne ne sont jamais sans verdure.

Il y a bien d'autres especes de chênes, dont nous parlerons, qui ne dépouillent point; mais ce sont plutôt des *ilex* que des *quercus*, dont on a fait avec raison deux genres différents sous deux mots dans la langue latine, mais qui n'ont que le même nom de chêne dans la langue françoise.

J'ai fait collection de vingt-sept especes bien distinctes de chênes étrangers; je voudrois pouvoir les nommer & les décrire ici tous, ils méritent bien d'être connus : mais une pareille description appartient plutôt à un Traité des arbres qu'au Chapitre que je traite, que j'ai rendu déja assez long.

On peut voir par la quantité d'arbres que j'ai nommés, & ceux dont il me reste à parler, que les marronniers & les tilleuls ne sont pas les seuls arbres qui doivent servir à la décoration des jardins & des parcs ; mais qu'en leur y donnant place, on peut choisir mieux & varier les plantations.

C'est multiplier agréablement & utilement nos jouissances, & rendre la promenade vraiment intéressante ; car fussent-ils les plus beaux du monde, on se lasse de voir toujours les mêmes arbres.

Puisque la Nature nous offre tant de belles variétés, pourquoi n'en pas profiter ? On ne seroit pas embarrassé où les trouver, si plusieurs, comme je le fais, les élevoient en pepiniere pour la satisfaction de ceux qui veulent s'en procurer.

Je n'ai rien dit des belles especes de peupliers, si peu connus encore & qui méritent cependant bien de l'être ; c'est pourquoi je vais en donner une légere description dans le Chapitre suivant. Comme je possede toutes les especes dont je parle, & que je les ai sous les yeux, je peux dire que je les décris d'après nature ; de même que tous les autres arbres dont je fais mention ; c'est le seul moyen d'en parler dans le vrai : on commet bien des erreurs quand on n'écrit que sur la foi des autres.

CHAPITRE XVII.

Des Peupliers.

JE fais un Chapitre particulier des peupliers dont les belles especes ne sont encore connues que de peu de personnes, & qui méritent cependant bien de l'être ; c'est pourquoi je crois nécessaire d'en parler d'une maniere plus étendue.

Je cultive dix-sept especes bien distinctes de peupliers, sans compter quelques variétés : je vais les nommer séparément.

1°. Le peuplier blanc à petite feuille, ou peuplier des bois, qui a peu de mérite ; le suivant lui est préférable.

2°. Le peuplier blanc à grandes feuilles ou hypreau ; le beau verd de ses feuilles en dessus & le blanc argenté en dessous lui donnent un certain mérite ; il pousse vigoureusement dans les terrains humides & même marécageux ; & ce qu'il y a de singulier, c'est qu'étant naturellement un arbre aquatique, il ne laisse pas de prospérer assez bien dans les terres légeres & seches, tant il est peu délicat sur la nature du terrain.

Mais le très-grand avantage qu'on peut tirer de cet arbre, c'est qu'il prospere sur les bords de la mer où l'on voit périr tous les autres arbres ; on peut en faire des plantations qui garantissent & protegent les autres especes qui ne pourroient réussir étant à découvert.

3°. Le peuplier blanc à feuilles panachées; il fait un joli effet, tant que sa panachure se soutient.

4°. Le peuplier, dit hétérophile, se distingue par son port & par ses feuilles plus profondément & si différemment découpées que l'on a peine à en trouver deux sur le même arbre qui se ressemblent.

5°. Le peuplier-tremble à grande & à petite feuille; ce qui n'est qu'une variété qui ne doit point être comptée pour une différente espece.

Cet arbre se plaît dans les lieux humides; j'en ai cependant vu réussir dans des terrains qui ne l'étoient pas. Celui à petite feuille pousse même assez bien dans des terrains secs.

Ces arbres ont leurs feuilles presque rondes, non dentelées, mais ondées, ou godronnées par les bords, très-unies; les nervures n'étant presque pas saillantes, elles sont portées par d'assez longs pédicules, menus & très-souples; ce qui fait qu'elles paroissent trembler pour peu que le plus petit vent les agite.

L'écorce de ces arbres est très-unie, ils forment de belles tiges, très-élevées & sans nœuds, si l'on a soin de les élaguer de temps en temps lorsqu'ils sont jeunes : leur bois est fort tendre, mais ne laisse pas de servir à différents usages; il est très-bon pour chauffer les fours & les poëles.

6°. Le peuplier noir commun : plusieurs en ont fait deux especes; mais elles se ressemblent si fort qu'on ne peut tout au plus en faire que deux variétés; ces arbres ne deviennent grands que dans des terrains humides où ils se plaisent ; ils subsistent néanmoins dans des terrains secs, mais ils n'y font que de foibles productions.

Les jeunes pousses de ceux que l'on a étêtés, comme les saules, servent aux Vignerons au même usage que l'osier ; leurs feuilles sont dentelées assez profondément & ondées par les bords.

7°. Le peuplier d'Arbelle : ses feuilles sont d'un verd très-rembruni en dessus & blanches en dessous ; leur forme est arrondie, se terminant en pointe courte & obtuse ; elles sont réguliérement godronnées : je ne lui connois rien qui le rende recommandable ; il pousse très-médiocrement, du moins dans un terrain sablonneux.

Le peuplier de Lombardie ou d'Italie est déja commun en France, & cependant on pourroit dire qu'il n'y est point encore bien connu ; ceci paroît un paradoxe, & n'en est cependant pas un : chacun en parle différemment, parce que chacun juge cet arbre suivant les bonnes ou les mauvaises qualités du terrain où il l'a mis ; de là des opinions & des rapports très-differents.

Plusieurs croient, parce qu'on l'a dit, que cet arbre réussit dans tous les terrains ; & en le plantant dans un sol aride, ils disent qu'il ne pousse pas bien, & qu'il fait un vilain arbre.

Un de ceux-là à qui je fis voir des peupliers d'Italie qui s'élevoient & croissoient rapidement dans un terrain qui leur convient, ne vouloit pas croire qu'ils fussent de la même espece de ceux qui languissoient chez lui dans un sable brûlant.

Les uns, au lieu d'en faire l'usage qui lui convient, lui reprochent de ne pas donner assez d'ombrage pour couvrir des allées & des salles de verdure.

Les autres, le mettant à sa place, lui savent très-bon gré de lui voir former des plantations d'alignement, des avenues, qu'il ne retrécit & n'offusque jamais, parce que s'élevant dans une forme pyramidale, & ses branches étant toujours serrées contre la tige, aucune ne s'étend latéralement & ne nuit au coup d'œil, comme il arrive aux autres arbres qui ont besoin du secours du croissant pour prendre l'alignement que forme naturellement une ligne de peupliers d'Italie.

Les uns le blâment de s'élever trop rapidement ; d'autres s'en trouvent bien en le plantant en remplacement dans des vuides d'allées ou de massifs, entre d'autres arbres, dont il ne tarde pas à atteindre le sommet.

Enfin beaucoup de gens qui n'ont jamais fait ni vu faire usage de son bois, décident qu'il n'est bon à rien, & ceux qui en connoissent l'usage savent & attestent qu'on en fait d'assez bonnes pieces de charpente pour de petits bâtiments; qu'on en fait des sabots; que les Sculpteurs qui le connoissent l'emploient de préférence à celui du tilleul, mais sur-tout qu'on en fait de belles & bonnes planches qu'on emploie dans les différents ouvrages de menuiserie.

Ce

Ce bois qui eſt ſans nœuds, doux & facile à travailler, ſe prête aiſément à l'action des outils qui forment les moulures : j'en ai vu des lambris plus beaux & meilleurs que ceux de ſapin ; il dure fort long-temps étant à couvert, & même étant expoſé aux injures du temps, lorſqu'en le peignant, on l'a bien imprégné d'huile. J'en ai vu des contre-vents qui étoient encore très-ſains, quoique mis en place depuis plus de trente ans.

On l'emploie en pilotis, parce qu'il ſe conſerve très-long-temps dans l'eau, pourvu qu'il en ſoit toujours couvert.

Ce n'eſt pas cependant que je vante le peuplier d'Italie comme un très-bel arbre, puiſqu'on va voir par la deſcription que je fais des eſpeces ſuivantes, que je les regarde comme plus belles, & qu'elles lui ſont préférables à pluſieurs égards ; mais j'ai voulu le juſtifier des prétendus défauts qu'on lui impute, & faire connoître que loin d'être mépriſable, il a des qualités qui lui ſont particulieres, & qui doivent le faire rechercher dans les poſitions qui lui ſont convenables, où il repréſente très-bien, & où il mérite même la préférence ſur tous les autres.

9°. Le peuplier de la baie d'Hudſon : cet arbre a des feuilles d'un beau verd en deſſus & en deſſous ; il a d'ailleurs quelque reſſemblance avec le précédent : mais outre le beau verd de ſes feuilles de l'un & l'autre côté, il en differe beaucoup par la poſition de ſes branches & par ſon port ; leur inſertion forme preſque un angle droit avec la tige, & ainſi elles s'étendent latéralement & donnent beaucoup d'ombrages.

Si on a ſoin de l'élaguer, il forme une belle tige auſſi élevée qu'on le veut, couronnée d'une tête bien arrondie, très-ample & ſi touffue qu'on ne peut y voir un oiſeau qui s'y eſt perché : il fait en tout un fort bel arbre.

A en juger par les branches, il paroît que ſon bois eſt dur & bon : il m'eſt venu, il y a quelques années, d'Angleterre, ſous ce nom ; je dois le regarder comme très-rare, puiſque je ne l'ai vu nulle part ailleurs en France ; ſa beauté m'engage à travailler par toutes ſortes de moyens à le multiplier : on me le vendit fort petit & fort cher, mais je ne regrette pas l'argent que j'y ai mis.

10°. Le peuplier de Canada : tous les avantages que réunit cette eſpece d'arbre du côté de l'utile & de l'agréable, en rendra ſûrement les plantations étendues, lorſqu'on les connoîtra bien.

Je ne ſais aucun arbre dont la végétation ſoit auſſi précoce ; il ſe couvre de verdure plus d'un mois avant le tilleul, & il la conſerve beaucoup plus tard.

Ses feuilles naiſſantes ſont d'un verd très-clair, mais qui devient plus rembruni par la ſuite ; elles ne ſont point ſujettes à être endommagées par les inſectes : plus larges & plus longues que celles des eſpeces précédentes, elles ſont figurées en fer de lance.

Son écorce d'une couleur brune eſt toujours liſſe ; il forme une belle tige ordinairement fort droite; ses branches s'étendent latéralement & donnent beaucoup d'ombrage : il s'éleve très-haut & croît rapidement dans les terrains où il se plaît, qui sont frais & humides; il pousse très-bien dans les terres fortes & argilleuses, & il ne laisse pas de croître passablement dans les terres sablonneuses & seches; enfin il s'accommode de toutes sortes de terrains; mais il ne pousse pas aussi vigoureusement dans les mauvais que dans les bons.

Quoique sa croissance soit au moins aussi rapide, son bois est plus dur & meilleur que celui des autres especes de peupliers.

Ses boutons pendant tout l'Hiver, mais sur-tout peu de temps avant qu'ils s'ouvrent au mois de Mars, sont imprégnés d'une liqueur épaisse, gluante & très-odorante, mais moins cependant que ceux de l'espece suivante; ils en ont à une plus forte dose les mêmes propriétés.

Tant d'avantages reconnus m'ont engagé à multiplier beaucoup cette belle & utile espece, dont j'ai une pepiniere fort étendue & des allées qui font déja un bel effet.

11°. Le peuplier noir, tacamahaca, dit baumier du Pérou, parce qu'effectivement ses boutons sont imprégnés d'une espece de baume très-odorant & très-salutaire pour la guérison des plaies : il faut cueillir ces boutons au mois de Mars avant qu'ils s'ouvrent.

On les met infuser dans de l'huile, ou mieux dans de l'eau-de-vie, qui dissout la substance baumifere dont ils sont remplis;

on tient les bouteilles dans lesquelles on conserve cette liqueur, bien bouchées pour s'en servir au besoin.

Il differe peu de l'espece précédente par la figure de ses feuilles ; mais sa croissance est beaucoup moindre, & il ne fait jamais qu'un moyen arbrisseau.

12°. Le peuplier de Virginie est un bel arbre ; il étend latéralement ses branches & donne aussi beaucoup d'ombrage ; ses feuilles sont larges du côté de la queue, qui est longue & menue, & elles se terminent en pointe longues.

Ses jeunes branches sont relevées de côtes ou arrêtes saillantes ; ses grosses branches & même sa tige en conservent long-temps les impressions ; sa tête est assez touffue & arrondie, & il a un beau port.

13°. Le peuplier rouge : il ressemble beaucoup au précédent ; il est appellé rouge, parce que ses pédicules très-alongées de ses feuilles, sont teintes de cette couleur, qui augmente de force à proportion que ses feuilles grandissent.

14° Le peuplier d'Athenes : cet arbre a l'écorce fort rembrunie ; ses feuilles sont presque rondes, goudronnées, fort épaisses, d'un verd obscur ; c'est un bel arbre qui croît bien dans les terrains frais où il se plaît ; mais qui est toujours foible & languissant dans les autres : je crois son bois plus dur que celui des autres especes.

15°. Le peuplier de Marilland a sa feuille un peu arrondie ; mais se terminant en pointe, elle est plus épaisse & plus ferme que celle des autres peupliers, mais moins cependant que celle de l'espece précédente; elle est d'un verd foncé en dessus & blanchâtre en dessous, légérement goudronnées; elle est portée par un pédicule long, mince & très-applati, qui a ordinairement une petite teinte de rouge; cet arbre subsiste mieux que le précédent dans les terrains secs, mais il pousse bien mieux dans les terres fortes & fraîches.

16°. Le peuplier de la Caroline : ce bel arbre est encore si peu ou du moins si mal connu, que je crois rendre un bon office à ceux qui ne le connoissent pas ou qui ont été trompés par de faux rapports, comme j'en ai entendu plusieurs, de leur faire connoître ses qualités réelles, & la fausseté des défauts qu'on lui impute.

Il est à la vérité impossible à ceux qui ne l'ont encore vu que jeune ou mal éduqué, de prendre une juste idée de ce qu'il devient par la suite : il y a beaucoup d'autres arbres qui, dans leur jeunesse, ne s'annoncent pas pour ce qu'ils sont lorsqu'ils ont pris leur croissance.

Qui croiroit, par exemple, qu'un jeune hêtre que l'on voit, pour ainsi dire, ramper d'abord sur terre, deviendroit par la suite un si bel arbre?

Quoique celui dont nous parlons s'annonce mieux dès sa premiere jeunesse; s'il n'est pas planté en massif, & si on ne lui donne aucuns soins, il prend encore plus qu'un autre les défauts des arbres isolés; il pousse beaucoup de branches basses ; il devient souvent fourchu, ce qui le fait éclater par les vents ; ce qui doit lui arriver d'autant plus que la masse de son feuillage est plus pesante & forme plus d'opposition aux cours de l'air agité.

Voilà les grands défauts qu'on lui reproche ; mais ils ne viennent que de la négligence de ceux qui l'élevent.

Je démontrerai la nécessité d'élaguer tous les arbres successivement dans leur jeunesse, lorsqu'ils sont isolés ; c'est-à-dire de faire ce que la Nature opère naturellement dans les futaies & dans les massifs de bois : c'est le seul moyen de former de belles tiges, élevées & sans nœuds, d'en faire de beaux arbres qui ont un beau port & une belle tête, & qui, en donnant une jouissance agréable au propriétaire, lui préparent de beau bois de service.

Le peuplier de la Caroline a besoin surtout d'être élagué successivement pour le dépouiller des branches basses, & supprimer les fourchets lorsqu'il en forme au sommet ; au moyen de ces petits soins, tous les défauts qu'on lui reproche disparoîtront : il formera une belle tige unie, bien droite, & qui s'éleve rapidement, couronnée d'une tête vaste, arrondie & d'une belle forme ; enfin, cet arbre, qui prend une croissance rapide, même dans de médiocres terrains, a un port superbe, on pourroit même dire majestueux ; j'en ai qui, en dix années de plantation, ont trente à quarante pieds de hauteur & trente pouces de grosseur ; il est vrai qu'ils sont plantés dans un assez bon terrain, mais qui cependant a peu de fonds : tous ceux qui les voient les admirent & leur rendent un juste hommage.

Les feuilles du peuplier de la Caroline surpassent de beaucoup en grandeur & en beauté celles de tous les autres peupliers, excepté cependant de celui dont nous allons parler : elles sont très-larges & alongées dans la forme d'un fer de lance, d'un beau verd, dentelées par les bords ; elles sont portées par de gros & longs pédicules rouges dont les ramifications s'étendent & sont fort saillantes & d'une belle couleur rouge, sur la superficie supérieure de la feuille ; ce qui ajoute encore à sa beauté qui augmente de plus en plus, sans être endommagé pendant tout l'Eté & une grande partie de l'Automne ; car cet arbre est encore couvert de sa belle verdure long-temps après que tous les autres en sont dépouillés : j'en ai vu à la fin de Novembre, qui n'avoient encore rien perdu de la beauté de leur feuillage, qui, comme bien d'autres, ne dépérit point successivement, mais qui s'amortit & tombe tout à la fois lorsqu'il est frappé par de fortes gelées.

Ses jeunes pousses, & même les menues branches paroissent quarrées, parce qu'elles sont relevées assez quarrément d'arrêtes fort saillantes qui se dissipent, mais dont la grosse écorce conserve encore long-temps l'impression.

Comme je ne parle de ce bel arbre & de tous les avantages qu'il nous offre que d'après la vérité, je ne vanterai point la qualité de ſon bois, qui me paroît fort tendre; mais comme je n'ai pu encore en juger que par ſes branches, il faut le voir débiter pour en juger ſûrement.

17°. Peupliers d'Amérique à feuille figurée en cœur, *cordatifolio*; c'eſt ſous ce nom qu'il eſt connu en Anglettere, d'où il m'eſt venu; il y eſt encore fort rare, & preſqu'entiérement inconnu en France.

Je ne l'ai vu à Paris que dans le riche jardin de mon bon ami le Chevalier de Janſſen, dont le goût & les connoiſſances le portoient à raſſembler tout ce qu'il y avoit de plus rare en arbres étrangers.

Il m'a dit pluſieurs fois qu'il regardoit celui dont je parle comme la plus belle production qui nous ſoit venue de l'Amérique Septentrionale.

Effectivement c'eſt un arbre d'une grande beauté.

Ses feuilles très-larges & très-belles, ſont figurées en cœur; elles ſont d'un beau verd tendre en deſſus & en deſſous, épaiſſes & fermes, quoique les nervures ſoient peu apparentes; elles ſont portées par de gros pédicules tout ronds & ſans rainure; caractere qui ſeul diſtingueroit cette eſpece de peuplier.

La beauté de ſon port, de ſon large & épais feuillage, le rend un des plus beaux arbres que nous connoiſſions; mais il eſt encore difficile de ſe le procurer, même en Angleterre, où il eſt rare & cher.

Les arbres dont je viens de parler étant

plus connus & multipliés, il eſt à croire qu'on en fera des plantations qui ſeront ſuivies par ceux qui en auront vu la beauté. C'eſt la meilleure démonſtration & la plus perſuaſive que l'on puiſſe donner ; car, comme je l'ai déja dit, *ignoti nulla cupido*.

CHAPITRE XVIII.

De la plantation des allées dans les Jardins.

NOUS avons parlé des précautions qu'il faut prendre pour bien planter, & du choix des arbres auxquels le terrain convient ; il ne nous reſte qu'à entrer dans quelques détails particuliers pour la plantation des allées & autres parties d'un jardin.

Il n'eſt point queſtion ici d'arbres fruitiers; nous en traiterons ſéparément : nous ne parlons ici que des arbres d'agrément qui ſervent à la décoration des jardins, ſoit par leur verdure, ſoit par l'éclat de leurs fleurs, & les différentes couleurs de leurs fruits. Nous les avons déja indiqués, & nous en parlerons plus amplement en traitant des boſquets.

Nous ne répéterons point ce que nous en avons dit ; il s'agit ici d'examiner la maniere dont on les doit planter & les diſpoſitions qu'on doit leur donner.

Quand on a pris les alignements & réglé les espaces, il faut commencer par faire des trous ou ouvrir des tranchées; ce qui peut s'exécuter en toute saison : il y a de l'avantage à faire ces fouilles long-temps avant de planter, parce que la terre pénétrée par les pluies & exposée au soleil, se bonifie & en devient plus propre à la végétation.

On doit proportionner la grandeur des trous ou la largeur des tranchées à l'espece & à la force des arbres que l'on veut planter; il faut observer de faire de plus grands trous, & sur-tout plus profonds dans un mauvais terrain ; il vaut même mieux en pareil cas faire des tranchées que des trous.

Un arbre qu'on plante dans un plus grand espace de terre remuée, y pousse vigoureusement, par les raisons que nous avons expliquées au quatrieme Livre : ses racines se distribuent de toutes parts ; elles s'alongent, grossissent, & se fortifient assez pour pouvoir s'étendre dans quelques bonnes veines de terrain où elles sont attirées en sortant de la terre rapportée. Voyez ce que nous avons dit sur cela au quatrieme Livre.

De sorte qu'un arbre qui, dans un mauvais terrain, auroit péri dans un petit trou, prospere dans une tranchée assez large & profonde.

En parlant de mauvaise terre, je n'entends pas un tuf serré, une craie pure ou une roche sans délits : alors les arbres seroient dans leur trou ou tranchée, comme dans une caisse; il faut qu'ils périssent nécessairement, quand ils ont consommé la petite provision d'aliments qui est rassemblée auprès de leurs racines.

Quand on se propose de planter près à près des arbrisseaux de moyenne taille, on peut se contenter de faire des tranchées de vingt à vingt-quatre pouces de largeur sur une pareille profondeur.

Si on plante de grands arbrisseaux, que l'on doit écarter davantage les uns des autres, on donnera aux trous au moins deux ou trois pieds d'ouverture, sur deux ou trois de profondeur : quant aux grands arbres, nous en parlerons dans l'autre Partie de ce Traité.

La distance qu'on met d'un arbre à un autre, doit être aussi réglée sur la hauteur & l'étendue que doivent prendre ces arbres.

Nous parlerons dans un Chapitre particulier de l'art d'orner les jardins dans l'ordre régulier & dans l'ordre naturel, art qui exige beaucoup de connoissances & de goût, surtout dans ce dernier ordre, où le cordeau & l'équerre ne servent plus à rien. Nous nous bornerons ici à quelques réflexions générales.

Ceux qui ne sont pas assez riches pour faire de grandes dépenses, doivent éviter de former des projets dont l'exécution seroit trop dispendieuse, & sur-tout de ne pas s'engager dans de grands déblais & transports de terres, qui coûtent ordinairement beaucoup plus que l'on n'a cru.

Ils doivent éviter aussi les choses qui exigent un grand entretien, comme des pieces de gazon découpées, roulées & rasées souvent, les terrasses, les berceaux, les treillages étendus, &c.

Si on n'est pas en état de gager plus de deux Jardiniers, il ne faut pas se donner de l'ouvrage qui en exige cinq ou six.

C'est toujours nouvelle besogne renaissante dans un jardin, parce qu'il faut que le Jardinier lutte continuellement contre la Nature contrariée, & qui veut toujours reprendre ses droits.

Le serclage, le ratissage, les tontes au ciseau occupent quantité de bras pour entretenir tout en bon état; car il vaut beaucoup mieux se borner à une belle simplicité, que d'avoir un jardin chargé d'ornements & négligé dans toutes ses parties.

Il ne faut pas se priver de l'air & de la vue qui font les principaux agréments de la campagne; c'est pourquoi on ne doit pas planter les arbres trop près de son Château; s'il est beau, il est convenable qu'on puisse le découvrir par de grandes ouvertures, ou du moins par des échappées.

C'est pour cet effet qu'on forme en face des Châteaux, des cours d'honneur, des parterres, des boulingrins, &c., en proportionnant ces différentes pieces, & la largeur des allées à l'étendue du jardin qu'on doit planter, ainsi qu'à celle de l'étendue des bâtiments.

Il faut considérer en plantant les allées,

non-ſeulement l'étendue du lieu, mais de plus l'eſpace que doivent occuper par la ſuite les arbres que l'on plante : on doit ſur-tout faire enſorte que ces allées portent ſur des points de vue intéreſſants, comme un bâtiment, un bouquet de bois, un clocher, un moulin, &c.

Enfin, que les proportions & la diſtribution plaiſent, & qu'à meſure qu'on ſe promene, on découvre des variétés dans les différentes pieces du jardin.

Rien n'eſt ſi ennuyeux que les répétitions continuelles, & c'eſt cependant ce que la routine fait voir ordinairement par-tout, de maniere que dans une Province preſque tous les jardins paroiſſent calqués les uns ſur les autres, & que l'on trouve par-tout les éternels tilleuls, & les monotones charmilles.

L'idée ridiculement magnifique du Maître, ou la fantaiſie du Jardinier, les porte ſouvent à tracer de très-larges allées, même dans d'aſſez petits eſpaces ; c'eſt un défaut devenu cependant très-commun : on laboure, on herſe ces allées ; & quoiqu'on y paſſe le rouleau, elles reſtent couvertes de blocs plus ou moins gros, ſelon la nature du terrain, ce qui rend la promenade pénible & déſagréable. D'ailleurs pourquoi chercher à accroître encore par une inutile & diſproportionnée largeur le triſte coup d'œil de ces allées, qui n'offrent que l'aridité & la ſtérilité ?

De même qu'on ne doit pas négliger de ſe procurer des ouvertures ſur tous les points de vue agréables, il faut masquer ceux qui sont disgracieux, ce qu'il est aisé de faire au moyen de plantations en lignes épaisses, en palissades, ou en massifs; & si l'on veut que ces objets soient masqués même pendant l'Hiver, on le peut en y plantant des arbres toujours verds.

On peut faire illusion, en faisant paroître des allées plus longues qu'elles ne le sont; il ne faut pour cela que les tenir plus étroites à une de leurs extrêmités; mais cela ne peut convenir qu'aux allées qu'on ne fréquente pas, & qu'on ne fait qu'appercevoir en passant; car si ce rétrécissement fait paroître les allées plus longues qu'elles ne le sont réellement, ce n'est que quand on est placé à l'extrêmité la plus évasée; mais elles paroissent fort courtes quand on les voit par le bout le plus étroit.

Si dans le terrain que l'on veut planter il se trouvoit des buttes ou des excavations considérables, on pourra disposer ses plantations de maniere à les renfermer dans les massifs. Ces irrégularités choquantes disparoîtront ainsi, sans être obligé de remanier tout le terrain, sans faire de grands remuements & transports de terres, qui jettent dans des dépenses plus onéreuses qu'elles ne font d'honneur.

On peut masquer aussi les parties marécageuses, en y plantant des arbres aquatiques, en massifs, coupés d'allées qui donneront des points de vue; & si l'on veut rendre ces allées praticables pour la promenade, il suffira de les charger de terre, sans faire aucun autre travail aux autres parties du marécage qui seront couvertes de bois.

On borde quelquefois les côtés d'une allée d'une ligne de palissades, dans laquelle on plante des arbres de tige espacés les uns des autres ; pour l'exécuter, il convient d'ouvrir une rigole comme pour planter les palissades, & de lui donner plus de largeur & de profondeur aux endroits où l'on doit planter les grands arbres, en proportionnant la grandeur des trous aux arbres qu'on y veut mettre.

Dans les grands jardins on plante quelquefois les arbres de tige à quatre ou six pieds de distance des palissades, dans des trous particuliers ; en faisant ces trous, il est bon de jetter d'un côté la bonne terre, qui est toujours celle du dessus, pour en recouvrir les racines, & on mettra de l'autre côté la terre du fond qui est moins bonne, & qui servira à remplacer celle que l'on prendra vers le milieu de l'allée, pour achever de planter l'arbre.

Lorsque les arbres sont plantés ils n'exigent plus que de légers labours, ou seulement des ratissages. Mais pour qu'ils forment une belle tige & une belle tête, il faut avoir soin de les élaguer de temps en temps, comme nous l'expliquerons dans un Chapitre particulier.

Je ne dis rien ici de la maniere de planter, en ayant déja parlé suffisamment.

Les observations que nous avons faites à

ce sujet, vont être encore discutées dans la quatrieme Partie, où nos vues vont s'étendre sur les grandes plantations, & sur la maniere de les bien entretenir & de les faire prospérer.

Fin du Tome troisieme.

www.ingramcontent.com/pod-product-compliance
Lightning Source LLC
Chambersburg PA
CBHW052057230326
41599CB00054B/3017

* 9 7 8 2 0 1 9 5 3 1 4 1 6 *